LE CHATAIGNIER

DU MÊME AUTEUR

POUR PARAITRE PROCHAINEMENT :

LE NOYER, (*Étude scientifique du Noyer. — Sa culture. — Utilisation de ses produits. — Ses maladies et leurs remèdes. Conclusions pratiques.*

EN PRÉPARATION :

Histoire économique et sociale d'un département du Centre depuis 1789 jusqu'à nos jours.

LE CHATAIGNIER

Étude scientifique du Châtaignier. — Sa culture.
Utilisation de ses produits. — Ses maladies et leurs remèdes
Conclusions pratiques.

PAR

Jean-Baptiste LAVIALLE

INSTITUTEUR
OFFICIER DU MÉRITE AGRICOLE
LAURÉAT DE LA SOCIÉTÉ NATIONALE D'AGRICULTURE DE FRANCE
MEMBRE DE LA SOCIÉTÉ NATIONALE D'HORTICULTURE DE FRANCE
LAURÉAT ET MEMBRE DE LA SOCIÉTÉ FRANÇAISE D'HYGIÈNE
CORRESPONDANT DU MUSÉE SOCIAL

Préface de M. **Edmond PERRIER**, de l'Institut

Gravures inédites, dont une *Eau-forte* de M. **François GOUYON**

Planter des arbres, bien les soigner, les exploiter convenablement, n'est pas seulement une nécessité économique, c'est aussi un devoir social.

PARIS

VIGOT FRÈRES, ÉDITEURS

23, PLACE DE L'ÉCOLE-DE-MÉDECINE, 23

1906

PRÉFACE

C'est avec une sorte d'émotion pieuse que j'écris cette préface. Le Châtaignier! N'est-ce pas, pour ceux qui tiennent au Plateau central, l'arbre divin ? Celui qui retient sur les flancs de nos collines la terre nourricière, si parcimonieusement mesurée aux pays granitiques ; celui qui protège de ses ombrages le moelleux tapis de Mousse où se gardent, pour les sources limpides, les eaux tombées du ciel; celui qui, durant toute son existence, donne généreusement, sans compter, sans rien exiger en retour, l'aliment qu'on pourrait appeler l'aliment national dans notre Limousin ; celui, enfin, qui, après sa mort, forme de son bois incorruptible le soutien de nos maisons; encore refuse-t-il de mourir, et quand il a été coupé en pleine vigueur, quand son tronc évidé devient incapable de soutenir ses lourdes branches, laisse-t-il jaillir sur le sol de jeunes et robustes pousses qui le maintiennent. Le Châtaignier est bien vraiment pour les régions qu'il abrite de son épais feuillage, l'arbre-père; autrement précieux que le Chêne, qui fut vénéré de nos ancêtres, il mérite notre culte attendri ; ce n'est pas la force qu'il représente, c'est tout ce que dans la nature nous considérons comme constituant par

essence le bon et le bien : il symbolise tout ce que la paix nous donne : la richesse et la sécurité.

Aussi n'ai-je jamais traversé cette vallée de Cornil où, en un pêle-mêle chaotique, s'entassent en montagnes les cadavres de nos Châtaigniers, sans éprouver l'émotion douloureuse que ferait naître l'ossuaire des victimes de quelque grande catastrophe.

Et ces tristes débris représenteraient bien réellement une catastrophe, si nos paysans n'y prenaient garde. Toute croupe de colline déboisée est fatalement un terrain dont la terre végétale descendra, tôt ou tard, dans la vallée et s'en ira peut-être, de là, dans la mer. L'arbre est, en effet, remplacé par la broussaille après un intervalle plus ou moins long et une culture maigrement rémunératrice ; dans la broussaille on met le troupeau qui a bientôt fini de tondre tout ce qui essaye de pousser à la surface du sol ; et là, chaque pluie entraîne un peu de la terre jadis moussue que retenait le Châtaignier ; çà et là apparaît le rocher : et la roche nue et stérile a pris la place du bois où voletaient les Oiseaux, où butinaient les Abeilles, où, avant le labeur du jour, l'humble bordière venait cueillir le Cèpe parfumé et l'Oronge à la robe dorée. C'est ce qui attend, à brève échéance, ces communaux si nombreux encore en certains cantons limousins où les arbres ne poussent pas parce que tout y est permis aux Moutons, qui dévorent ainsi, sinon en herbe, du moins en Bruyère, la fortune du pauvre.

M. J.-B. Lavialle a donc fait une œuvre de reconnaissance en même temps qu'une belle et bonne œuvre en élevant au Châtaignier le monument pour lequel il a bien voulu nous demander une préface. C'est un service nouveau que ce vaillant aura rendu à son pays.

Notre laborieux et distingué compatriote nous fait connaître le Châtaignier et la Châtaigne sous tous leurs aspects. Quiconque aura lu son livre saura tout ce qu'un ami des arbres peut désirer savoir sur l'un des arbres qui méritent le plus d'avoir des amis. Déjà, avant d'avoir paru, le volume manuscrit a été l'objet des plus flatteuses récompenses ; ce sont là les pronostics du brillant succès qui attend l'ouvrage imprimé et qui s'étendra, sans doute, sur son frère « Le Noyer », actuellement en préparation.

Nos souhaits à M. Lavialle d'avoir autant de lecteurs qu'un bois de Châtaigniers laisse tomber de Châtaignes ; nous formons ce vœu, non pas dans l'intérêt de M. Lavialle, mais dans celui de ses lecteurs qui fermeront son livre plus instruits qu'auparavant. A M. Lavialle, nous souhaitons encore de voir prospérer les œuvres utiles et nombreuses qu'il a entreprises: elles font honneur au corps tout entier des instituteurs auquel il appartient.

EDMOND PERRIER

Paris, le 19 décembre 1905.

A LA MÉMOIRE DE MON PÈRE ET DE MA MÈRE

A celle de mon arrière-grand-oncle, le naturaliste

PIERRE-ANDRÉ LATREILLE (1762-1763)

Du botaniste limousin

ÉDOUARD LAMY DE LACHAPELLE (1804 1886)

Du félibre

JOSEPH ROUX (1834-1905)

AUX CULTIVATEURS

LE CHATAIGNIER

PREMIÈRE PARTIE

Classification botanique
Étude scientifique et historique
du Châtaignier

CHAPITRE PREMIER

DESCRIPTION DU GENRE. PRINCIPALES ESPÈCES DU CHATAIGNIER

Les **Châtaigniers** (*Castanea*), sont de grands et beaux arbres de l'hémisphère boréal des deux mondes. Toutes leurs variétés se rattachent à sept espèces.

Cependant BAILLON réunit à ce genre, à titre de sections, les *Castanopsis* (Don.) et les *Collœcarpus* (Miq.), plantes des régions chaudes de l'Asie. Mais nous n'adoptons pas cette classification, et cela d'autant moins qu'il nous est impossible d'acclimater, en Europe, les espèces exotiques qu'elle annexe, espèces qui ne présentent guère d'intérêt pour nous, bien que leurs fruits soient comestibles. Tels sont le *C. Javanica* (Hook.), le *C. Argentea* (Hook.), le *C. indica*, (Roxb.), etc.

I. — **Caractères généraux.**

TOURNEFORT place le Châtaignier dans la seconde section de la dix-neuvième classe qui, d'après ce naturaliste, comprend les arbres et les arbrisseaux à fleurs en chatons, dont les fleurs mâles et les fleurs femelles sont séparées et sur le même pied. Le célèbre LINNÉ le classe dans la Monoécie polyandrie, le réunit au genre du Hêtre, Fau ou Fayard, et le nomme « *Fagus Castanea* ». ADANSON vient ensuite : Il est le premier qui expose la classification naturelle des plantes; il fait du Châtaignier le type de la famille des *Castanées*. Antoine-Laurent de JUSSIEU, de CANDOLLE, A. BRONGNIARD, rangent cet arbre dans la famille des *Amentacées*.

D'autres savants, modifiant encore les classifications précédentes, le mettent dans les *Quercinées*, (de *Quercus*, Chêne); LINDLEY le classe dans les *Corylacées* (dont le Coudrier, *Corylus*), est le type. Enfin, la plupart des meilleurs botanistes actuels, notamment MM. Gaston BONNIER et de LAYENS, continuant à perfectionner les travaux de leurs prédécesseurs, et d'accord avec A. RICHARD et ENDLICHER, remplacent les Castanées ou Quercinées, ou Corylacées, par les *Cupulifères* (du latin *cupula*, petite coupe, et *ferre*, porter), dont le Hêtre, le Chêne, le Châtaignier, le Charme et le Coudrier sont, dans nos pays, les végétaux principaux.

C'est donc cette dernière classification qui nous paraît la plus exacte, après examen minutieux des arbres dont on avait fait, autrefois, la grande famille des Amentacées, et d'après l'étude approfondie du Châtaignier, vraie *Cupulifère*, présentant les caractères généraux suivants :

Fleurs. — Monoïques, les mâles en glomérules formant de longs chatons dressés, caducs et placés sous l'aisselle des feuilles inférieures; fleurs femelles, (portant souvent quelques fleurs mâles à leur partie supérieure), réunies par deux ou trois à la base des chatons mâles ou à l'extrémité des rameaux, en glomérules sessiles, entourés d'un involucre fructifère épineux, coriace, accrescent, enveloppant un à quatre fruits rangés côte à côte.

Fruits. — Akènes ayant un péricarpe coriace, mince, brun foncé, de forme tantôt plan-convexe, tantôt anguleuse, tantôt arrondie. L'intérieur est constitué par une matière farineuse blanche et ferme.

Feuilles. — Alternes, simples, pétiolées, penniversées, dentées et accompagnées de petites stipules latérales et fugaces.

La graine mise en terre, le germe se développe aux dépens de la substance des cotylédons, qui pourrissent dans le sol après avoir été épuisés par le jeune plant.

L'organisation du Châtaignier a une grande analogie avec celle du Chêne. Les fruits fournissent un aliment abondant et substantiel pour l'homme et les animaux. Le bois a une grande valeur pour la tonnellerie, la charpente, la menuiserie, etc. ; on en extrait de l'alcool méthylique et des matières tannantes et colorantes. Le Châtaignier est non seulement un arbre fruitier et une essence forestière, c'est aussi un végétal précieux pour l'ornementation des parcs et des jardins paysagers.

II. — Espèces.

1° **CASTANEA SILVESTRIS** (Baumin), **Châtaignier sauvage ou des bois.** — Croît et se multiplie de lui-même dans les forêts de l'ancien continent ; est remarquable par sa vigueur et par la bonne qualité de son bois violet ou presque noir ; bogues peu nombreuses, exiguës et très vertes jusqu'à leur chute ; fruits tout à fait petits et luisants ; feuillage clairsemé et vert foncé, couleur qu'il conserve jusqu'au moment de sa chute qui est fort tardive ; tronc élevé, branches obliques. — Europe.

Rozier présume que cette espèce aurait donné naissance à toutes les autres.

2° **C. VULGARIS** (Lamarck), **Châtaignier commun ou Châtaignier cultivé,** synonyme de *C. vesca* (Gaertner), de *C. sativa* (Miller), de *C. macrocarpa* (Châtaignier à gros fruits). Il dériverait du précédent.

C'est l'espèce la plus répandue et la plus importante du genre, celle dont les variétés sont les plus nombreuses et les plus parfaites.

Comme nous consacrons cette étude au *C. vulgaris*, son historique et sa description botanique y sont l'objet de chapitres spéciaux.

3° C. FOLIIS LANCEOLATO-OVATIS-TOMENTOSIS (Miller), **Châtaignier à feuilles velues.** — Feuilles ovales en forme de fer de lance, velues en dessous, en dentelures aiguës ; chatons minces et noueux : « *amentis filiformis* », dit Miller. — Europe.

4° C. HUMILIS RACEMOSA (Bauhin), **Petit Châtaignier à grappes.** — Bogues nombreuses, disposées au nombre de 8 à 12 sur un filet commun, à l'extrémité des rameaux ; fruits petits et d'un goût peu agréable ; bois de très mauvaise qualité. Espèce demi-naine, insignifiante. — Europe.

5° C. AMERICANA (Swet), [*C. americana* (Miller), en anglais : *American chesnut*], **Châtaignier d'Amérique,** appelé aussi **Châtaignier de la Caroline.** — « Type américain du *C. sativa,* mais plus rustique ; il possède quelques caractères qui l'ont fait considérer comme espèce par plusieurs auteurs (1). »

Transporté en Europe vers 1750, par le père Plumier, il fut multiplié dans les pépinières de Versailles. Il ressemble au Châtaignier commun, mais ses dimensions moyennes sont plus grandes.

Bogues très grosses, épaisses, fort épineuses, contenant quatre Châtaignes plus petites que celles du Châtaignier commun et peu farineuses ; fruit médiocre, mais plus doux que celui du Châtaignier sauvage d'Europe : feuilles larges, très luisantes et glabres ; bois de première qualité, presque incorruptible, solide, élastique, résistant aux alternatives de l'humidité et de la sécheresse : en Amérique, on en fait des pieux et des barrières qui durent plus de cinquante ans, on le préfère au Chêne pour la confection des bardeaux, seulement, à cause de la grandeur de ses pores, il ne fournit un merrain propre qu'à contenir des marchandises sèches ; écorce meilleure que celle du Chêne pour la teinturerie et la tannerie. — Amérique du Nord.

6° C. JAPONICA (Prodr), **Châtaignier du Japon,** synonyme de *C. Chinensis* (Hask), de *C. stricta* (Blum), **Châtaignier dressé.** — Fruits de grosseur moyenne et de bonne qualité ; feuilles très brillantes, plus petites que chez les autres espèces (excepté le *C. pumila*), dents régulières, pétiole assez court. — Arbre très fertile, produisant fort jeune, n'atteignant pas les proportions des précédents, mais plus rustique et plus résistant aux froids. — Asie, (Chine et surtout Japon).

Cette espèce intéressante mérite d'être étudiée, acclimatée,

---

(1) *Dictionnaire pratique d'Horticulture et de Jardinage,* par Nicholson, traduit de l'Anglais par S. Mottet, etc. Doin éditeur, Paris 1901.

sélectionnée et répandue tant pour la production du fruit que pour l'ornementation des parcs et des jardins paysagers (1).

7° **C. PUMILA** (Miller), (*C. pumila*, Lamarck), synonyme de *Fagus pumila* (Linné), **Châtaignier nain**, vulgairement appelé **Chincapin ou Châtaignier de Virginie.** — Croit dans l'Amérique septentrionale. — Fleurs d'un vert jaunâtre, floraison en juillet. — Bogues vertes, épineuses, s'ouvrant en deux valves, réunies par bouquets de cinq à six suspendues à l'extrémité des rameaux. Chaque involucre ne contient qu'un seul fruit globuleux, non acuminé, de la grosseur d'une Noisette, de meilleur goût que les Châtaignes des autres espèces ; maturité en septembre. Feuilles lancéolées, ovales, velues en dessous, bordées de dents obtuses, surmontées d'une petite pointe. Croissance irrégulière ; écorce raboteuse et écaillée ; tronc robuste. — Amérique du Nord.

L'aire de végétation du Chincapin est comprise entre la rivière de Delaware et celle des Arkansas ; il fructifie dans tous les terrains, bien qu'il préfère un sol frais et fertile ; son bois, très recherché, en Amérique, pour les poteaux et les clôtures rurales, est dur, luisant, compact, et se conserve en terre pendant plus de quarante ans.

Toutes les parties de cette plante sont petites comparativement à celles des autres Châtaigniers. Ce curieux végétal, importé en 1699, ne dépasse guère quatre mètres de hauteur ; il est cultivé dans les parcs des environs de Paris comme arbre d'ornement. Il craint les fortes chaleurs et résiste aux grands froids.

.˙.

Les **Châtaigniers à feuilles panachées**, ceux à **feuilles découpées,** larges, tortueuses, longues, pendantes, ne sont pas des espèces particulières, mais des variétés ornementales presque toutes issues du *C. silvestris* (Bauhin), et du *C. vulgaris* (Lam). La panachure est causée par une maladie de l'arbre, elle est due à une vraie chlorose qu'amateurs et horticulteurs savent produire artificiellement.

Le *C. auro-maginatis* (Hort.), à feuilles marginées de jaune ; le *C. albo-marginatis* (Hort.), à feuilles marginées de blanc ;

---

(1) Nous créons une pépinière de Châtaigniers et de Noyers pour l'étude comparative de plusieurs espèces de ces arbres fruitiers comme porte-greffes et sous le rapport de leur résistance aux maladies, etc.

le *C. crispa vel cochleata* (Hort.), à feuilles coupées, créne-
lées et souvent disposées en forme de cuiller; le *C. pendi-
folia* (Hort.), à feuilles pendantes, longues de 25 à 30 centimètres; le *C. asplenifolia* (Hort.), à feuilles d'Asplénium, et
le *C. heterophilla dissecta* (Hort.), à feuilles découpées en
segments filiformes, sont les plus belles variétés de cette
catégorie de Châtaigniers magnifiques, spécialement destinés
à l'ornementation. On les multiplie par la greffe.

CHAPITRE II

HISTORIQUE ET ÉTUDE BOTANIQUE DU CHATAIGNIER COMMUN. CHATAIGNES ET MARRONS
CHATAIGNIERS CÉLÈBRES

I. — Le Châtaignier commun. — Terrains et climats qui lui conviennent.

PLINE et OLIVIER DE SERRES croyaient le Châtaignier commun, *Castanea vulgaris*, originaire de la Sardaigne. Les savants modernes et BUFFON, le premier, ont rectifié cette erreur en établissant que cet arbre et les autres espèces du genre ont végété toujours dans la plupart des lieux où ils croissent encore. La paléontologie nous en révèle l'existence antédiluvienne. La flore fossile nous montre sur les phyllithes des grès éocènes de Belleu, près de Soissons, et ailleurs, des empreintes de feuilles de Châtaignier fort bien conservées.

ÉDOUARD LAMY possédait un gros morceau de Châtaignier fossile, trouvé vers 1835, près de Marthon (Charente), dans les limites du terrain primitif (1). M. PHILIBERT LALANDE, le savant président de la Société scientifique et archéologique de Brive, en a aussi un échantillon recueilli, par lui-même, dans les grès du trias, aux Saulières, commune de Donzenac (Corrèze). Et l'on voit dans une vitrine du musée de Brive un remarquable fragment (0 m. 70 de long. sur 0 m. 15 de larg.) de Châtaignier silicifié provenant de Vic-sur-Cère (Cantal). Sur ce bois fossile, on distingue, parmi les couches

(1) Voir le *Bulletin de la Société Royale d'Agriculture* de Limoges, année 1839.

Fig. 1. — Branches de Châtaignier en fleurs (Exalade).

D'après une photographie de M. P. Dujardin-Beaumetz,

concentriques, des lacunes régulières qui, lorsque le végétal vivait, furent occasionnées par le phénomène de la roulure.

* *

On rencontre le Châtaignier sous les climats tempérés de l'Europe, de l'Asie et de l'Amérique ; on ne le trouve guère dans les régions septentrionales placées au-delà du 52ᵉ degré de latitude. Un climat un peu chaud donne de la solidité à son bois et de la qualité au fruit.

Les terrains primitifs, riches en potasse, les amas volcaniques, les sols formés par les détritus de ces roches plus ou moins altérées et décomposées, les étages inférieurs des terrains secondaires sont favorables au Châtaignier. Ce n'est que dans ces terrains situés dans la zone moyenne, au-dessus de la région de la Vigne et au-dessous de 600 mètres environ d'altitude, là où croissent vigoureusement Ajoncs et Fougères, que cet arbre acquiert tout son développement. La France, l'Angleterre, l'Allemagne, l'Autriche, le Portugal, l'Espagne, la Sardaigne, l'Italie, la Sicile, la Grèce, etc. ont leurs pentes et leurs vallées, lorsqu'elles sont dans des conditions semblables, peuplées de Châtaigniers.

En France, la Bretagne, le Haut et le Bas-Limousin, l'Auvergne, le Lyonnais, les Cévennes, le Jura, les Pyrénées, la Corse, une portion des Basses-Alpes, du Var et des Vosges, sont les contrées où le Châtaignier prospère.

Mais les coteaux granitiques du Plateau central surtout, sont en quelque sorte sa « terre promise » : « Là son immense et verdoyant feuillage trouve une fraîcheur vivifiante dans l'humidité de l'atmosphère et de fréquentes pluies disposent ses racines à l'absorption des sucs nécessaires à son alimentation (E. L.). »

Cet arbre aime les terres légères, profondes, sableuses ou silico-argileuses, ferrugineuses, à sous-sol friable (tuf) ; il se plaît sur les croupes fraîches, mais non trop humides, et dans les combes tournées au nord et au levant ; il redoute les expositions du midi et du couchant, les sols compacts et marécageux lui sont contraires ; il ne réussit pas dans les terrains calcaires ou très chaulés ; il est sensible aux froids du printemps et résiste généralement à ceux de l'hiver ; il craint également les grands vents pluvieux et le soleil brûlant, desséchant, bien qu'un été chaud et assez long lui soit favorable.

Pour mûrir ses fruits, le Châtaignier a besoin d'une chaleur soutenue et prolongée plutôt que forte. C'est vers le commencement d'août qu'a lieu le grossissement des ovules, aussi est-ce une époque critique pour la Châtaigne. Un mois d'août humide et froid nuit à son développement, tandis que les pluies de septembre et des premiers jours d'octobre la font grossir. Un mois de septembre sec et chaud complète la maturité et augmente la qualité de la récolte.

Le Limousin est de tous les pays de France celui qui, par son sol et son climat, réunit tout ce qui peut assurer la prospérité du Châtaignier, aussi s'y propage-t-il naturellement.

Voici, en détail, ses caractères botaniques:

CASTANEA VULGARIS (Lamarck). **Fleurs** paraissant en même temps que les feuilles ; fleurs staminées et fleurs pistillées sur le même arbre, mais séparées quoique sortant du même bouton. Fleurs mâles en longs chatons jaunâtres, compacts, linéaires, ininterrompus ; calice ou involucre à cinq ou six divisions p .- fondes, renfermant huit ou vingt étamines placées sur un disque glanduleux ; chatons mâles presque de la longueur des feuilles. Fleurs femelles jamais en chatons, attachées souvent à la base du chaton des mâles, réunies une à trois dans un involucre qui les enveloppe, et constituées chacune par un ovaire à style très court et à cinq ou six stigmates. — *Floraison* au commencement de l'été, exhalant une odeur spermatique très prononcée, assez désagréable. Le Châtaignier fleurit quand la température atteint une moyenne de 17 à 18 degrés. Pollen très abondant et recherché par les Abeilles : il fournit un miel un peu coloré, mais bon.

Fruit ne s'ouvrant pas, à graine ordinairement unique, volumineuse, dépourvue d'albumen, mais formée de deux grands cotylédons plissés, très féculents (la Châtaigne), provenant d'un ovaire inféré divisé en six loges qui contiennent chacune deux ovules ; de ces douze ovules généralement un seul se développe. Les Châtaignes, au nombre de une à quatre, sont entourées de bractées de forme particulière composant une cupule appelée *pelon*, *bogue* ou *hérisson*, qui les enferme complètement. Cette bogue, hérissée extérieurement d'épines fortes et drues, provient d'un involucre contenant un petit groupe de fleurs femelles dont quelques-unes seulement se sont développées. Ordinairement un ou deux fruits avortent.

La cupule, un peu moins grosse que le poing, s'ouvre en

quatre valves à la maturité du fruit. L'amande de la Châtaigne est enveloppée dans une sorte de chemise appelée *tan* : pellicule rougeâtre, fort astringente, qui entre dans les sinuosités de l'amande et qui est recouverte elle-même d'une écorce ou peau coriace formée du calice conservé et constituant l'enveloppe extérieure du fruit, peau ou pelure assez épaisse, encore tapissée intérieurement d'une couche d'une espèce de moelleux duvet. — Fruit hermétiquement clos.

La pelure, ou tunique de la Châtaigne, est luisante, miroitante et colorée d'une teinte formée de blond, de brun et de noir fondus ensemble et produisant des tons particuliers qui, au fruit même, empruntent leurs noms : *châtain, marron*. La partie inférieure, opposée aux styles, qui font saillie au-dessous. présente une surface moins foncée que le reste du péricarpe, et non vernie, en forme de plaque bien délimitée : c'est l'*ombilic* par où le fruit adhère à l'involucre jusqu'au moment de la maturité. Souvent chaque fruit contient deux ou trois germes séparés par une membrane.

FIG. 2. — Feuilles, bogues et Châtaignes de la variété Bourruc
(Quelques fruits sont coupés en deux).

D'après une photographie de M. P. Dujardin-Beaumetz

Les Châtaignes mûrissent et tombent à la fin de septembre et pendant octobre. Une somme de 2200 degrés environ de chaleur est nécessaire pour mûrir ces fruits.

Feuilles alternes, sans poils, fermes, luisants, vert clair, lancéolées, ovales, pointues, environ trois fois plus larges que longues (12 à 20 centimètres de long) ; garnies d'un double rang de nervures latérales parallèles, profondément dentées en scie dents écartées et nervures saillantes; pétioles simples, en forme de fer de lance.

Les feuilles se conservent parfaitement fraîches et propres sur l'arbre, jusqu'au moment de leur chute.

Tronc trapu ; écorce lisse, noirâtre ou olivâtre, chez les jeunes sujets, grise, gercée, rugueuse et moussue sur le corps des anciens arbres.

Le Châtaignier vit plusieurs siècles : il y en a qui ont plus de mille ans. Chez les vieux arbres, le tronc vermoulu, creux, ajouré, ouvert, n'existe que par l'écorce à laquelle adhèrent les plus jeunes couches d'aubier. Cela n'empêche point ce végétal de vivre et de produire parfois des branches énormes fournissant un bois très sain et de première qualité pour l'ouvrage. Le pied de ce patriarche de la châtaigneraie est entouré souvent d'une cépée touffue, éclose sur le collet des racines, d'où s'échappent de vigoureux rejetons parmi lesquels il arrive qu'on choisit (et l'on a tort) celui qui remplacera le vieil arbre.

Racines fortes, ayant une tendance à pivoter et à s'enfoncer profondément dans le sol.

Port. Arbre grand et vigoureux, à la fois majestueux, élégant et gracieux, aux frondaisons superbes. — Hauteur moyenne : 17 mètres. Vaste cime, branches longues et étalées, ramure abondante et robuste, s'étageant graduellement et donnant une envergure énorme au Châtaignier.

Les chatons des fleurs mâles sont très nombreux, allongés et cylindriques ; les cupules (bogues ou hérissons), épineuses en dehors et d'une couleur verdâtre, penchent à l'extrémité des rameaux qui ondulent mollement sous l'action du vent.

Feuillage peu attaqué par les insectes, riche, ramassé, chatoyant, presque impénétrable à la pluie et au soleil. Végétal plein d'ampleur, ensemble arrondi de courbes régulières et moutonneuses imitant le plus souvent un immense parasol en forme de dôme colossal.

Arbre providentiel, d'une croissance des plus rapides, aux fondements profonds, au tronc étrange, à la tête somptueuse, aux bienfaisantes effluves, aux fruits innombrables, nourrissants et délicieux.

II. — Les Châtaignes dans l'Antiquité. — Principales variétés.

La Châtaigne est connue depuis l'antiquité la plus reculée. Le nom de *Castanea*, qui lui fut donné par les anciens Grecs, est celui d'une ville de Thrace (1) aux environs de laquelle les Châtaigniers végétaient vigoureusement et où ils croissent encore. VIRGILE et DIODORE DE SICILE la nomment « *Noix castanéique* » (2), de nos jours les Arabes l'appellent « *Castal* », les Allemands « *Castani* » et les Italiens « *Castagno* », désignation qui lui est conservée dans la plupart des idiomes de la langue d'oc, notamment dans les « parlers » de l'Auvergne et du Limousin.

Le nom de « *Marrones* » que lui attribuent les Espagnols, ressemble à celui de « *Marron* », que nous affectons à la variété de Châtaigne la plus appréciée des gourmets. Ce nom, d'après LAMY DE LACHAPELLE (3), tirerait son étymologie de *Marronea*, autre ville de Thrace, située comme *Castanea* (4), près des côtes de la mer Noire.

.˙.

Les Romains connaissaient huit espèces de Châtaignes qui portaient ordinairement le nom de leur lieu d'origine. Leurs

---

(1) Ancienne province du nord de la Grèce, dont le territoire forme aujourd'hui la Bulgarie et la Roumélie.

(2) « Ipse ego cana legam tenera lanugine mala
  « *Castaneasque nuces*, mea quas Amaryllis amabat »
       (*Virgile*, Eglogue II, 51° et 52° vers).
Les Romains tiraient beaucoup de Châtaignes des environs de Catane, en Pouille, et ils en recevaient de Catane, port de Sicile, où l'on embarquait les fruits récoltés sur les pentes de l'Etna : Les noms de ces deux villes ne sont peut-être pas étrangers à celui de « *Noix castanéïques* ».

(3) EDOUARD LAMY DE LACHAPELLE : *Essai monographique sur le Châtaignier*, br. de 64 pages, impr. Chapoulaud, Limoges, 1860.

(4) Il existait autrefois et il y a encore une autre localité appelée *Castanea*, en Asie Mineure, dans l'ancienne Lydie. Aussi plusieurs savants, (Ch. Louandre, S. Mottet, etc.), croient que la Châtaigne est originaire du royaume de Crésus.

caractères sont mal définis dans les ouvrages qu'ils nous ont laissés : les *Leucena*, récoltées en Crête sur le mont Ida, les *Tarentines*, les *Napolitaines*, les *Salariennes* et les *Lyonnaises* (1) étaient fort estimées. L'empereur Tibère préférait celles de Sardaigne, nommées « *Glands de Sardes* » par le grec Dioscorides. A Rome, on désignait les meilleures Châtaignes sous le nom général de « *Balanni* », Pline nous apprend que toutes celles d'une qualité médiocre, appelées « *Coctiras* » et « *Populares* », étaient le partage du peuple et des pourceaux. Le dicton : « Il n'y a rien de nouveau sous le soleil », se trouve, ici, justifié une fois de plus.

.·.

C'est donc par le fruit que nous allons essayer de classer les principales variétés françaises issues, par la culture ou par hybridation, du Châtaignier commun. Il nous est impossible d'en donner une nomenclature exacte, et même un peu étendue, parce qu'elles n'ont point encore reçu de noms scientifiques. D'autre part, il existe une infinité de variétés de Châtaignes, et la même est différemment nommée suivant les localités.

Malgré les siècles écoulés depuis l'époque où écrivait l'illustre naturaliste latin, malgré les progrès des sciences et de l'agriculture, nous sommes toujours aussi peu fixés que les Grecs et les Romains sur les caractères distinctifs des nombreuses variétés de Châtaignes, aucun ouvrage spécial n'a encore été fait sur ce sujet, et ce que disait, il y a plus de soixante ans, un distingué botaniste limousin, est toujours d'actualité et mérite d'être rappelé : « *En l'absence d'une bonne synonymie on s'égare facilement parmi les cinq ou six noms que parfois, dans un seul département, on impose à la même espèce. Ensuite comment trouver des expressions qui rendent fidèlement les nuances légères qui séparent certaines variétés ? Un tel travail de classification, présentant d'immenses difficultés, exigerait plusieurs années d'études assidues, et peu d'hommes aujourd'hui se résigneraient à attendre aussi*

---

(1) Ils tiraient celles-ci du pays des *Allobroges*, aujourd'hui le Dauphiné, d'où viennent les Marrons dits de Lyon.

longtemps le prix des investigations auxquelles ils auraient la patience de se livrer. (Lamy de Lachapelle).

Pour ces motifs, nous sommes obligé de nous contenter des notes, très complètes sur les Châtaignes du Vivarais et des Cévennes, que M. *E. Rigaux*, le savant professeur départemental d'agriculture de la Lozère, a bien voulu nous donner, des renseignements que M. *de Presles*, le courtois et distingué vice-président de la Société d'agriculture de la Dordogne, nous a fournis sur les fruits du Périgord, et des observations que nous avons recueillies en Limousin. A ces documents nous ajoutons les déductions qui découlent de la comparaison de diverses remarques extraites des ouvrages scientifiques les plus autorisés en la matière.

.·.

Toutes les variétés de Châtaignes se rattachent à deux groupes principaux : les *Châtaignes proprement dites* et les *Marrons*.

1. Châtaignier proprement dit. — Fruits un peu longs et aplatis, ayant une peau extérieure assez épaisse, un peu velue, d'une couleur généralement brun foncé ou brun noirâtre ; peau intérieure ou tan, également épaisse et pénétrant dans les replis de l'amande qui contient très souvent deux ou trois germes séparés par une forte membrane. Involucre renfermant ordinairement deux à quatre fruits.

Arbre très rustique, peu exigeant quant à la qualité du terrain et donnant une production plus régulière et beaucoup plus abondante que le Châtaignier Marronnier.

2. Châtaignier Marronnier. — Fruits distingués par leur saveur très fine, et recherchés des gourmets. Les *Marrons* ont une coque peu épaisse ; pellicule intérieure très mince ne pénétrant pas dans la chair ; amande ne formant le plus souvent qu'un germe. Involucre ne renfermant qu'un ou deux fruits très arrondis, d'une couleur plus claire que celle de la Châtaigne, et à ombilic moins développé que dans celle-ci.

Arbre moins prolifique et moins robuste que le Châtaignier, à production irrégulière ; est assez difficile pour le choix du terrain.

.·.

1° CHATAIGNES. — Voici par ordre alphabétique, les variétés françaises qui sont les plus connues ou qui méritent d'être propagées :

Aiguillonne. — Maturité de deuxième époque. Fruit gros, long et pointu, de couleur marron très foncé, de première qualité, mais se conservant peu à l'état vert, il est presque exclusivement affecté à la dessiccation. C'est la meilleure des Châtaignes sèches des Cévennes. Arbre très prolifique, ne réussissant que dans les terrains profonds, substantiels et humides.

Ce fruit est exporté en Auvergne pour l'alimentation.

Angalade ou **Egalado**, ou **Marron-Bâtard**. — Châtaigne grosse et aplatie du Périgord ; a la couleur du vrai Marron, mais lui est inférieure en qualité, bien qu'elle soit plus volumineuse que celui-ci. L'arbre est très rustique et charge beaucoup.

Baissière. — Assez tardive. Fruit gros, rouge, très fin. Cette Châtaigne à peau mince, ne contenant qu'un seul germe, imite beaucoup le Marron. Feuilles de grandeur moyenne. Arbre de plaine, aimant à être abrité ; il fournit un bois de mauvaise qualité très sujet à la roulure et à la carie. — Limousin.

Baumelle. — Châtaigne tardive, grosse et assez bonne. Arbre très prolifique affectionnant les hauteurs et surtout les terrains mouvants et crevassés. — Lozère.

Besse. — Châtaigne hâtive, ronde et noire, de grosseur moyenne : goût laissant à désirer. Elle se conserve fraîche pendant longtemps. Arbre robuste aimant les terrains secs et élevés.

Ce fruit, de la Lozère, est acheté en vert par les Auvergnats.

Beuliaque ou **Beulio** ou **Bouliaque**, appelé aussi **Juliaque**. — Pelons aux épines très longues. Châtaigne noirâtre, aplatie, énorme, la plus grosse de toutes ; présentation superbe, mais fruit aqueux et de dernière qualité, plein de sinuosités qu'un tan épais pénètre dans les moindres replis, très véreux et excessivement tardif. Feuilles lancéolées-ovales, assez minces. Bel arbre aimant les terrains chauds, chargeant bien, mais ne réussissant pas régulièrement. Bois peu estimé.

Cette variété, aux apparences trompeuses, commence à disparaître, du moins en Limousin.

Bleuet. — Bogue exactement en forme de Hérisson, laissant tomber à maturité, trois excellentes Châtaignes. — (Haute-Vienne).

Boucasse ou **Bouchasse**. — Presque tardive. Fruit de grosseur moyenne, à maturité irrégulière, à chair molle et mauvaise. Arbre très robuste, au port élevé, aux branches obliques et élancées. Bois de première qualité.

Fig. 3. — Jeune Châtaignier en fleurs. (Variété Bourruc).
D'après une photographie de M. P. Dujardin-Beaumetz

Cette variété sauvage est peu difficile sur le choix du terrain et de l'exposition. Elle est surtout cultivée en taillis, dont les jets, particulièrement flexibles, servent à fabriquer des cercles et des éclisses de premier choix. — Cévennes.

Boudininque. — Excellente variété de la Lozère, presque aussi délicate que le Marron. On la consomme beaucoup en purée et on l'emploie de préférence dans la confection du boudin. Arbre peu fertile.

Bourrude-Précoce. — Châtaigne hâtive assez grosse, rousse et velue, excellente sèche : c'est dans cet état qu'elle est exportée à Marseille et à Toulon. Arbre préférant les bas-fonds, les ravins — Lozère.

Bourrue. — Bogue aux piquants très nombreux, assez longs, fort enchevêtrés, mais relativement peu raides ; hérissons énormes, intérieurement tapissées de poils épais et bien argentés recouvrant un *cuir* un peu plus mince que celui des bogues des autres variétés. Châtaigne brun foncé, très grosse, allongée-convexe, à pointe duveteuse ; la meilleure de toutes celles du Bas-Limousin, souvent préférée au Marron. Chair ferme et très sucrée ; fruit excellent pour la dessiccation. Maturité de deuxième époque. Feuilles terminales des rameaux fructifères veloutées en dessous et plus pâles aussi sur le revers ; elles sont plus coriaces que les feuilles inférieures ; celles-ci, moins épaisses, ont les dents très échancrées. Feuillage superbe. Arbre très beau et de taille moyenne, en forme de dôme régulier, chargeant énormément ; récolte manquant rarement ; bois mou, de médiocre qualité.

Cette intéressante variété, quoique peu difficile sur le choix du terrain et de l'exposition, craint les pays trop froids. Elle donne son maximum de rendement quand elle est cultivée, soit en massifs sur des coteaux peu inclinés, exposés au levant, soit, de préférence, en bordure des terres labourées, ou en avenue, à proximité des exploitations rurales. Elle est assez accessible à la maladie.

Il y a une centaine d'années qu'un paysan des environs de *Juillac* (Corrèze) rencontra dans la forêt de *Born* (1), non loin de l'étang et des forges du même nom, au milieu d'une clairière, à côté des Chênes et des arbres sauvages, un très beau Châ-

---

(1) Forêt qui se trouve entre Juillac (Corrèze) et Hautefort (Dordogne). Elle doit son nom au lieu de *Born* actuellement ruiné et recouvert par la futaie. C'est là qu'était le château où naquit le célèbre guerrier troubadour : *Bertrand de Born*.

taignier pliant sous le faix des fruits superbes arrivés à maturité. Ce Châtaignier semblait être venu là comme par hasard. Le paysan, en homme bien avisé, emporta ses pleines poches de Châtaignes pour mieux les examiner... Il fut si satisfait qu'il revint dès le printemps suivant chercher de la greffe. Telle est l'origine de la *Bourrue*, Châtaigne exquise, des mieux cotées sur les marchés de Bordeaux, Paris et Londres, variété presque inconnue, il y a 80 ans, et qui, maintenant, est de plus en plus cultivée et répandue, car elle justifie sa bonne réputation.

Caniaude ou **Ganiaude** ou **Gagniodo.** — Maturité de deuxième époque. Châtaigne très brune, fort grosse, à pointe duveteuse, de bonne qualité, excellente pour la dessiccation. C'est la plus recherchée en Périgord, pour l'engraissement des Porcs.

Castaneiron. — Tardive, mûrissant ordinairement à la fin d'octobre. Fruit petit, assez bon. Arbre franc de pied, productif, très robuste et de haute altitude. Bois de bonne qualité. — Cévennes.

Châtaigne commune ou **Chât. ordinaire.** — Fruit médiocre, petit et plat, se rapprochant de la Châtaigne sauvage, mais excellent pour le séchage et pour l'engraissement des Porcs. Bogues contenant ordinairement cinq Châtaignes. Arbre très productif, vigoureux et rustique. Variété se reproduisant par le semis ; bois de première qualité. Maturité de deuxième époque. — Limousin et Périgord.

Châtaigne de Cors, appelée aussi **Sauvage des Cars.** — Tardive. Fruit moyen, bon et se conservant très bien. Arbre de fertilité passable, à bourgeonnement presque tardif, mais sujet grand et vigoureux se reproduisant par le semis. Bois de bonne qualité. — Limousin.

Clapisse. — Demi-hâtive. Grosse, une peu plate, presque noire et très bonne. Bogue légèrement plate contenant au moins deux fruits. Arbre fertile, réussissant bien dans les vallées. Bois de qualité passable. — Cévennes.

Combale. — Châtaigne de deuxième époque. Hérisson renfermant deux fruits gros, demi-sphériques, à écorce mince, miroitante et peu foncée. Amande contenant plusieurs germes ; chair de bonne qualité. Arbre productif, cultivé dans l'Ardèche, aux environs de Privas, et dans la Corrèze (canton d'Argentat).

Corrive (de Corrua, je tombe), ou **Carive.** — Demi-hâtive. Pelons moyens contenant deux Châtaignes; cuir épais; piquants moyennement touffus, peu enchevêtrés, assez longs et raides. Fruit brun foncé, de grosseur moyenne, allongé, rugueux, de longue garde, adhérant très peu dès sa maturité à son involvucre et s'en détachant alors au moindre souffle du vent. Chair savoureuse, recouverte d'un tan facile à enlever. Le pelon s'ouvre de lui-même pour donner passage à deux ou trois Châtaignes. Si l'on ne peut la ramasser aussitôt après sa chute, qui a lieu plus de quinze jours avant celle des feuilles, elle risque de se gâter dans la châtaigneraie même, faute d'abri contre les intempéries: elle gèle facilement et les rayons du soleil la font se racornir. Elle est fréquemment piquée par la larve ou ver de la « Carpocapse » dont l'œuf est déposé sur la fleur femelle au moment de la floraison. Fleurs vert jaunâtre, chatons très nombreux plus courts que ceux des autres variétés et disposés à l'extrémité des rameaux. Feuilles moyennes, tendres, très acuminées et à dents espacées. Arbre atteignant une grande élévation (1) et ne réussissant que dans les bons terrains exposés au Nord. Bois peu accessible à la gelée et à la roulure, et presque d'aussi bonne qualité que celui du Châtaignier sauvage. — Limousin.

Coutinelle ou **Coulinelle**. — Demi-hâtive. Fruit de moyenne grosseur, joli, lisse et luisant ; chair ferme et savoureuse. C'est la Châtaigne la meilleure des Cévennes. Bel arbre (appelé aussi *Gentil*), aux feuilles grandes, plus vertes en dessus qu'en dessous. Cette variété préfère les côteaux ; on l'utilise souvent aussi en groupes de quelques sujets pour ombrager les bâtiments de la ferme. Mais comme cet arbre met plus longtemps que les autres pour atteindre tout son développement, on n'en greffe guère plus maintenant. Bois ferme, à grain serré, de premier choix pour la tonnellerie. — Lozère et Cévennes.

Embourgneyre — Châtaigne très précoce, moyenne, noire et velue, de qualité médiocre. On la fait sécher ; elle est exportée en Auvergne pour la nourriture du bétail. Arbre très robuste et fertile préférant une exposition froide. — Lozère.

Espétarelle. — Tardive. Fruit petit, de seconde qualité. Arbre de côteaux, rustique et fertile. Bois assez estimé. — Cévennes.

Eviroulière. — Châtaigne plate à peau rougeâtre striée de noir, destinée surtout à la dessiccation. Arbre gigantesque atteignant souvent une hauteur de 27 mètres. Bois de bonne qualité. Variété commune dans les environs de Saint-Yrieix (Haute-Vienne).

Exalade ou **Ejalade** ou **Ejalado**. — Est hâtive. Pelons au cuir épais, recouverts d'aiguilles grosses, longues et raides ; deux Châtaignes à la bogue. Fruit gros, aplati, luisant, savoureux, se rapprochant du Marron. Feuilles petites, vertes et étroites ; celles qui terminent les rameaux à fruits sont un peu plus longues et encore plus lancéolées que les inférieures, en outre,

---

(1) C'est sans doute à cause du développement du Châtaignier *Corrive*, que le Pic-vert choisit de préférence cet arbre, aux robustes rameaux, pour y bâtir son nid.

elles ont sur le revers une couche épaisse de très court et fin duvet d'une couleur vert cendré. Arbre généreux, peu élevé, lent à former son bois et ayant une tendance à étendre horizontalement ses branches ; rameaux touffus.

On a intérêt d'en greffer dans les combes bien situées et sur les bordures des champs. L'*Exalade* est une bonne et belle Châtaigne commerciale du Limousin et du Périgord, mûre souvent dix jours avant les autres variétés marchandes de ces régions et, par suite, très avantageuse pour la vente précoce.

Feuillade. — Hâtive. Bon et gros fruit des Cévennes. Arbre de vallées.

Feuillargeoune. — Extra-hâtive. Bogues petites, recouvertes de piquants touffus, courts et acérés. Fruit petit, excellent, bien plein, trois ou quatre à la bogue, peau luisante et très fine. Feuilles petites et bien vertes: celles qui terminent les rameaux fructifères sont particulièrement étroites, épaisses et ont la face inférieure tout à fait pubescente et d'un velouté verdâtre argenté. Arbre résistant aux gelées, vigoureux, élancé et très productif ; rameaux obliques, sveltes et peu touffus. Ce Châtaignier réussit bien partout, mais de préférence au midi. Bois de première qualité et fort souple. — Limousin.

Figalette ou **Figaretto.** — Très précoce. Fruit petit, mais de première qualité, excellent aussi pour la dessiccation et se dépouillant alors complètement. Feuilles petites, d'un vert jaunâtre. Arbre très productif. Cette variété des Cévennes est analogue à la Feuillargeoune du Limousin.

Fourcat. — Demi-tardive. Fruit moyen et médiocre. Arbre peu productif, assez grand, croissant dans toutes les expositions, surtout au Nord. Variété se reproduisant de semis. Elle est précieuse pour faire des plantations de taillis au septentrion. — Cévennes.

Ganebellonne. — Maturité de deuxième époque. Fruit gros, brun foncé, plat, à épicarpe très épais; Châtaigne se conservant longtemps fraîche; elle est excellente pour la dessiccation. Arbre de plaines, assez fertile. — Dordogne.

Garautche. — Précoce. Fruit plat, petit et médiocre; bogues contenant jusqu'à cinq Châtaignes. Arbre très fertile, se reproduisant de semis. Bois estimé. — Vivarais.

Gêne-longue ou **Jeanne-longue.** — Maturité de deuxième époque. Fruit gros, un peu allongé et très fin, fort recherché à l'état frais. Arbre craignant la sécheresse, mais donnant un très grand rendement pourvu qu'il soit placé dans un sol privilégié, profond et bien engraissé. On le cultive surtout dans les bas-fonds. — Lozère et Cévennes.

Gougiouse. — Très tardive. Châtaigne brun foncé, moyenne, excellente, à tan peu adhérent à l'amande. Arbre prolifique prospérant dans les vallons. — Cévennes.

Grande-épine. — Maturité de deuxième époque. Fruit de moyenne grosseur et de forme assez allongée. La Grande-épine est ainsi nommée parce que son brou est armé de grands piquants, beaucoup plus longs que ceux des bogues des autres variétés. — Dordogne.

Grosse-noire. — Bogue bien marginée en croix, aux piquants peu touffus, mais longs et acérés recouvrant un cuir épais. Cette bogue reste fermée même après sa chute ; elle contient au plus trois Châtaignes qu'on extrait à l'aide du pied ou du râteau. Fruit précoce, gros, à peau presque noire ; amande peu savoureuse, mais se conservant bien ; tan facile à ôter. Arbre excessivement élevé et dont les jeunes rameaux sont très anguleux. Bois assez bon.

Cette Châtaigne du Limousin et du Périgord, convient pour l'exportation ; elle est très recherchée pour la dessiccation, car elle rancit moins vite que les autres variétés.

Grosse-Rouge ou **Rousse**. — Maturité de première époque. Châtaigne grosse, ronde, à la peau luisante, d'un rouge vif éclatant, moins hâtive que la Corrive, mais tout aussi bonne et se conservant bien ; tan très adhérent ; base large, solidement fixée à la bogue : elle tombe le plus souvent enveloppée de celle-ci qui est difficile à ouvrir et contient ordinairement trois fruits. Feuilles larges ; chatons très allongés et peu nombreux ; branches étalées horizontalement, tête arrondie. Arbre robuste prospérant dans les terrains les plus ingrats. Bois peu estimé.— Limousin.

Grosse-verte. — Très tardive et par suite sujette à geler. Bogues volumineuses aux épines courtes et très raides. Châtaigne fort grosse à petites mouchetures jaunâtres sur fond noir ; chair molle, à saveur d'abord assez fade, mais prenant un goût très sucré et fin quelques semaines après la récolte. Fruit tombant souvent avant sa maturité et en ayant l'écorce blanche. Cette Châtaigne se conserve longtemps à l'état vert, elle est excellente pour le séchage. Feuillage glauque. Arbre très productif, grand, élevé et d'un beau port. Variété robuste réussissant surtout à l'exposition du nord. Bois de bonne quantité.— Limousin.

Groussaudo. — Plus arrondie, presque aussi grosse que la Beuliaque, mais un peu plus ferme, de meilleure garde et à tan assez mince ; amande ne contenant qu'un seul germe. Quoique peu savoureuse, cette Châtaigne est fort recherchée des confiseurs. — Limousin.

Janfau. — Très précoce, mais de qualité médiocre ; bonne pour la dessiccation. Arbre très productif donnant chaque année une récolte abondante. Ce Châtaignier résiste bien à la maladie. — Limousin.

Malàbre. — Châtaigne assez commune dans le Haut-Limousin. Couleur brune, amande très farineuse, tan légèrement adhérent à la chair ; bogue peu volumineuse, ne contenant guère qu'un seul fruit flanqué de chaque côté de deux autres Châtaignes avortées (1).

Cette variété et la Bourrue sont les plus recherchées pour faire les « boursées » ou « boursades » ou « peluches », Châtaignes bouillies dont sont très friands les enfants.

Malespi ou **Malespine.** — Tardive. Grosse et excellente Châtaigne des Cévennes à hérisson pourvu de piquants très raides et pénétrants (d'où son nom patois de *mal espino* « mauvaise épine »). Feuilles larges et vert foncé. Arbre fertile et de haute altitude aimant à être cultivé autour des fermes.

Moundicoune. — Châtaigne grosse, qualité médiocre, peau et tan très épais. Fruit se conservant longtemps à l'état frais. Arbre fertile.— Sud-est de la Corrèze, Cantal et Cévennes.

Nouzillarde ou **Nouzillade** ou **Nouzillard.** - Grosse et excellente Châtaigne ayant la forme d'une Aveline. Elle est souvent vendue comme Marron. C'est la variété la plus estimée du Poitou. Il ne faut pas la confondre avec l'*Ozillarde* de Touraine, qui est un fruit bon à manger, mais petit et d'espèce plutôt sauvage. Le Nouzillard est cultivé aussi en Limousin.

Olivonne. — Mûrit généralement dans les premiers jours d'octobre. Fruit de grosseur moyenne. Arbre très productif, mais ne réussissant guère au-dessus de 400 mètres d'altitude.— Cévennes.

Paradone. — Tardive, bonne et assez grosse. Arbre productif à cultiver sur les coteaux. Bois estimé pour la tonnellerie. — Cévennes.

Pélégrine. — Maturité de deuxième époque. Fruit moyen, brun foncé, de première qualité, l'un des meilleurs de la Lozère et des Cévennes. Feuilles vert foncé, légèrement ployées en dessus. Arbre très rustique peu sensible à la gelée blanche. Le *Pélégrin*, produit passablement s'il végète dans un sol pauvre, mais il donne un rendement quadruple quand il est cultivé dans les bonnes terres qui entourent les fermes et hameaux.

Pelonne ou **Pelouno.** — Maturité de deuxième époque. Excellent fruit au goût fin, à l'écorce dure et noirâtre. Cette Châtaigne, de grosseur moyenne, tombe dans sa bogue qui ne s'ouvre

---

(1) Les fruits avortés consistent en peaux aplaties comme des semelles de souliers, les deux côtés se touchent et ont parfois la forme d'une petite cuiller ; on les appelle *pantoufles, gâches* et ***cuillerons***.

que sous la pression du pied ou du râteau après avoir préalablement fermenté en tas durant une quinzaine de jours : C'est pourquoi cette variété est dénommée *Pelonne*. Elle est de bonne garde, on peut la conserver verte jusqu'en janvier. Arbre productif et bois de bonne qualité. — Périgord.

Petite-noire ou **Negriero**. — Même qualité et mêmes caractères que ceux de la *Grosse-noire*, excepté que le fruit est un peu plus précoce et plus petit, quoique de grosseur moyenne, et que le tan de cette Châtaigne reste adhérent après dessiccation. La bogue qui n'a souvent qu'un seul fruit n'en contient jamais plus de trois. — Limousin et Périgord.

Cette variété est très recherchée pour le séchage et pour l'engraissement des Porcs. Ce Châtaignier charge beaucoup en pays cultivé, mais il ne réussit pas dans les expositions méridionales ; il n'y fait pas « d'arbre » et ses fruits y sont vermoulus ; les pentes douces tournées vers le nord lui conviennent particulièrement : là, il devient gigantesque et quoique greffé, il produit un bois de bonne qualité. Nous en avons vu qui ont fourni de 28 à 32 stères de bois de brasse.

Petite-rouge ou **Pradeau**. — Maturité de deuxième époque. Fruit rouge, moyen, excellent en vert, imite le Marron ; amande rondelette, ne contenant qu'un seul germe. Châtaigne sujette à la vermoulure, mais très bonne pour le séchage, tan non adhérent. Arbre de plaine, grand et fertile, aimant les terrains chauds. — Limousin et Périgord.

Petite-verte ou **Empeu**. — Très tardive. Bogues petites au cuir épais, bien recouvert de piquants longs et entremêlés. Fruits petits, tombant le plus souvent avec l'écorce blanche. Feuilles très minces, lancéolées-ovales, d'un beau vert, face supérieure luisante, feuilles terminales des brindilles fruitières plus longues, plus étroites et moins vertes, surtout en dessous, que les feuilles inférieures. La *Petite-verte* est excellente pour la dessiccation ; sèche, elle se dépouille très aisément de toutes ses enveloppes, aussi est-elle bien blanche et des meilleures pour le commerce. Arbre très fécond, a la tête d'une belle forme ronde, au feuillage touffu restant très longtemps adhérent aux rameaux dans un parfait état de fraîcheur. Bois de médiocre qualité. — Limousin.

Peyrejonte. — Extra-hâtive. Fruit moyen, luisant et long, d'assez bonne qualité, réservé pour la dessiccation. Les éleveurs de l'Auvergne en achètent de grandes quantités pour nourrir en hiver les Vaches laitières, etc. Arbre préférant les hauteurs. Bois excellent pour la tonnellerie. — Lozère.

Peyroulette. — Châtaigne la plus précoce des Cévennes, mûrissant souvent pendant la première quinzaine de septembre. Fruit moyen et assez bon. Arbre remarquable par ses longues et grandes feuilles ; il est très rustique et quoique peu difficile pour le terrain et l'exposition, il préfère les bas-fonds. Variété cultivée surtout à Peyrolles (Gard).

Pialone ou **Pialome**. — Maturité de deuxième époque. Fruit gros et bon, excellent pour la dessiccation et se dépouillant facilement. Arbre très fertile à condition d'être cultivé et fumé. Cette variété réussit surtout autour des exploitations et en bordure des terres labourées. — Cévennes.

Pingaude ou **Piongaudo**. — Amande moyenne, bien nourrie, fendant souvent la peau ; bogue volumineuse et très piquante abritant trois fruits à écorce très velue : chair ferme, farineuse, tan facile à enlever. La Châtaigne tombe avec le pelon dont on ne l'extrait pas toujours aisément. Bois médiocre. — Limousin.

Plate. — Assez hâtive. Fruit, gros, plat, de mauvaise qualité, se conservant peu. Arbre croissant dans les vallées humides et les bas-fonds des Cévennes. Bois médiocre.

Platette. — Tardive. Très grosse, couleur marron clair non rayé. Cette Châtaigne, la meilleure de la Lozère, peut se conserver fraîche pendant fort longtemps. Arbre exigeant un bon fonds.

Portalonne ou **Portelonne** ou **Pourtalouno**. — Assez hâtive. Fruit gros, rond et de couleur châtain clair doré. Châtaigne de bon goût, se vendant bien, quoique difficile à conserver, Cet arbre très fertile, originaire du Poitou, est cultivé beaucoup en Périgord.

Pourrette. — Maturité de deuxième époque. Fruit moyen, rond avec de petites rayures. Excellente Châtaigne surtout à l'état sec ; fraîche, elle se conserve mal. Est exportée à Marseille. Arbre prospérant au bord des ruisseaux car sa végétation exige beaucoup d'eau.

Printanière. — Très hâtive. Fruit moyen, rondelet et peu savoureux, remarquable seulement à cause de sa grande précocité. Cet arbre, peu fertile, est cultivé en Limousin et dans la la Seine-et-Oise.

Riveraine ou **Riviéresse**. — Demi-tardive. Fruits petits, assez bons, donnés par un arbre très fertile aimant à croître le long des ruisseaux. — Cévennes.

Robeyrisque ou **Rabeyrisque**. — Maturité de deuxième époque. Châtaigne grosse, à peau brun foncé et luisante ; amande excellente. Arbre généreux dans les vallées et sur le bord des rivières, car c'est là qu'il réussit le mieux. — Lozère, Ardèche, Cévennes.

Roussette. — Assez hâtive. Châtaigne ronde, moyenne, à épicarpe rayé de rouge et de noir ; amande assez bonne et ne contenant le plus souvent qu'un seul germe. Arbre productif cultivé surtout en Périgord.

Royale-Blanchère. — La plus hâtive des Châtaignes de la Dordogne : On la récolte ordinairement au commencement de septembre. Fruit très brun, très gros, un peu camus et fort bon, mais ne se conservant pas longtemps. Bel arbre pyramidal aux feuilles et aux hérissons un peu blanchâtres.

Royale-Hélène. — Châtaigne assez précoce. Fruit de grosseur moyenne, un peu camus et d'assez bonne qualité ; en sortant de son brou il est lisse et gluant. — Dordogne.

Saint-Clos. — Très précoce. Fruit noir et petit récolté dans la Dordogne.

Salèse. — Hâtive. Fruit moyen et bon. Arbre peu fertile, à feuilles vert foncé en dessus et vert très pâle en dessous. Châtaignier affectionnant les vallées basses. — Cévennes.

San-Guirale. — Fruit gros, excellent, à peau fine et se conservant facilement. — Canton de Maurs.

Soboïjo. — Grosse Châtaigne rouge, très fine du canton de Maurs (Cantal). Elle se dépouille très facilement, est exquise grillée.

Soulages. — Maturité de première époque. Châtaigne moyenne et de qualité passable. Arbre peu productif, mais ayant le mérite de prospérer dans les vallées humides et dans les prairies. — Cévennes.

Triadonne. — Maturité de première époque. Fruit assez gros, un peu plat et de bon goût des Cévennes. Arbre très prolifique, aux feuilles longues, très acuminées et d'un vert jaunâtre. Variété très rustique, préférant les vallées basses.

Tuscone. — Maturité de première époque. Châtaigne grosse et bonne. Chatons énormes et nombreux. Feuilles un peu jaunâtres en dessous. Arbre fertile à cultiver sur les coteaux et sur les plateaux. — Cévennes.

Verdalo. — Tardive. Très grosse Châtaigne dont la bogue adhère fortement à l'arbre ; amande à chair fine, mais divisée en plusieurs germes. Cette variété est la plus cotée sur le marché de Maurs (Cantal).

Verdière ou **Châtaigne de fer.** — Presque tardive. Très grosse, brune, rayée de noir ; fruit de bon goût, se conservant longtemps à l'état frais, fort recherché pour l'exportation. Cette Châtaigne est ainsi appelée parce que l'arbre qui la produit conserve ses feuilles vertes plus longtemps que les autres variétés ; elles est analogue à la *Grosse verte* du Limousin. Arbre chargeant beaucoup. — Dordogne.

.•.

Voici, d'ailleurs, par région, la répartition des variétés ci-dessus, et autres, en les classant par ordre de valeur. (Toutefois les contrées sont rangées alphabétiquement) :

Ardèche (Vivarais) et Lozère : Coulinelle, Pélégrine, Platette, Pourrette, Aiguillonne, Besse. Baumelle, Peyrejonte, Figalette, Embourgneyre, Combale, Gêne-longue, Malespine, Fourcat et Robeyrisque.

Citons encore le Châtaignier *Arlendin* qui atteint un grand développement ; le *Ferrié*, qui se plaît dans les sols ferrugineux et produit un fruit de forme assez bizarre, mais délicat et parfumé ; la *Bouche-rouge* et la *Sardonne*, grosses Châtaignes imitant le Marron ; le *Pierre-Jean*, qui est par excellence l'arbre des terrains maigres et rocailleux ; le *Bon-arbre*, le *Guasqués*, le *Michelin* et le *Chourlet*, qui sont fertiles dans les bons terrains entourant les mas ou métairies ; la *Pierre-blanche*, qui est très précoce ; le *Négret*, qui est fort robuste ; la *Raste*, la *Plançonne*, l'*Afachonne*, la *Drigonne*, la *Bianèze*, la *Nouziérolle*, la *Roumone* et la *Clarespine*, qui sont des fruits de qualité très inférieure, réservés au bétail.

Cantal (canton de Maurs) : Verdalo, Soboïyo, San-Guirale et Janfau.

Notons aussi l'*Obouribe*, qui est la plus hâtive du canton de Maurs ; la *Tsanfouno*, Châtaigne de moyenne grosseur, donnée par un arbre fécond ; la *Limousine*, bon fruit duveteux, de couleur foncée.

Cévennes : Olivonne, Paradone Robeyrisque, Pialone, Feuillade, Triadonne, Tuscone, Peyroulette, Gougiouse, Boudininque, Clapisse, Espétarelle, Soulage, Boucasse, Moundicoune, Garantche, Salèse, Plate et Castaneiron.

On y trouve d'autres Châtaigniers portant les noms de *Vignasse*, *Secaillouse*, *Rougette*, *Rousselle*, *Fermène*, *Bonne-branche*, *Menette*, *Pointue*, *Clastringue*, *Mazelette*, *Châtaigne d'Algues*, *Blanquette*, *Soubeyranne* et *Barbue*. Mais ces variétés sont moins répandues et généralement de qualités inférieures aux premières.

Limousin : Bourrue, Exalade, Corrive, Malàbre, Grosse-rouge, Petite-rouge, Grosse-noire, Petite-noire, Grosse-verte, Petite-verte, Groussando, Pingaude, Feuillargeoune, Châtaigne ordinaire, Châtaigne des Cors, Bleuet, Evirouliéro, Beuliaque, Moundicoune et Janfau.

Ces vingt sortes de Châtaignes sont très cultivées en Limousin. On les y trouve éparses dans les propriétés particulières. Quelques autres variétés d'ordre inférieur s'y rencontrent aussi, savoir: la *Barriéro*, qui vient sur un arbre gigantesque; la *Barbaro de Champnétry*, remarquable par sa précocité; la *Caussine*, qui est très précoce; la *Piale*, sorte de petit Marron; la *Grillacoise*, qui est excellente grillée; la *Jasetto*, la *Sauvage de Raterie*, fruit plat et allongé; la *Sauvage du Mas*, qui est très productive: la *Gadine*. se récoltent surtout dans la Haute-Vienne. La *Hâtive-noire*, la *Hâtive-de-mai*, les *Humineaux roux*, la *Grosse-Matronne* et la *Pellatière*, sont des fruits assez médiocres, des parties montagneuses de l'arrondissement de Tulle et du sud-est de celui d'Ussel.

Périgord : Royale-Blanchère, Royale-Hélène, Grande-épine, Caniaude, Verte ou Verdière, Angalade ou Marron-bâtard, Pelonne, Roussette, Portalonne et Saint-Clos.

Poitou, et autres contrées : La Nouzillarde et la *Châtaigne de Luzignan* sont renommées dans la Vienne; *l'Avant-Châtaigne* est un fruit précoce, mais médiocre de la Vendée; *l'Ozillarde* est une petite Châtaigne de la Touraine; la *Dauphinoise* est un excellent produit du Dauphiné. Dans le Rhône on trouve la *Boucharde*, bonne Châtaigne de grosseur moyenne; la *Pelousette*, fruit assez petit d'un arbre fertile, et la *Grosse-Clafarde*, vendue comme Marron.

.·.

Arbres de plaines et vallées : Baissière, Combale, Salèse, Gougiouse, Robeyrisque, Gêne-longue, Riveraine, Figalette, Pourrette, Plate, Soulages, Triadonne, Clapisse, Bourrude-précoce, Feuillade, Olivonne, Peyroulette, Ganchellonne.

Arbres de coteaux : Bourrue, Coulinelle, Paradonne, Baumelle, Malâbre, Exalade, Espétarelle, Royale-Blanchère, Châtaigne des Cors, Angalade ou Marron-bâtard, Garautche, Petite-noire, Boucasse, Pélegrine, Feuillargeoune, Corrive.

Arbres de haute altitude. — Malespine, Tuscone, Peyreponte, Corrive, Castaneiron, Grosse-rouge, Grosse-noire, Petite-noire, Grosse-verte, Petite-verte, Verdalo, Embourgneyre, Fourcat.

.·.

Les variétés : Bourrue, Exalade, Gêne-longue, Baissière,

Aiguillonne, Petite-rouge, Pialone, Platette, Coulinelle, Pélégrine et Malespine, réussissent surtout dans les bons fonds, à bonne exposition et en lisière des terres.

Le Janfau, la Gougiouse, la Pélégrine, la Grosse-noire, la Petite-noire, la Grosse-verte et la Petite-verte sont très résistantes à la maladie.

Variétés hâtives (par ordre décroissant de précocité) : Avant-Châtaigne, Peyreponte, Peyroulette, Embourgneyre, Bourrude-précoce, Besse, Feuillargeoune, Printanière, Corrive, Royale-Blanchère, Saint-Clos, Royale-Hélène, Grosse-rouge, Janfau, Petite-noire, Soulages, Salesse, Plate, Triadonne, Tuscone, Figalette, Feuillade, Clapisse, Olivonne, Exalade, Portalonne, Grosse-noire, Roussette.

Variétés tardives (par ordre croissant) : Gêne-longue, Paradone, Espétarelle, Malespine, Baumelle, Beuliaque, Baissière, Gougiouse, Castaneiron, Verdalo, Petite-verte.

Nota. — Nous croyons inutile de nommer les variétés dont la maturité arrive en deuxième époque et qui ne sont ni hâtives, ni tardives.

Châtaignes les meilleures pour consommer vertes. — Exalade, Bourrue, Royale-Blanchère, Verdalo, Soboïyo, Platette, Boudininque, Grosse-rouge, Petite-rouge, Coulinelle, Nouzillarde, Malâbre, Baissière, Malespine, Corrive, Pélegrine, Châtaigne des Cors, Gêne-longue, San-Guirale, Clapisse, Pelonne, Combale, Robeyrisque, Triadone.

Châtaignes les meilleures pour consommer sèches. — Bourrue, Aiguillonne, Peyreponte, Figalette, Embourgneyre, Ganebellonne, Bourrude-précoce, Caniaude, Grosse-noire, Petite-noire, Pourette, Janfau, Eviroulière, Petite-verte.

*
* *

Toutes ces dénominations, d'origine latine ou romane, montrent que ces nombreuses variétés sont cultivées depuis un temps immémorial. La plupart de ces noms, très anciens, n'ont guère de racine dans le français moderne : ils tirent leur étymologie du latin et quelquefois de la langue que parlaient nos pères au Moyen-Age.

.˙.

2° MARRONS. — Les Marrons les mieux connus et les plus estimés sont :

Marron de Lyon. — C'est le plus connu et le plus beau. Fruit reconnaissable à sa *teinte rouge d'or*, très gros, arrondi, bien savoureux. Arbre cultivé dans le Forez et dans le canton de Condrieu (Lyonnais).

Marron du Dauphiné. — Fruit gros, rond, parfumé, d'excellente qualité, mûrissant vers le milieu d'octobre. Arbre à feuilles très luisantes, cultivé dans les vallées, sur la lisière des prairies et autour des fermes.

Cette variété a été importée dans la Lozère et dans les Cévennes, dont elle constitue l'un des meilleurs produits ; on l'y cultive sous le nom de **Dauphinoise**.

Marrons de la Corrèze. — Le **Marron des Angles**, (localité près de Tulle), est un fruit de grosseur moyenne à enveloppe brune, douce et luisante ; seconde peau réduite en une mince toile ne s'incrustant pas dans les nervures de l'amande, laquelle est de couleur jaune paille ; goût exquis. Bogue ne contenant que les deux fruits extrêmes, celui du milieu ayant avorté. Arbre très rustique et produisant considérablement.

Le **Marron de Saint-Hilaire**, (autre commune près de Tulle), est un fruit moins gros et moins fin que le précédent, mais l'arbre est très robuste et productif.

Marrons du Périgord. — Le **Vrai-Marron** est un fruit presque rond, tombant dans sa bogue d'où il faut l'extraire. Quoique plus tardif et plus petit que le Marron de Lyon, il n'en est pas moins exquis. Arbre assez fertile.

Le **Couriando** de la Dordogne : C'est le **Marron sauvage**, se reproduisant identiquement par le semis. Il est plus gros que le Marron vrai auquel il ressemble beaucoup par la forme et par le goût : Fruit moyen, arrondi, jaune brun, de première qualité.

Marron d'Agen ou d'Aubray. — Très bon fruit, le plus gros de tous, de forme arrondie plus large que longue. Bogue ne contenant qu'un seul Marron au lieu de deux ou trois.

Marron du Luc, de Saint-Tropez ou de la Garde-Freinet, dans le Var, sont les meilleurs et les plus réputés de tous.

Marrons de l'Ardèche ou du Vivarais. — Celui des environs de *Viviers* est un fruit tardif, moyen, côtelé, à pointe duveteuse ; sa chair est extra-fine et sucrée, mais l'arbre qui le donne est peu fertile et redoute les gelées printanières. Le **Marron de Vesseaux** est plus gros et plus précoce que le précédent, il est recherché pour la confiserie, tandis que le **Marron de Saint-Fortunat** est consommé grillé.

Marrons de la Lozère. — Le **Marron de Blanchamp**, (près de Villefort), est un fruit hâtif, mûrissant dans les premiers jours d'octobre ; il est très gros, d'une couleur marron clair luisant et rayé ; pellicule interne très mince. Cet excellent fruit peut se conserver jusqu'à la fin mai. Il est très recherché pour la confiserie : on l'expédie à Clermont-Ferrand, Paris et Marseille où il est vendu comme Marron de Lyon. Il est coté, selon choix, sur place, de 10 francs à 20 francs l'hectolitre.

Marrons de Bugey. — Sont analogues à ceux de Lyon et vendus comme tels.

Marrons de Provence. — Sont également très succulents et presque aussi bons que ceux du Luc et de Saint-Tropez.

Marrons de Nantes, de Redons, du Mans, de Lude, etc. — Sont bons, mais de qualité assez inférieure aux précédents.

C'est tout ce que nous savons sur les nombreuses catégories de Châtaignes et de Marrons. Nous regrettons de ne pouvoir mieux les déterminer et en donner une liste plus complète, liste qu'il nous serait d'ailleurs impossible d'établir et cela d'autant plus que chaque jour on en découvre de nouvelles variétés, plus ou moins dignes de la culture, et que l'on propage par la greffe souvent même sans leur avoir donné de nom.

Il en est des Châtaignes comme des Blés et encore sont-elles plus difficiles à connaître que les différentes sortes de Froment, d'Orge ou de Seigle. Toujours est-il qu'il faudrait avoir l'œil exercé de nos paysans pour saisir les nuances parfois imperceptibles qui séparent les diverses sortes de Châtaignes. Et c'est une chose vraiment extraordinaire que ces bonnes gens sachent si bien reconnaître chaque Châtaigne dans un tas, et une variété d'arbre dans un bois, sans jamais pouvoir nous indiquer comment ils y parviennent.

III. — Châtaignier et paysan.

Puisque nous venons de faire allusion au paysan, il est naturel que nous citions ce joli parallèle dû à un écrivain corrézien :

« Je ne traverse jamais nos grands bois de châtaigniers limousins, sans voir là l'image la plus vivante du paysan. L'homme des champs est dans le monde moral ce que le châtaignier est dans le règne végétal.

« Châtaignier et paysan vivent partout et s'accommodent de tout, du sol le plus maigre et le plus désolé, tourné au midi ou au nord, en plaine ou en pente, peu importe. Châtaignier et paysan sont replets et trapus, peu élégants de forme, mais ancrés au sol par de profondes racines. Le chêne sera quelquefois renversé par la tempête que le châtaignier tiendra debout. Éventré par la foudre, privé de sa plus forte mâture, le châtaignier poussera encore, reverdira, fleurira et donnera son fruit, comme le paysan son labeur, malgré toutes les angoisses de l'âme et les meurtrissures du corps. Un paysan éclopé et les reins demi-rompus, trouve encore le moyen de diriger la charrue dans les champs; un bras en écharpe et les doigts en compote, il pourra encore manœuvrer la bêche et le hoyau. Tout le monde, enfin, s'abat un peu sur le paysan comme les bûcherons sur le châtaignier, et il ne faut pas être surpris que châtaigniers et paysans donnent leurs fruits de même façon: entourés d'épines !

« Quand tout est vermoulu et tombe en poussière jaunâtre, dans ce gros tronc d'arbre, une jeune pousse apparaît aux pieds, droite et vigoureuse ; c'est le jeune rejeton perpétuant le châtaignier sans fin. C'est aussi le paysan, vivant, durant, se perpétuant du fond de sa misère et de ses sueurs: le paysan sans héritier n'existe pas. (M.-M. Gorse) (1). »

IV. — Châtaigniers célèbres.

Les Châtaigniers les plus célèbres sont ceux de la Corse, parce qu'ils ont joué un grand et glorieux rôle. Seuls ils ont suffi à assurer la nourriture et la sécurité des habitants de l'île, aux époques historiques durant lesquelles ceux-ci combattaient pour leur indépendance : « Voulez-vous réduire les Corses ? Coupez les Châtaigniers! » disait un Corse, le maréchal Sébastiani. Ce fut jadis par un moyen identique, en

---

(1) *Au Bas Pays de Limosin*, études et tableaux par l'abbé *M.-M. Gorse*, docteur en théologie, un volume in-8, Ernest Leroux éditeur, Paris 1896.

Fig. 4. — Châtaignier mutilé par l'orage.

D'après une photographie de M. P. Dujardin-Beaumetz.

Nota. — Cet arbre, déjà âgé, est un rejeton sorti d'une vieille souche sur laquelle on voit encore de jeunes pousses. Environ, à mi-hauteur du tronc, on remarque l'*anneau de greffage.*

brûlant les vastes forêts où dominaient les Châtaigniers, que César parvint à subjuguer les Lémovices indomptables.

Actuellement encore cet arbre est la vie de la Corse. Elle lui doit son climat si envié. 30.000 hectares de châtaigneraies couvrent ses coteaux, fournissent presque la nourriture exclusive du peuple et constituent la principale ressource des insulaires qui ont renoncé à la culture du sol. On rencontre même, dans l'intérieur de l'île, des vieillards qui affirment n'avoir jamais mangé de pain.

Cultivé isolément, le Châtaignier acquiert parfois des proportions considérables. Les exemples suivants prouvent éloquemment la longévité et la puissance de végétation de cet arbre de première grandeur parmi les rois de nos forêts.

Le **Châtaignier de l'Etna**, en Sicile (*Castagno di centi Cavalli*), si souvent décrit dans les récits de voyages, surpasse en grosseur tous les végétaux connus, même les monstrueux Baobabs. Son tronc, qui est creux, a 15 mètres de circonférence. Un petit village est bâti sous ses rameaux dont le feuillage aurait abrité, jadis, pendant un orage, la reine de Naples, Jeanne d'Aragon, et toute sa suite comprenant cent cavaliers. Sa frondaison mesure 53 mètres de contour et sa hauteur 18 mètres.

Les autres Châtaigniers les plus remarquables sont :

Châtaignier de la Sierra Gardunha, près de la route de Fundão, à Alcongosta (Portugal), dont le tronc, à un mètre du sol, possède 18 mètres de tour et offre un creux de 3 mètres de profondeur ;

Châtaignier de la Nave (en Sicile), 18 mètres de circonférence ;

Châtaignier de Camponario, près d'Achada (île de Madère) : circonférence, 11 m. 60 à un mètre du sol. Il renferme une chambre carrée de 1 m. 70 de largeur sur 2 mètres de hauteur. Cette chambre est munie d'une fenêtre de 0,60 × 0 m. 40. Il a 50 mètres de haut.

Châtaignier de Médoux, près de Bagnères-de-Bigorre : tronc lisse et très droit ; circonférence, 4 m. 30 ; hauteur, 40 mètres. Est remarquable surtout en ce que ses premières branches ne commencent qu'à 30 mètres du sol.

Châtaignier de Sancerre (Cher), dont la base, à hauteur d'homme, a 18 mètres de tour. On croit qu'il a plus d'un millier d'années, car il est fait mention de cet arbre dans des chartes très anciennes : au XIIIe siècle, il portait déjà le nom de « Gros-Châtaignier ». Il continue à donner des fruits et son tronc est encore assez sain.

Châtaignier de Nay-Sucé (Loire-Inférieure) qui, à 2 m. 60 du sol, atteint 12 mètres de circonférence. Cet arbre, quoique creux, aurait jusqu'ici résisté à la maladie ayant frappé plusieurs Châtaigniers situés dans ses environs.

Châtaignier de Drouilly-les-Hayes (Eure-et-Loir), a 7 m. 70 de tour.

Châtaignier de Caouche, commune d'Arengosse (Landes). Cet arbre magnifique, isolé dans un champ appartenant au baron Gérard, à un mètre du sol mesure 6 m. 60 de circonférence. Le tronc, qui a été jadis étêté, n'atteint que 2 m. 50 de hauteur, point d'où partent six énormes branches garnies de rameaux vigoureux et touffus. Ce Châtaignier couvre une superficie de sept ares, il a 30 mètres de hauteur.

Châtaignier d'Esau, en Dauphiné : Arbre toujours fertile, ayant de 11 à 12 mètres de circonférence.

Châtaignier de Chavanne, près de Thonon (Haute-Savoie), a 15 mètres de tour et 30 mètres de hauteur.

Châtaignier de Neuve-Celle, près d'Evian (Suisse), a 11 mètres de circonférence. Déjà, au XVe siècle, il abritait un ermitage.

Châtaignier d'Esery, près d'Annecy, en Savoie, a 9 m. 60 de tour et aurait 900 ans d'âge.

Châtaignier de Troubois, village de Lugrin (Haute-Savoie), a 7 mètres de circonférence.

Châtaignier d'Albaretz (Loire-Inférieure), mesure 8 mètres de tour et plusieurs de ses branches, recourbées vers la terre ont pris racine et forment de véritables arbres.

Le **Châtaignier Brûlé**, de Montmorency, est également célèbre. C'était l'arbre de prédilection de Jean-Jacques Rousseau qui aimait beaucoup à écrire et à se reposer sous son ombre.

.·.

Non moins fameux sont les **Châtaigniers de Robinson**, près Sceaux, par les guinguettes à trois étages installées sur leurs maîtresses branches : Ce sont de fort beaux arbres. *« Mais qui portent des fruits étranges. On récolte en effet dans leurs*

Jeuillages, des sirops, des bocks de bière, des verres de cham-
pagne et d'autres rafraîchissements variés. On y entend même
roucouler des tourterelles, mais qui ne ressemblent pas à celles
de nos bois, qui n'ont pas le même plumage, ni, dit-on, la
même innocence et la même fidélité (1). »

Mais à ceux-là combien sont préférables les Châtaigniers
âgés de trois et même quatre siècles, dépassant cinq mètres
de circonférence, qu'on rencontre encore assez fréquemment
en Limousin ! De bonnes vieilles gens nous ont dit maintes
fois en avoir vu, dans leur jeune temps, quelques-uns de
prodigieux dont les troncs avaient deux mètres de diamètre
et donnant chacun jusqu'à vingt hectolitres de Châtaignes
durant les bonnes années. Un Châtaignier coupé du côté de
Limoges, raconte LAMY DE LACHAPELLE, donna 60 mètres de
fortes et larges planches et fournit, en outre, une bille de
0 m. 80 d'équarrissage sur 6 mètres de longueur ; un autre,
d'espèce sauvage, procura deux tirants de charpente de
0 m. 33 de côté sur 11 mètres de long.

Ce sont des arbres sacrés, ces bienfaiteurs d'un grand
nombre de générations. Leurs vastes troncs, creusés par les
ans, portent encore souvent des rameaux vigoureux et servent
de refuge aux petits bergers qui y trouvent un abri naturel
contre les ardeurs du soleil, le vent et la pluie.

Nous nous souvenons, qu'il y a trente ans, un de ces
immenses Châtaigniers existait au milieu des landes du
« *Gros Chastang* », situées entre Pompadour, Juillac (Corrèze) et Saint-Cyr-les-Champagnes (Dordogne) : bergers et
bergères de trois communes se réunissaient sous son ombrage,
les dimanches, au printemps et en été. Ils y dansaient la
bourrée au son de la musette. O les jolies scènes ! Quel
ravissant et poétique paysage ?...

(1) Discours prononcé par M. *Félix Vintéjoux*, (Président de la Commission d'examen à l'École de Saint-Cyr, Président de l'Association Cor-
rézienne de Paris), au *Diner de la Châtaigne*, le 8 février 1899.

DEUXIÈME PARTIE

Culture du Châtaignier

CHAPITRE III

MULTIPLICATION DU CHATAIGNIER

On multiplie le Châtaignier par le *semis* de la graine ou Châtaigne et l'on reproduit toutes ses variétés par la *greffe*.

Nous nous entretiendrons de la greffe au chapitre suivant, consacré à l'établissement des châtaigneraies. (Voir page 60.)

Choix des semences. — On ne doit semer que les Châtaignes les plus saines.

Les grosses Châtaignes sont préférables pour obtenir de gros fruits : à cause de l'influence du sujet sur le greffon, et en procédant par des sélections successives, on améliorera les variétés.

Il nous semble rationnel de semer, pour avoir du bois, les petits fruits des grands Châtaigniers sauvages : ceux-ci sont plus vigoureux que les arbres greffés, il paraît évident qu'ils doivent reproduire des sujets semblables à eux-mêmes.

On trouve quelquefois, dans les bois, des Châtaigniers sauvages pliant sous le poids de fruits nombreux, gros et excellents. Ce sont des variétés nouvelles, hybrides sans doute, producteurs directs qu'on aurait intérêt à propager par le semis, car on obtiendrait à la fois de beaux arbres, de beaux et bons fruits.

Époques des semis. — Stratification des graines. — Il y a des époques pour semer : 1º Aussitôt que le fruit est tombé de l'arbre, (c'est en somme celle de la nature). 2° En février ou mars, dès que l'on n'a plus à craindre les fortes gelées. Seulement on doit avoir préalablement les soins de stratifier la semence et de la préserver du froid.

Pour semer avant l'hiver, la terre est défoncée dès le printemps précédent et, de préférence, au moment où la plupart des plantes sont en fleurs. On enfouit ces plantes qui, en pourrissant, forment un bon engrais ; d'autre part, on évite par cette opération la germination de mauvaises graines attendu qu'elles n'ont pas eu le temps de se former, de mûrir et de se disséminer. On donne ensuite deux profonds labours, l'un en septembre et l'autre fin octobre ; puis, en novembre, on profite d'un moment où la terre n'est ni trop sèche ni trop mouillée, pour y mettre la semence. Les semis d'automne sont à préconiser sur les terres élevées.

.·.

Pour semer après l'hiver, on *stratifie* les Châtaignes quand elles ont perdu l'excès de leur eau de végétation. Cette déperdition s'obtient en récoltant les fruits aussitôt qu'ils sont tombés de l'arbre et en les mettant immédiatement sur un plancher exposé à un courant d'air : On les y laisse pendant trois semaines environ en ayant la précaution de les remuer plusieurs fois, durant ce temps, pour les empêcher de s'échauffer.

Pour *stratifier* les Châtaignes, on dépose en plein air, sur une aire saine, assez élevée, des couches alternatives de semences et de sable plutôt sec qu'humide ; on recouvre l'espèce de motte, ainsi formée, d'une certaine épaisseur de sable ou de terre également sèche ; on abrite d'un toit de paille dont le sommet est surmonté d'un pot à fleur ou d'un autre vase renversé ; un fossé est établi tout autour de la butte. Il faut bien éviter de laisser pénétrer l'humidité dans la masse, ce qui engendrerait la corruption des Châtaignes dont les germes moisiraient.

On peut aussi opérer la *stratification* dans un grenier, mais ce n'est pas à recommander. Si la masse est appuyée contre les murs, ceux-ci peuvent engendrer l'humidité ; si l'hiver est rigoureux, les Châtaignes gèlent malgré le sable, à moins qu'on ait recouvert le tout d'une forte couche de paille ; ensuite le plancher est exposé à se gâter, et puis, si l'on a des semis importants à faire, ce procédé n'est guère pratique à cause des inconvénients occasionnés par le transport, la manutention et le séjour dans un grenier d'une assez grande quantité de Châtaignes, de sable et de paille. Un mètre cube de ces matières est en outre une surcharge considérable pour un bâtiment.

Mieux vaut stratifier en cave sèche et bien aérée que dans un grenier.

Au grenier et à la cave, nous préférons la *soutieyre* cévénole : Les cultivateurs des Cévennes choisissent un endroit sec, bien exposé au soleil ; ils y creusent un trou dont ils garnissent le fond avec des brindilles et des feuilles sèches de Châtaignier ; ils remplissent en disposant successivement des fruits et des lits de feuilles ; ils recouvrent avec de la terre battue en épaisseur suffisante pour garantir les Châtaignes de la gelée. Telle est la soutieyre, disposition intelligente, mais qui ne vaut point cependant celle que nous donnons en premier lieu.

Une stratification bien conduite garantit les graines de la gelée, de la pourriture et des autres accidents ; elle hâte leur germination ; elle permet de retrancher avant le semis l'extrémité développée du radicule, ou pivot, opération qui favorise la formation des racines latérales et de leurs ramifications, ce qui, par suite, assurera davantage la reprise des plants lors de leur transplantation.

En février-mars, dès que les fortes gelées ne sont plus à redouter, on confie les semences à une terre meuble, non fumée, mais bien nettoyée.

Les semis de printemps sont préférables dans les sols bas, vallées et plaines où le froid est à craindre.

Manières de semer. — On sème à *la volée* ou *en lignes*.

La méthode à la volée est la plus expéditive, seulement la dissémination est irrégulière : il en résulte des espaces à éclaircir et des vides à combler. On laboure pour recouvrir la semence qui doit être enterrée uniformément à une profondeur de six à huit centimètres.

Nous avons vu répandre à la volée, sur friche ou jachère, des Châtaignes jusqu'à 15 et même 20 hectolitres par hectare. Arrivaient ensuite des ouvriers qui, commençant par le côté le plus bas de la parcelle, en piochaient toute la surface, arrachaient Ajoncs et Bruyères, retournaient le gazon, piétinaient et tassaient le sol derrière eux, et recouvraient ainsi grossièrement la semence à mesure qu'ils avançaient. Cette méthode doit être abandonnée, car, outre le grand gaspillage de graines qui en résulte quand il s'agit de semis à demeure, elle ne donne jamais que de « piètres » résultats.

Le mode d'ensemencement en lignes est préférable pour les grosses graines (Faînes, Glands, Châtaignes, etc.). Il a l'avantage, pour les taillis, de préparer la distance uniforme qui doit se trouver entre chaque rangée de cépée ; partout il facilite les soins d'entretien.

Selon l'étendue des semis, on trace les lignes au cordeau et à la houe ou bien à la charrue, (ou mieux encore à l'araire), en donnant la profondeur voulue, et l'on sème dans la raie qu'on recouvre ensuite avec l'instrument qui a servi à la tracer. (Voir page 44.)

Soins à donner aux semis. — Il est nécessaire de passer la herse sur les semis pour bien niveler le terrain afin de recouvrir exactement toutes les Châtaignes. Après cela il est utile de tasser légèrement le sol sur les graines avec le rouleau en bois pour que celles-ci soient mieux en contact avec la terre et y puisent plus facilement l'humidité indispensable à leur bonne et prompte germination.

Il serait bon de répandre une mince couche de feuilles ou de fumier usé, c'est-à-dire un léger paillis, sur les semis pour empêcher le sol de se dessécher sous l'influence de la sécheresse et de se durcir sous l'action des pluies. (Cette précaution, essentiellement protectrice, n'est facilement applicable qu'aux semis en pépinière).

Une bonne clôture préservera le semis des ravages du bétail. Les soins d'entretien consistent en nettoyages et en binages effectués plus souvent pendant les premières années.

Les mauvaises herbes sont très nuisibles aux jeunes Châtaigniers. Ils croissent mal et se rabougrissent quand elles ne sont pas soigneusement extirpées.

Semis sur place ou à demeure. — Le semis sur place ou *semis à demeure* a pour objet la formation des taillis et des forêts. On ne peut procéder ainsi pour l'établissement des *châtaigneraies*, ou plantations fruitières de Châtaigniers, parce qu'il n'est ni pratique, ni même possible, ici, de semer l'arbre où il doit croître, bien que la transplantation soit un pis-aller. Il n'y a d'exception que dans le cas où l'on transformerait une vaste pépinière en châtaigneraie ; cela arrive parfois, mais alors le terrain n'est pas resté improductif, il a donné « son revenu » par les plants qu'on en a sortis en y laissant, cependant, les sujets nécessaires pour sa nouvelle destination. (A l'article *taillis*, nous reparlerons de semis à demeure. Voir page 75.)

Des pépinières. — La pépinière est l'endroit spécial où l'on sème des arbres et où on les élève. Arbres fruitiers, forestiers et d'ornement subissent dans la pépinière une culture préparatoire rationnelle jusqu'au moment où il convient de les enlever pour les mettre à demeure.

Il y a deux sortes de pépinières : la *pépinière proprement dite*, consacrée aux semis, et la *pépinière bâtardière* destinée au repiquage des sujets après la première, la seconde ou la troisième année de végétation.

Tout propriétaire d'une exploitation rurale tant soit peu importante doit avoir, dans son domaine, pour les arbres fruitiers, les forestiers et même ceux d'agrément, une *pépinière mixte*. C'est ainsi que nous nommons celle qui aurait un carré affecté aux semis et un autre aux transplantations. Cette pépinière, dont l'étendue est proportionnée aux besoins de la métairie, fournit des sujets d'authenticité non douteuse et plus rustiques que ceux que procure généralement le commerce.

On établit la pépinière sur un terrain meuble, frais, assez fertile, un peu éloigné (à cause des Rats) des bâtiments de l'exploitation, abrité des grands vents et préparé comme il a été dit précédemment. (Voir page 40).« *Il faut bien se garder.*

dit l'abbé ROZIER, *d'amender la terre de la pépinière ; je conviens que la végétation du jeune arbre serait plus forte, plus vigoureuse ; mais comme il est destiné à être un jour planté dans un terrain maigre, et ne trouvant plus alors cette première nourriture, sa reprise serait difficile et sa végétation languissante. Il faut laisser la ressource perfide des amendements aux marchands d'arbres, à qui il importe fort peu que, dans la suite, l'arbre réussisse ou non, pourvu qu'ils le vendent et en retirent de l'argent. Les seuls soins que la pépinière exige, sont de la tenir très propre, de la débarrasser de toute plante parasite, et dans le cas d'une sécheresse, de lui accorder, à la rigueur, quelques arrosements* (1). » Nous connaissons des cultivateurs limousins qui pratiquent ces excellents principes.

Quelques propriétaires font leurs pépinières dans des terrains peu profonds, à sous-sol rocheux où le pivot de l'arbre ne peut pénétrer. Le développement des racines latérales est favorisé et par suite la reprise du végétal, lors de la plantation. Mais si cette pépinière est exposée à la sécheresse on risque de n'obtenir que des plants chétifs et très rabougris. Les jeunes plants de Châtaignier, comme ceux du Chêne, sont robustes dès leur naissance, mais ils ne prospèrent pas à l'ombre, et, plus que ceux-ci, ils sont sensibles au froid.

On sème les Châtaignes à 0 m. 40 de distance dans des raies droites tracées du nord au sud et séparées les unes des autres par un intervalle de 0 m. 60. Pour éviter des « manques » on met souvent les semences deux à deux. Il faut alors 835 Châtaignes par are, ce qui fait environ 8 à 10 hectolitres pour ensemencer un hectare.

Certains agriculteurs sèment en poquets de trois Châtaignes. Cela nous paraît dispendieux. Un seul fruit donne souvent naissance à deux ou trois arbres parce que son amande contenait plusieurs germes. On dispose la Châtaigne, la pointe (*guidou*) en bas, car c'est par là que sort le radicule. Le jeune végétal germe aux dépens des cotylédons du fruit restés en terre. La tige se développe très peu pendant la première

---

(1) *Dictionnaire Universel d'Agriculture*, par une société d'agriculteurs, et rédigé par l'abbé ROZIER, 10 volumes in-4, illustrés, Paris, rue et hôtel Serpente, 1800.

année, tandis que son pivot fait le contraire et s'enfonce profondément dans le sol.

Un an après la levée on dédouble les plants.

En même temps que la Châtaigne on peut aussi semer du Gland. Pour cela on alterne les lignes de chaque essence. Le Châtaignier, croissant plus vite que le Chêne, sera enlevé plus tôt et finira par laisser toute la place à celui-ci, et la pépinière pourra, ensuite, être transformée en garenne. Seul le Chêne mérite d'être associé au Châtaignier dans une pépinière et aussi pour la formation de taillis mixtes. Quant aux autres arbres ils ne doivent pas figurer à côté du Châtaignier: ils lui porteraient tort.

.˙.

Au bout de deux ans, s'ils ont atteint une grosseur convenable, on ôte les plus beaux plants en prenant bien soin de ne pas endommager leurs racines. Ce repiquage doit se faire en automne : le plant développe toujours quelques racines avant l'hiver et cela lui constitue une avance précieuse. On raccourcit le pivot s'il y a lieu ; on rabat les branches latérales et l'on repique dans des fossés en lignes les jeunes Châtaigniers à un mètre en tous sens. Ces fossés doivent être ouverts quelques semaines à l'avance pour que leur sol puisse se bonifier, se fertiliser sous l'action bienfaisante du soleil et des agents atmosphériques; la terre la meilleure, rejetée au fond, est employée autour des plants, l'autre, sert à combler la partie supérieure de la tranchée. Le repiquage avantage considérablement les racines et, par conséquent, donne de la force à l'arbre, ce qui en assurera la reprise lors de la mise en place définitive.

.˙.

On laisse les plants en pépinière pendant quatre à six ans durant lesquels on supprime, chaque année, les rameaux latéraux avant la montée de la sève du printemps. Sans cet émondage les arbres pousseraient en broussailles, se rabougriraient, ne vaudraient presque rien, tandis que cette opération fortifie leur tige qui grandit alors perpendiculairement.

Il faut planter le jeune Châtaignier à demeure aussitôt qu'il a atteint les dimensions satisfaisantes pour y être placé profitablement. (V. page 51.)

Pour que la végétation des arbres s'accomplisse dans de bonnes conditions, il est essentiel que le terrain des pépinières soit remué et désherbé deux fois par an.

Il y a des cultivateurs qui ne font point de pépinière? ils se contentent de planter à demeure les sauvageons qu'ils trouvent dans les bois, et il leur arrive souvent des mécomptes. Ces mécomptes ne se produiraient pas si les intéressés se bornaient à économiser la pépinière de semis, si, recueillant des sauvageons beaucoup plus jeunes que ceux qu'ils emploient, ils les repiquaient et les soignaient d'abord, comme il vient d'être exposé, au lieu d'établir directement des châtaigneraies avec des sujets ordinairement de mauvaise venue, à racines défectueuses et à tige mal conformée.

CHAPITRE IV

ETABLISSEMENT DES CHATAIGNERAIES

Le Châtaignier étant cultivé dans un double but : comme arbre fruitier et comme arbre forestier, nous allons, dans ce chapitre, nous entretenir de l'établissement de châtaigneraies, le suivant sera consacré à la création des taillis.

Il faut faire les Châtaigneraies nouvelles sur des terres neuves. — Un terrain convenable ayant été choisi, il s'agit de bien le planter, que ce soit bruyère, lande ou terre qu'on veuille transformer en châtaigneraie ; car il ne saurait être question de remettre des Châtaigniers dans le même sol, à la place de vieux arbres que leur vétusté, leur débilité ont rendus improductifs et dont elles ont motivé l'arrachage. Non seulement ceux-ci ont épuisé la terre dans laquelle ils ont si longtemps végété, mais comme en témoigne La Quintinie (1) et comme l'ont prouvé, depuis, Payen et d'autres illustres savants, le vieil arbre a en quelque sorte infecté, empoisonné le sol *en y exsudant des matières âcres qui ne sauraient être digérées par son jeune successeur. De plus, quelques débris de sa vieille écorce, restés dans le sol, n'auraient-ils pas pu former une légère couche de tanin, substance délétère qui, se propageant peu à peu par les spongioles des*

(1) Témoignage appuyé par *Rozier* : « Quant à la plantation d'un nouvel arbre dans la même fosse d'un autre qui y est mort, *M. de la Quintinie* dit que le nouvel arbre qu'on y plante, sans changer la terre, périt à cause d'une impression et d'une odeur de mort laissée par son prédécesseur. C'était l'opinion de son temps. » *Dictionnaire universel d'Agriculture*, par une société d'agriculteurs, rédigé par l'abbé Rozier. 10 vol. in-4°, Paris 1800.

racines, dans le tissu vasculaire de l'arbre nouvellement planté, ne manquerait pas de l'altérer ou même de le faire périr (1). »

En outre, pour les arbres, comme pour les autres végétaux, une rotation s'impose, et pour le Châtaignier il est rigoureusement nécessaire d'observer le principe de l'alternance des cultures sans quoi l'on va au-devant de l'insuccès : *Il faut donc faire les châtaigneraies nouvelles sur des terres neuves*, c'est-à-dire n'ayant plus produit de Châtaigniers. « Les vieilles terres dont les fumures amoncelées dans le sous-sol ne sont plus accessibles aux céréales, fourniront les éléments d'une luxuriante végétation à nos arbres, tandis que le sol des vieilles futaies couvert d'humus et de détritus végétaux, permettront de créer d'excellentes terres arables (Dr Escorne). »
— A condition de les chauler, de les amender. —

Préparation du terrain. — Quand ils créent une châtaigneraie sur une bruyère, certains cultivateurs peu intelligents, se contentent de faire de petits trous aux endroits voulus et d'y planter les arbres sans donner, auparavant, ni guère après, aucune façon au terrain : Système « à la diable » économie de temps et de peine mal spéculés.

En aucun cas il ne faut procéder à l'écobuage : cette opération détruit bien les mauvaises herbes, mais elle est funeste parce qu'elle brûle l'humus principal élément de la fertilité du sol.

Les résultats sont bien différents et autrement rémunérateurs, quand la lande, si caillouteuse fût-elle, a été préalablement défoncée, qu'herbes et Bruyères s'y trouvent assez profondément enfouies ; quand la culture d'une plante sarclée a précédé la plantation ; quand les trous de 1 mètre à 1 m. 50 de côté (ou de diamètre, si les excavations sont circulaires), sur une profondeur de 0 m. 60 à 1 mètre suivant l'épaisseur du sol, ont été ouverts (2) plusieurs mois d'avance

(1) Observations de M. Payen sur l'action qu'exerce le tanin sur les racines des plantes. *Annales des Sciences naturelles*. (N° de janvier 1835, page 5.)

(2) Sans entamer les sous-sols compacts ou argileux qui pourraient conserver l'eau et entretenir une humidité malsaine, capable même de faire pourrir les racines du Châtaignier.

et que la terre extraite a été déposée, au bord de chaque fosse, en deux tas séparés dont l'un est fait avec la meilleure. L'ouverture des trous longtemps avant la plantation, en favorisant la division et l'aération de la terre, est une cause de fertilisation, ensuite il en résulte une grande avance de travail qu'on appréciera surtout au moment de la mise en place.

Si le sol, qu'on transforme en châtaigneraie, est trop stérile pour se prêter à la culture des céréales ou des plantes fourragères pendant les dix ou vingt premières années de plantation, (tant que les arbres n'ont pas acquis les trois quarts de leur accroissement), il serait alors dispendieux de défoncer tout le terrain : il suffit, en ce cas, d'ôter les broussailles et de pratiquer des trous bien conditionnés.

Époques de la plantation définitive ou « mise en place ». — Un grand nombre de propriétaires préfèrent planter en automne aussitôt après la chute des feuilles surtout s'ils ont terminé les gros travaux des champs (labours, semailles). « Nous avons, alors, disent-ils, le choix du jour, car il nous est plus facile qu'au printemps de saisir l'instant où la terre est ni trop sèche, ni trop mouillée, pour lui confier nos arbres. Le tassement se fait mieux autour des racines, qu'après l'hiver et le terrain remué avant cette saison, laissant pénétrer profondément les eaux des pluies et des neiges, conserve plus longtemps l'humidité si nécessaire à la reprise du jeune Châtaignier. Puis il arrive souvent que les mois de février et de mars sont très secs ou très pluvieux, intempéries extrêmes également funestes aux plantations nouvelles. Si nous attendons l'approche du printemps, pour planter, nous risquons donc de manquer cette opération. »

D'autres agriculteurs trouvent que « la plantation d'automne expose trop longtemps l'arbre non repris à ses trois ennemis : le vent, le mouton, le pâtre. » Mais ces dangers ne sont-ils point permanents ? Les cultures bien tenues et surveillées en sont ordinairement préservées.

Plus un terrain est sec et maigre, plus il est nécessaire de planter de bonne heure. Les plantations tardives, de fin mars et avril, sont toujours très aléatoires ; elles réussissent rarement, excepté dans les sols compacts et humides et pour quelques essences autres que le Châtaignier.

.·.

En 1885, nous avons créé une nouvelle châtaigneraie dans notre propriété de P...,près de L....(Corrèze) : une lande d'un hectare soixante ares, éloignée du centre de l'exploitation, fut, à cet effet, travaillée comme nous avons dit et nivelée. Elle comprend des étendues de natures différentes, les unes plus légères ou à sous-sol plus humide que les autres. Il faisait beau temps depuis deux semaines quand nous commençâmes à planter ; c'était pendant la première quinzaine de novembre : s'il n'eût plu abondamment le second jour de ce travail, nous l'aurions achevé sans interruption. Nous y avons procédé en commençant par le haut de la parcelle, partie qui en comprend le sol le moins dense. Les intempéries et d'autres circonstances nous empêchèrent de terminer alors cette plantation qui ne fut reprise et finie qu'au mois de février suivant, après la cessation des grands froids.

Ce travail ayant été bien conduit, les plants choisis et employés dans le meilleur état possible, nous n'avons eu à déplorer la perte d'aucun arbre. Leur végétation s'est effectuée depuis, sans accidents. Cependant nous avons remarqué que les Châtaigniers plantés en automne sont devenus plus vigoureux que ceux mis en place à la fin de l'hiver : ils paraissent avoir une avance de un à deux ans sur les autres. Pourtant ils furent extraits de la même pépinière et ils étaient identiques avant l'arrachage.

Cette observation est confirmée par M. A. du Breuil qui préconise l'automne comme saison la plus favorable pour la plantation des arbres à feuilles caduques : «... Les jeunes arbres développent quelques racines pendant l'hiver ; ils prennent possession du sol et se défendent alors beaucoup mieux des premières sécheresses du printemps (1). »

Ainsi il y a avantage à planter les Châtaigniers avant l'hi-

------

(1) A. du Breuil. *Principes généraux d'arboriculture.* G. Masson, éditeur, Paris, 1889.

ver, de bonne heure même, tandis qu'on court des risques si l'on attend la fin du froid.

Age et choix des plants. — En Limousin on fait quelquefois des plantations avec des Châtaigniers un peu forts, âgés de 10 à 14 ans, atteignant même plus de vingt centimètres de circonférence et n'ayant pas besoin de tuteurs. Il y a davantage de difficultés à arracher de tels plants et à leur conserver toutes leurs racines; la mise en place est aussi plus dispendieuse. Cela réussissait autrefois, mais nous ne sommes plus au temps où il suffisait de « piquer » en terre un sarment pour avoir un superbe pied de Vigne, aujourd'hui, hélas, il faut beaucoup plus de précautions et pour la Vigne et pour les arbres.

Plus un arbre est âgé et fort, plus sa reprise est lente et difficile, sans compter les autres inconvénients qui en dérivent.

Abstenons-nous donc, quand nous le pouvons, de planter des sujets de 10 ans et au-dessus. Formons nos châtaigneraies avec des plants de 6 à 8 ans, selon la force qu'ils ont quand on les ôte de la pépinière où ils doivent avoir séjourné environ cinq à six années depuis leur repiquage. N'utilisons que ceux à l'écorce d'une couleur grise ou vert taché de blanc, qui ont les racines en bon état et le pivot peu développé, dont la tige est droite, bien conformée, haute de 2 m. 50 à 3 mètres, et d'un diamètre presque régulier atteignant 4 à 5 centimètres.

Espacement des Châtaigniers. — Piquetage. — Les Châtaigniers, étant par excellence des arbres de plein vent, sont placés à 10, 12, 14, 18 ou 20 mètres de distance les uns des autres et même un peu plus, quand ils sont plantés dans de bons terrains, sur des sols frais et profonds, car ils y acquièrent un grand développement.

Dans les situations bien aérées, exposées au vent et au soleil, sur les collines et les hauts plateaux, ils doivent être plus rapprochés que dans les plaines et les vallées. Les arbres de coteaux sont plus arrondis, plus trapus que ceux des bas-fonds.

Le Châtaignier porte ses fruits extérieurement, à l'extrémité des rameaux. Vu à la distance de 50 mètres, un beau sujet isolé ressemble assez à une sphère couverte d'une sorte de toison formée de chatons ou de bogues. Les arbres de vallées n'ont pas souvent cet aspect : c'est qu'ils ont besoin de s'élever pour aller au-devant des agents atmosphériques, aussi leur port est-il généralement plus élancé et parfois même pyramidal.

Il y a donc moins d'inconvénients à concentrer davantage les Châtaigniers sur les croupes des montagnes, sur les pays et surtout dans les terrains secs et maigres. Si dans ces derniers lieux ils profitent moins bien qu'ailleurs et deviennent moins grands, à plus forte raison est-il nécessaire encore qu'ils y soient assez épais pour résister au vent et à l'excessive chaleur. Un espacement de 8 à 10 mètres est alors suffisant.

Pour l'écartement à adopter, il faut tenir compte de la situation du sol, de sa nature, du climat, et des exigences de la variété à planter. Les variétés de Châtaigniers offrent de grandes différences entre elles comme grandeur moyenne de l'arbre, rusticité, etc.; il y en a qui donnent leur maximum de rendement sur les pentes, les autres ne réussissent bien que dans les vallons, d'autres, sur les plateaux, etc. Les arbres plantés en bordure des terres, chemins, routes, doivent être plus rapprochés les uns des autres que ceux en massifs ; les Châtaigniers mis sur une seule ligne seront encore moins éloignés que les sujets disposés en avenue. Par exemple, un écartement de 16 mètres en massifs sera réduit à 12 mètres pour une avenue et à 10 mètres, s'il ne s'agit que d'un rang simple.

∴

Quel que soit l'espacement adopté, il y a lieu de procéder au *piquetage*, c'est-à-dire de marquer par un piquet, à demi enfoncé dans le sol, la place où doit être creusé le trou de plantation, celle qu'occupera la tige du Châtaignier. Il faut veiller à l'observation exacte des mesures et à la symétrie des alignements, symétrie qui doit être rigoureusement appliquée aux fosses et conservée ensuite.

Pour le piquetage, on évitera bien des tâtonnements et des

pertes de temps, en ajoutant à l'usage du cordeau l'emploi de l'équerre, des jalons et de la chaîne d'arpenteur.

Déplantation ou extraction de la pépinière. — On extraira les Châtaigniers de la pépinière avec tous les soins possibles, d'autant plus que leur reprise n'est pas toujours favorisée par la nature du terrain, le plus souvent presque stérile, et qu'ils sont, par suite de leur isolement, très exposées aux détériorations. Les racines d'arbres arrachés sont beaucoup plus sensibles à la gelée que la tige et les rameaux, puisque un froid de 2 à 3 degrés au-dessous de zéro suffit pour les désorganiser. C'est par un temps doux, sans vent ni pluie, qu'il convient de déplanter les jeunes Châtaigniers pour les mettre à demeure.

Pour les enlever de la pépinière, du bois ou du taillis, on ouvre, en commençant par l'une des extrémités de la ligne d'arbres, une tranchée dont la profondeur (0 m. 60 à un mètre) dépasse celle des racines. Ensuite on fouille au-dessous de celles-ci en minant le terrain de manière à détacher la terre sans toucher au chevelu, et l'on soulève, puis on tire chaque plant sans endommager ses racines.

Si l'*arrachage* est mal fait, les divisions des radicelles disparaissent et avec elles les poils radicaux ou absorbants, qui sont les organes nourriciers de la plante. Cette suppression brutale ou maladroite est très nuisible à la reprise du Châtaignier. « Conservons donc le plus possible le chevelu des racines par une déplantation bien conduite (P. GILLIN). » On s'occupe immédiatement ensuite de la plantation à demeure.

Habillage des Châtaigniers. — On procède à l'*habillage* du plant avant de le confier au sol, c'est-à-dire qu'on rafraîchit les racines desséchées ou déchirées pendant l'arrachage ou le transport, en en supprimant les parties gâtées.

Pour faire cette opération on rabat, à l'aide d'une bonne serpette, chaque racine endommagée, en tranchant jusqu'à la partie bien saine, immédiatement au-dessus du point où la blessure a été faite. Si le pivot, dont une partie a dû être supprimée, lors du repiquage, est encore trop long, on en enlève de nouveau le cinquième ou le sixième.

Il est essentiel que les sections soient bien nettes, qu'elles soient exécutées en biais et en dessous, de telle façon que la surface de la coupure repose bien à plat sur la terre.

L'habillage, pratiqué avec discernement, facilite la cicatrisation des plaies faites aux racines et provoque la formation et le développement de leurs ramifications.

Si l'on néglige cette opération, des chancres se formeront, ils envahiront les organes radiculaires et les arbres mourront ou végèteront misérablement. De malheureux plants resteront avortons toute leur vie faute de cinq minutes consacrées à leur habillage.

L'arrachage et l'habillage entraînant la destruction d'une partie des racines, il en résulterait un manque d'équilibre dans la végétation si l'on n'y obviait en retranchant, en tige et en branches, l'équivalent des racines supprimées.

Mais il ne faut pas imiter les gens qui étêtent complètement l'arbre et le réduisent ainsi à l'état de simple pieux. Cette mutilation produit les pires effets : elle retarde considérablement la reprise du Châtaignier, quand elle n'occasionne point sa perte. Il suffit, pour rétablir l'équilibre de la sève, d'enlever, avec un outil bien tranchant les rameaux blessés ou brisés et de raccourcir, d'un tiers de leur longueur, les branches saines et la tige. On opère sur les rameaux d'un an, et, le moins possible, sur ceux de deux ans.

Mise en place ou plantation définitive. — Avant de mettre l'arbre à demeure, il est bon de pratiquer le *pralinage* de ses racines, c'est-à-dire de les tremper, aussitôt après l'habillage, dans un baquet rempli d'un mélange de bouse de vache, de cendres, de suie, de terreau, d'argile, de purin et d'eau. Cette bouillie doit être assez épaisse pour adhérer fortement aux racines. Elle favorise considérablement la reprise du Châtaignier.

Les trous faits comme il a été dit, (voir page 48), on en pioche le fond pour l'ameublir et l'on commence par y mettre une couche de Bruyère et de détritus formés de Fougères, de feuilles et de paille ; on ajoute quelques pelletées de bonne terre et l'on plante l'arbre en étalant bien ses racines sur lesquelles on met le reste de la meilleure terre, assez pulvérisée, que l'on tasse légèrement avec la main. Les planteurs soigneux dressent en même temps un solide tuteur de deux mètres à côté du Châtaignier. Le *tuteurage* n'est pas nécessaire quand le diamètre des plants dépasse quatre centimètres et lorsqu'ils occupent un endroit à l'abri des vents violents et non fréquenté par le bétail.

Le Châtaignier est disposé au milieu de la fosse de telle sorte que le collet, c'est-à-dire le point intermédiaire entre la tige et la racine, soit au niveau du sol. Dans les terrains secs ou légers on plante de façon que le collet de l'arbre soit à 5 ou 10 centimètres au-dessous de ce même niveau. Il est juste de tenir compte du tassement, mais l'expérience prouve que tout végétal planté trop profondément manque de vigueur et de fécondité.

Le planteur achève de combler le trou avec la plus mauvaise terre en ôtant la pierraille qu'il accumule provisoirement au pied de l'arbre pour le consolider davantage. Il attache le plant à son tuteur avec un lien de paille arrangé de manière à former coussinet ; il donne un coup de bêche ou de hoyau sur les bords de la fosse et sur les endroits piétinés, et, finalement, il verse un arrosoir d'eau sur le pied du Châtaignier si toutefois la terre est trop légère, afin d'en déterminer le glissement autour des racines. C'est préférable que de secouer l'arbre en le plantant, parce qu'en l'agitant on change la disposition qu'on avait déjà donnée à ses racines.

Si l'on ne peut planter le même jour tous les arbres arrachés, on met en jauge, à l'abri, ceux qui restent.

Inconvénients des plantations irrégulières. — Il est déplorable de rencontrer des plantations faites sans goût, sans ordre, présentant des surfaces inoccupées à côté d'autres trop touffues: Les arbres y poussent irrégulièrement ; les uns sont trop rapprochés, les autres clairsemés; l'air, la lumière, la chaleur, les pénètrent inégalement. Tout cela est loin de favoriser la végétation et la fructification.

La beauté d'une châtaigneraie et l'intérêt du cultivateur commandent de planter avec symétrie, suivant de grandes lignes droites formant des allées régulières qu'on oriente autant que possible du nord au sud : Le bois est ainsi ouvert au soleil et fermé aux vents d'ouest et d'est. Les agents atmosphériques s'y répartissent alors convenablement ; les **arbres** y croissent plus uniformément et arrivent à couronner leur tige de ces gigantesques houppes, si profiliques, dont les manteaux de chatons ou de bogues imitent d'immenses et laineuses toisons.

Plantations en carrés. — Dans les châtaigneraies plantées en carrés, chaque arbre est le centre C de quatre perpendicu-

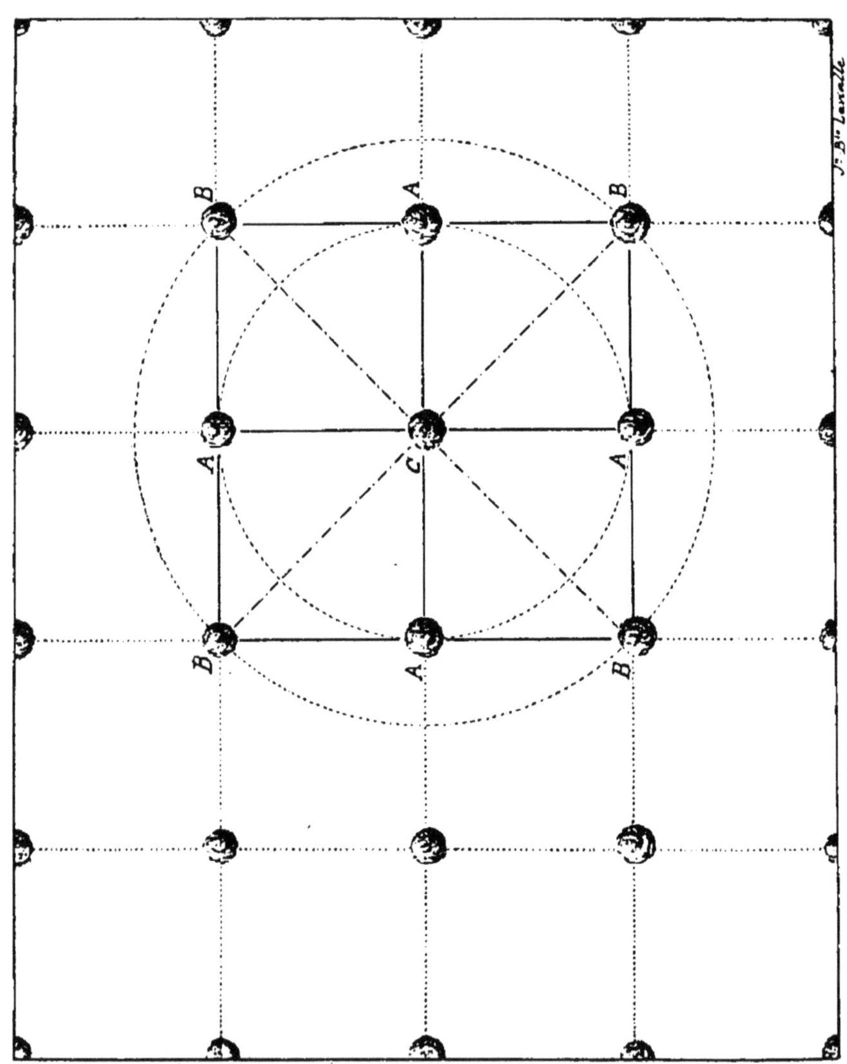

Fig. 5. — Plantation en carrés.

Nota. — Pour mieux examiner cette figure, il faut disposer le livre de façon que son côté droit soit en bas.

laires CA (1) et de quatre carrés CABA, dont les angles sont occupés par un Châtaignier. Celui-ci a pour proches voisins

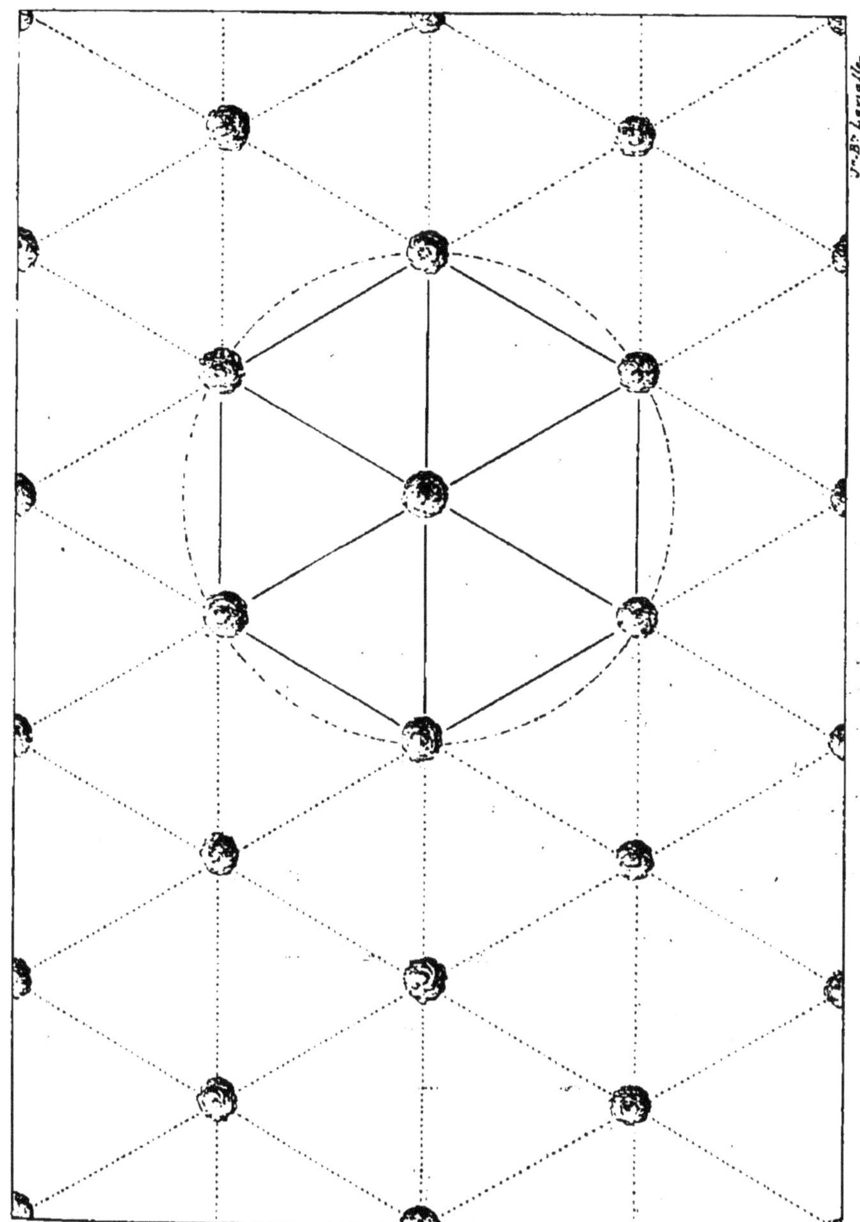

FIG. 6. — Plantation en quinconces.

Nota. — Pour mieux examiner cette figure, il faut disposer le livre de façon que son côté droit soit en bas.

(1) Abstraction faite des perpendiculaires résultant de la rencontre en C des diagonales BCB.

les arbres AAAA, placés au sommet des côtés adjacents CA, des carrés, et pour seconds voisins plus éloignés les autres quatre Châtaigniers BBBB, plantés à l'extrémité opposée des diagonales dont il habite le milieu C.

Cette disposition est préférable à la plantation confuse, sans alignement, seulement elle a un inconvénient : chaque Châtaignier n'y est pas à égale distance de ses huit voisins, cela nuit à son développement. Il en résulte aussi une perte de terrain.

Plantations en quinconces. — Dans les plantations en quinconces, les plants font vis-à-vis au milieu du vide des rangées parallèles à celle dont ils font partie. Chaque arbre est le centre d'un hexagone régulier dont ses voisins occupent les angles. Les Châtaigniers sont séparés les uns des autres par des distances, parfaitement égales, formant les côtés de triangles équilatéraux.

La méthode des quinconces, employée de temps immémorial par les bons jardiniers pour les Choux et les Salades, est celle qui convient le mieux pour planter les Châtaigniers en massifs. Pour des distances séparatives égales et des espaces de même étendue, il faut davantage d'arbres que par le système des carrés. Les quinconces permettent les labours dans trois directions. En outre, les Châtaigniers s'y trouvent dans la situation la plus favorable à l'équilibre de leur végétation, à leur croissance normale et harmonieuse. « Chaque arbre

Espacement des Plants	Nombre de plants par hectare	
	en carrés	en quinconces
20 mètres	35	28
18 m.	30	37
15 m.	44	51
12 m.	69	81
10 m.	100	115
5 m.	400	460
3 m.	1.111	1.255
2 m.	2.500	2.870
1 m.	10.000	11.495
0 m. 50	40.000	45.980

est au milieu d'une étoile formée par six alignements, de sorte qu'il peut être complètement saturé de tous côtés par l'air, la chaleur, la lumière (Félix Vidalin). »

Plantations en bordures. — Arbres isolés. — On plante encore les Châtaigniers sur les lisières des champs et des prés bordant les routes ou longeant la propriété d'autrui. On en fait aussi des allées ombreuses couvrant les chemins d'exploitation. Ces plantations réussissent toujours bien, elles sont fort aérées ; les labours et la fumure des terres leur sont profitables ; les eaux des pluies apportent aux racines des arbres les matières fertilisantes qu'elles ont dissoutes en lavant la voie publique ou le chemin de service. Ces Châtaigniers donnent presque chaque année d'abondantes récoltes. On prétend que la poussière des routes favorise la fécondation des fleurs et par conséquent la fructification.

Cependant, lors de la plantation, il y a ici des précautions à prendre. Nous voulons parler de l'exécution de la loi du 20 août 1881 (Code rural, art. 671, 672 et 673). Il n'est permis d'avoir des arbres près de la limite de la propriété voisine qu'à la distance prescrite par les règlements particuliers actuellement existants ou par des usages constants et reconnus, et, à défaut des règlements et usages, qu'à la distance de deux mètres (art. 671); le cultivateur sur la propriété duquel s'avancent les arbres du voisin peut contraindre celui-ci à les couper, il a le droit de trancher les racines qui avancent sur son héritage, et les fruits tombés naturellement de ces arbres lui appartiennent (art. 673).

Les arbres isolés sont ceux qu'on plante dans les terrains incultes, seuls ou par petits groupes, partout où ils ont quelque chance de pouvoir vivre. Nous connaissons plusieurs Châtaigniers isolés qui sont superbes ; quelques-uns s'élèvent vigoureusement même entre des rochers dont les fentes sont occupées par de fortes racines, qui, à notre grand étonnement, semblent avoir fait éclater la pierre, et puisent, contre toute attente, une sève féconde dans un sol de la plus ingrate apparence.

Soins à donner aux jeunes plantations. — Entourer le pied des arbres, dans un rayon de un mètre, d'un paillis grossier simplement fait avec des tiges de Bruyères d'Ajoncs, de Genêts, etc., sur lesquelles on dispose quelques branches d'Aubépine blanche ou noire, en fixant le tout avec des crochets de bois piqués dans la terre ; dresser aussi quelques rameaux garnis de piquants, autour du corps des plants, sont des précautions excellentes pour conserver au sol sa fraîcheur, en faciliter l'aération, empêcher le terrain de faire croûte, à sa surface, le préserver du piétinement du bétail et garantir le Châtaignier du frottement des animaux.

Quand les arbres sont bien pris, au printemps suivant, on ôte la paille et la pierraille amoncelées autour de leur tige ; on coupe les rejetons qui peuvent avoir poussé au pied ; on donne avec la bêche ou la houe (tranche), un léger labour ou binage de 0 m. 10 à 0 m. 12 au plus, de profondeur, de façon à éviter de blesser les radicelles nouvellement émises.

Pour remplacer le paillis, lorsque la plantation repose sur un sol plat, on établit une cuvette assez large autour de chaque Châtaignier. Si ceux-ci sont dans un pays en pente, on dispose un bourrelet de terre en contre-bas de l'arbre. Cuvette ou bourrelet s'imposent surtout dans les terrains secs : ils ont pour mission de retenir les eaux de pluie afin d'entretenir une humidité salutaire auprès des racines.

Une pratique funeste aux plants est celle qui consiste à mettre sur leur base, pour les chausser, dans l'espoir d'assurer leur reprise, une montagne de terre. Cela empêche les racines de bénéficier des agents atmosphériques et de se vivifier à leur contact. Privées d'air et d'humidité elles pourrissent et, par suite, l'arbre languit et meurt.

Il faut veiller à ce que la surface du terrain soit bien nettoyée et ameublie autour du jeune Châtaignier dans un diamètre au moins égal à la hauteur de sa tige.

Les *cultures intercalaires,* (nous en parlerons plus loin, voir page 70), sont très avantageuses aux jeunes plantations.

II. — Greffage.

Pour obtenir des fruits abondants et de qualité supérieure, on greffe le Châtaignier sur lui-même, en pied ou sur tige.

On a essayé plusieurs fois de l'enter sur d'autres arbres d'essences différentes, mais de la même famille. Les tentatives faites sur le Hêtre n'ont pas réussi ; celles opérées sur le Chêne n'ont donné jusqu'ici que des résultats insignifiants.

En 1831, un pépiniériste du jardin botanique de Metz, nommé Simon, greffait un Châtaignier sur Chêne ; en 1837, l'Académie royale de cette ville appréciait ainsi cette découverte : « *Nous citons comme digne de remarque le Châtaignier greffé sur Chêne par M. Simon. Cette innovation peut offrir à la culture du Châtaignier des chances de succès en remplaçant le pied délicat de cet arbre alimentaire par les racines robustes d'un arbre qui s'accommode très bien de nos terres* (1)... »

En 1838, M. Jaumard, suivant l'exemple de Simon, greffa aussi plusieurs Châtaigniers, dans la pépinière départementale de la Gironde, en opérant sur de jeunes plants de Chêne semés en place ou nouvellement repiqués. On les greffe, dit M. Charles Baltet (2), rez de terre, en fente ordinaire ou sur bifurcation il est alors préférable de greffer sur bifurcation. Il existe un assez bel exemplaire de ce genre greffé sur Chêne, au jardin botanique de Dijon. »

MM. Ch. Naudin, Maxime Cornu, de Vilmorin, L. Henry, et autres praticiens éminents, ont réalisé souvent la greffe exécutée par Simon et Jaumard, sans obtenir de résultats permettant de recommander, tant soit peu, cette pratique. Nous avons vu, et en terrain granitique, deux Châtaigniers depuis longtemps greffés sur Chêne : ces arbres ressemblaient à des sauvageons chétifs et stériles.

Quelques agronomes recommandent, maintenant, d'essayer le greffage du Châtaignier, non sur Chêne commun ou Rouvre (Quercus Robur, Linn.), ni sur ses variétés (Chêne pédonculé, etc.), mais, de préférence, sur le Chêne aquatique ou Chêne des marais (Quercus palustris Duroi), grand et bel arbre pyramidal, à écorce lisse, épaisse, et à feuilles caduques, de l'Amérique du Nord, importé en France où il commence à être répandu, et qui veut un sol frais et très profond. Or ils ne réfléchissent point, qu'en raison de cette exigence, le

<hr>

(1) Extrait du *Moniteur de la Propriété et de l'Agriculture*, Paris, 1838.
(2) *L'art de greffer* par Charles Baltet. G. Masson éditeur, Paris, 1900.

Chêne aquatique ne peut guère servir de porte-greffes dans les autres terrains moins humides et de nature siliceuse où réussit très bien le Châtaignier. Ensuite, rien n'a prouvé encore, faute d'essais assez anciens et nombreux, ce que vaut ce greffage, alors que sur Chêne Rouvre, situé dans des conditions de végétations identiques à celles du Châtaignier. c'est-à-dire en sols siliceux contenant moins de 3 0/0 de calcaire, la greffe n'a donné « presque rien qui vaille. »

Aussi, ne voyons-nous dans le greffage du Châtaignier sur Chêne, qu'un fait curieux de physiologie végétale qui, malheureusement, est loin d'être avantageux pour la fructification et même pour la production du bois. Si, les nombreuses expériences faites à cet égard eussent, au contraire, produit des rendements tant soit peu encourageants, on aurait pu le multiplier jusque dans les terrains calcaires où, grâce à ce procédé, la culture du Châtaignier serait devenue praticable et rémunératrice. Il est inutile d'y penser (1).

Quant à la reconstitution des châtaigneraies dans les contrées envahies par la *maladie de l'encre*, qui est une affection des racines, du moment que le genre Chêne doit être écarté comme porte-greffes, nous pouvons nous adresser aux Châtaigniers exotiques d'Amérique, de Chine ou du Japon. Ceux-ci, comme les cépages américains, peuvent offrir une grande résistance au mal ou y être réfractaires. Reste à savoir, encore, comment la greffe se comportera sur ces essences. Ce n'est, tout au plus, que dans une douzaine d'années que nous commencerons à être fixés sur ce sujet que nous mettons pratiquement à l'étude. (Voir page 253).

En attendant, continuons à greffer sur le Châtaignier ordinaire.

.*.

La greffe en flûte, faite en mai, est le mode de greffage qui

___

(1) Telle était aussi l'opinion d'OLIVIER DE SERRES : « Aucuns entent le chastaignier sur le chesne où il se reprend ; mais le peu de profit qu'il y faict, nous incite de ne tenir nul conte de telle curiosité. Sur lui-mesme, non ailleurs, vent estre inséré le chastaignier : non plus reçoit-il aucun autre arbre, tout meslinge lui des-agréant. » — *Le Théâtre d'agriculture et Mesnage des champs*, tome II, Paris, 1805.

réussit le mieux pour le Châtaignier ; il donne la soudure la plus parfaite. C'est celui que les agriculteurs du Limousin emploient exclusivement pour reproduire et multiplier toutes les variétés cultivées dans ce pays.

Les autres procédés de greffage qui conviennent au Châtaignier, mais à des degrés moindres, sont : en avril, la *fente simple*, la *fente avec œil enchâssé*, la *fente sur bifurcation*, la *fente anglaise* et *en placage à l'anglaise* ; en mai, la *greffe en couronne* ; en août et septembre, celle à *écusson*.

La greffe en fente n'est pas si résistante au vent que celle en flûte et se soude moins bien, aussi est-elle très peu usitée pour le Châtaignier. On ne l'applique guère que pour utiliser les greffons venus de loin et dont l'écorce, trop adhérente au bois, ne permet point le greffage en sifflet.

La greffe à écusson est celle qui donne les moins bons résultats.

Greffage en pépinière. — Les arboriculteurs, les spécialistes qui cultivent pour le commerce, greffent en pépinière, en pied ou sur tige, des Châtaigniers âgés de quatre et même trois ans. Les méthodes qu'ils emploient de préférence sont, au départ de la sève, la greffe en placage à l'anglaise, et, en août-septembre, l'écussonnage. Ils greffent aussi, en fente sur bifurcation ou fourche, les sujets qui ne sont pas très gros.

Greffage en place. — Les agriculteurs greffent très rarement en pépinière ; ils ont plus d'avantages à faire cette opération en place, trois ou quatre ans après la plantation définitive du Châtaignier, alors qu'il donne des pousses vigoureuses et trapues, et qu'il a atteint une grosseur suffisante pour pouvoir supporter le poids du greffeur et de son échelle.

En Limousin, nous n'avons jamais vu greffer le Châtaignier autrement qu'en flûte, greffe dite aussi en *canon*, en *anneau*, en *tuyau*, en *sifflet* ou au *chalumeau* (al charamel), « en raison de la ressemblance que l'on trouve, quant au mode de détacher le greffon, avec la manière d'obtenir des flûtes rustiques, des chalumeaux, au moyen de tubes ou de tuyaux d'écorce (CH. BALTET) ». « Il paraît qu'un jeu d'enfant a procuré la première idée de cette greffe (ROZIER). »

Les greffes en flûte appartiennent à la classe des greffes par gemma, œil ou bouton, divisées en deux groupes. Le premier comprend la série des greffes à écussons, et le second, celle des greffes en flûte, savoir : la *greffe en flûte Jefferson*, la *greffe en flûte sifflet* et la *greffe en flûte de faune*. Seules, les deux dernières nous intéressent, ici, parce que ce sont celles qu'on affecte au Châtaignier.

Préparation des sujets pour la greffe. — En février, ou mars, deux ans après leur mise en place, on prépare les arbres pour le greffage qui ne leur sera appliqué que l'année suivante, ou même (et de préférence) deux ans plus tard. Il vaut mieux que les sujets soient bien enracinés et en pleine vigueur. Pendant que la sève est en repos, on les rabat à 2 m. 50 ou 3 mètres de hauteur. Pour cette taille plusieurs usages sont en vigueur.

Il y a des cultivateurs qui suppriment toutes les branches de l'arbre, ils l'émondent en quelque sorte en têtard, pour lui faire émettre de nouvelles pousses qu'ils ne grefferont que dans deux années. D'autres, laissent une, deux, ou trois branches d'appel de sève, ou « tire-sève », qu'ils retrancheront au printemps suivant, en même temps qu'ils enlèveront les jets gourmands ou nuisibles à ceux qu'ils choisiront alors, pour en faire des porte-greffes au bout d'une année encore de végétation. D'autres, enfin, en rabattant les sujets, conservent quatre ou cinq des plus beaux rameaux et des mieux placés, pour y poser la greffe en temps opportun. Le troisième et surtout le second de ces modes de préparation, sont ceux qui nous paraissent les meilleurs et les plus rationnels.

On greffe quelquefois sur des branches d'un an, mais, règle générale, c'est sur du bois de deux ans (1) qu'on opère le greffage avec des cylindres d'écorce portant un ou deux yeux ou bourgeons recueillis sur des pousses de même âge, de pareil diamètre, de forme régulière, à l'écorce lisse et facile à détacher.

D'habitude, on recueille les greffons sur un petit nombre

____

(1) Les yeux de deux ans, surtout ceux de la base des rameaux-greffons, sont préférables pour avancer la mise à fruit de l'arbre.

d'arbres de choix recepés une ou deux années auparavant pour produire les jets nécessaires. Il faut utiliser les greffons aussitôt qu'ils ont été séparés du pied-mère, excepté quand il s'agit de variétés hâtives : dans ce cas, il y a avantage de les couper une huitaine de jours avant le greffage et de les enterrer à l'ombre, dans du sable humide, afin d'en retarder la végétation au profit de celle du sujet, car il est nécessaire que la sève de celui-ci soit légèrement en avance sur celle du greffon.

Exécution de la greffe. — C'est au mois de mai, au moment où la sève est abondante, qu'on exécute le greffage du Châtaignier. Un temps sec, doux, calme, couvert, convient parfaitement (le vent du midi est défavorable). L'opérateur, muni d'une serpette et d'un seau contenant les rameaux-greffons, dont l'extrémité inférieure plonge dans l'eau, monte sur une échelle (l'échelle double vaut mieux), coupe proprement les pousses inutiles ; il tranche à quelques centimètres de leur base les rameaux destinés à porter la greffe (il faut s'appliquer à placer les greffons aussi près que possible du corps de l'arbre) ; il enlève un tube d'écorce de 0 m. 06 et 0 m. 08 de long ; il choisit un rameau-greffon de la même grosseur intérieure que le sujet, détache un anneau muni d'un à deux boutons et l'ajuste à la place de celui qu'il a précédemment enlevé au sujet. Il a soin de faire coïncider exactement la base du greffon avec l'écorce du sujet, puis il recouvre les plaies avec du mastic à greffer. Mais les meilleurs praticiens ne mettent ici aucun enduit. On ne ligature jamais.

Les bons greffeurs n'utilisent que la partie inférieure de chaque rameau greffon, ils rejettent le reste du cylindre dès qu'ils ont ôté deux ou trois bagues de greffage. Outre que les rameaux détachés en bas permettent de greffer plus court avec un plus grand nombre d'yeux, l'observation et l'expérience ont démontré que les bourgeons d'en haut sont moins bons pour la production du fruit et qu'ils ont une tendance à engendrer beaucoup de bois. Si une sélection judicieuse n'était pratiquée, le but de la greffe serait donc incomplètement atteint, car l'arbre tendrait à revenir à son état primitif et se rapprocherait du Châtaignier sauvage.

La greffe en *flûte de faune* est presque la même
que la précédente, sauf que le greffon est un tube
plus long parce qu'il porte un plus grand nombre
d'yeux, puis dans celle-ci on ne coupe pas l'écorce
du sujet, on se contente de la diviser verticalement en lanières qu'on rabat vers la base du porte-
greffes et qu'on relève ensuite sur le greffon, lorsqu'il a été juxtaposé, en évitant d'en recouvrir
les boutons. On ligature avec du raphia, en ser-
rant très peu ; le plus souvent même, au lieu de
ligaturer, on fait à la serpette, sur le sujet, immédiatement au-dessus de l'anneau de greffage, un
petit bourrelet de bois qui s'oppose à tout glissement de la bague.

Finalement, on supprime l'extrémité du rameau-
sujet au-dessous de la greffe, et l'opération est terminée.

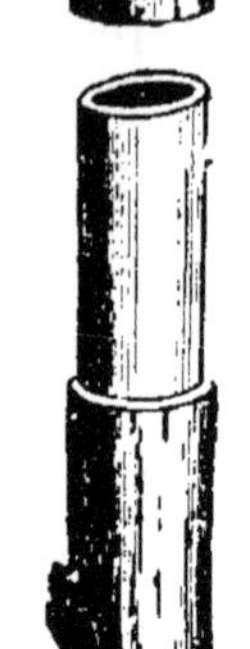

Fig. 7.
Greffe en
sifflet (1).

Ce greffage ne vaut pas le précédent. La flûte de faune est
très rarement adoptée pour le Châtaignier, on n'applique
cette greffe qu'exceptionnellement et aux sujets les plus
vigoureux. Alors on se borne à greffer en un seul endroit, en
tige et non latéralement.

La greffe en flûte n'a que le défaut d'exiger un peu plus de
temps, et même d'habileté, que les autres systèmes de greffage,
mais elle est la plus résistante, la plus solide et la plus productive de toutes celles qu'on peut appliquer au Châtaignier.

Soins à donner aux greffes. — Il reste encore à ébourgeonner,
à palisser, à tailler.

On enlève, en juin et août, toutes les pousses nouvelles
étrangères aux greffons, à moins qu'ils n'aient avorté (2), et
l'on tuteure soigneusement celles qu'ils ont émises, en les
attachant au fur et à mesure de leur développement à de solides baguettes ou à des rames de bois résistant qu'on fixe

---

(1) Figure extraite du livre de **M. Ad. Bellair** « *Les arbres fruitiers.* »
J.-B. Baillière et fils éditeurs, Paris.

(2) Lorsque la greffe ne réussit pas, on laisse alors se développer les
plus beaux jets pour regreffer au bout de deux ans.

préalablement à la tige de l'arbre avec une ligature d'osier, etc.

La plupart des planteurs conservent au moins, à chaque Châtaignier, trois ou quatre greffons. Nous préférons faire autrement : si, par exemple, cinq anneaux de greffage ont réussi, dès le printemps suivant nous en rasons deux, puis, un peu plus tard, c'est-à-dire deux années après la greffe, nous rabattons complètement tous les autres, en ne gardant que celui qui est placé le plus près du corps de l'arbre, à condition qu'il soit bien conformé. Nous enlevons également tous les chicots et les gourmands, sauf un de ceux-ci que nous laissons pour faire équilibre à la sève de l'unique greffe réservée, gourmand que nous ôterons, à son tour, en temps voulu.

Il est évident que le Châtaignier reprend sa forme naturelle grâce à cette méthode qui permet de reconstituer sa flèche. Nous évitons aussi l'éclosion de branches gourmandes dont l'élagage, quand il est retardé ou mal fait, occasionne toujours des accidents préjudiciables à l'arbre.

L'écorce ne tarde pas à recouvrir complètement la blessure occasionnée par le greffage. La greffe s'identifie à l'arbre. Il n'en reste de trace apparente qu'un léger renflement circulaire qui se forme à l'endroit où l'opération a été pratiquée, renflement auquel on conserve l'appellation d'*anneau de greffage*.

Nous nous appliquons donc, dès le début, à établir la charpente de l'arbre et à faciliter son développement rationnel. Nous tenons compte des habitudes de chaque variété et nous considérons encore le lieu où le Châtaignier est planté. Un arbre de plaine ou de vallon a particulièrement besoin de s'élever et de poindre, il ne doit pas être traité tout à fait comme un Châtaignier de coteau, etc...

Importance des bonnes variétés de Châtaignes. — On doit s'appliquer à ne rechercher, à ne multiplier que les bonnes variétés. Elles sont préférables pour l'alimentation de l'homme et des animaux, elles produisent plus que les autres et ont un prix de vente considérablement supérieur à celui des Châtaignes sauvages ou de qualité inférieure. On éliminera avec soin tous les arbres qui sont difficiles à acclimater et ceux qui ne produisent que des fruits médiocres, de mauvaise garde ou trop tardifs. Il est bon aussi de greffer des Marronniers sur des sujets vigoureux croissant en de bons fonds ou bordant des terres situées dans une exposition pas trop froide.

Il faut absolument s'attacher à la production des fruits de luxe destinés à la consommation urbaine et au marché d'exportation. Nous sommes, en France, sous ce rapport, dans un état d'infériorité, et il n'est pas flatteur, ni lucratif pour nous, que presque toute la Châtaigne commerciale de choix soit fournie par la Haute-Italie (V. page 98). Nous ne connaissons point les quantités exactes qui nous viennent de là, mais elles sont considérables et d'une valeur certainement très importante : elles alimentent exclusivement, aujourd'hui, la confiserie parisienne, etc.

Le cultivateur assortira son domaine de Châtaignes de diverses sortes et de précocités différentes, de telle façon que chaque année puisse lui donner, autant que possible, une récolte choisie et moyenne. Pour la Châtaigne, comme pour les arbres fruitiers, on a observé que les variétés, même les plus productives, n'atteignent guère que tous les deux ans, le maximum de leur rendement.

CHAPITRE V

ENTRETIEN DES CHATAIGNERAIES

On lit dans le *Grand Dictionnaire* de *Pierre Larousse* (1) :

De tous les arbres forestiers, le *Châtaignier* est peut-être celui qui, à tout âge, demande le plus de soins, et il est plus exigeant encore lorsqu'on le cultive pour ses fruits ; mais il paye ses soins avec usure... En Alsace, on plante les *Châtaigniers* très espacés et dans cet intervalle on cultive, pendant un an ou deux des Pommes de terre. Cette culture, loin d'être préjudiciable au massif, lorsque la récolte se fait avec les précautions nécessaires, lui est au contraire très avantageuse, car les travaux, binages, sarclages qu'elle exige, profitent aux jeunes plants.

Rien n'est plus vrai, bien que l'on voit, même en Limousin, la plupart des châtaigneraies grossièrement élaguées, abandonnées à elles-mêmes et donnant, malgré ce manque de soins, de fort beaux revenus, revenus qui seraient quadruplés si elles étaient entretenues raisonnablement. D'autre part, nous en voyons aussi dont les arbres meurent, faute d'avoir été cultivés. Les propriétaires, comptant sur la vigueur et la générosité de leurs Châtaigniers, ont oublié que tout a une fin, que le sol, à force de donner des feuilles, du bois, des Châtaignes et du gazon, sans rien recevoir en compensation, finit par s'épuiser, et que, forcément, les arbres périclitent et périssent. C'est ce qui fatalement arrive aux plantations d'essences quelconques qui, depuis longtemps, ont été pareillement négligées : le jour où les radicelles d'arbres voisins se rencontrent, leur dernière chance d'existence disparaît.

---

(1) *Grand Dictionnaire du XIX⁰ siècle*, 17 vol. grand in-4°. Paris, Librairie Larousse.

La composition chimique des différentes parties et des fruits des végétaux, nous montre qu'ils enlèvent au sol une grande quantité de substances diverses fournies, les unes par des minéraux, les autres par des matières organiques. Le terrain contient bien, presque inépuisablement, un petit nombre de ces éléments, mais il est indispensable de lui restituer ceux qui finiraient par disparaître s'ils n'étaient entretenus ou renouvelés régulièrement. Au chapitre des maladies dues à l'épuisement du sol (v. pages 211 à 217), nous complétons cette partie de l'entretien des châtaigneraies, en traitant des engrais qui leur conviennent.

Cultures intercalaires. — En Limousin, comme en Alsace, les meilleures châtaigneraies sont celles où les arbres sont très espacés (de 12 à 20 mètres et même plus) et qui sont soumises à des cultures intercalaires non seulement pendant deux ou trois ans après la plantation ou le greffage, mais durant vingt, trente et même quarante ans, c'est-à-dire jusqu'au moment où le développement des Châtaigniers ne permet plus aux Pommes de terre ou au Seigle des rendements suffisants pour balancer au moins les frais de fumure, de semence et de main-d'œuvre occasionnés par ces cultures supplémentaires. Néanmoins, on continue ensuite les façons par deux labours croisés, exécutés, le premier en mars, avant le développement des bourgeons, et le second en juin, par des cultivateurs expérimentés. Il est évident qu'un mauvais ouvrier compromettrait, rien qu'en un seul labour, toute une plantation. Le cultivateur prudent conduit sa charrue lentement, de manière à ne point causer de déchirures aux racines, et il ne fait usage que d'une simple binette pour nettoyer et ameublir le terrain formant le pourtour des arbres, c'est-à-dire, du sol situé sous la projection verticale de leurs rameaux.

Élagage des Châtaigniers. — Le Châtaignier ne se taille pas, seulement il est élagué, ou émondé de temps en temps. Cet élagage consiste à abattre les branches chiffonnes et les gourmands. Il est nécessaire d'y procéder tous les ans, d'abord parce que les blessures occasionnées par la suppression des jeunes rameaux sont presque insignifiantes et se cicatrisent rapidement, et parce qu'on maintient mieux l'arbre dans une végétation régulière ; il est ensuite plus facile de diriger sa flèche et de former sa tête, tant au point de vue fructifère que sous le rapport de la production du bois de travail. Un Châtaignier touffu comme un Pommier ou élancé comme un Peuplier est un vilain arbre : d'un côté, un coup de vent peut briser sa tige, de l'autre, ses branches privées d'air et de lumière ne produisent presque rien et se dessèchent tout en épuisant le sujet. Un tronc unique, droit comme un fût de colonne et des branches symétriques bien dégagées, convenablement étagées, et garnies de rameaux à fruits étalés en plein air, tel est l'aspect que doit présenter un Châtaignier dont l'élagage est bien conduit.

Comme celui du Noyer, l'élagage du Châtaignier doit se faire aussitôt après la chute du fruit. « Le bois mort se distingue alors parfaitement. Les rameaux une fois abattus, on a durant l'hiver tout le temps disponible pour en faire les charrois (Félix Vidalin). » Il n'y a rien de pire à la pratique barbare de ces sottes gens qui, en avril ou mai, ébranchent, à tort ou à travers, de pauvres arbres méritant un tout autre traitement. Les résultats de ce massacre ne se font guère attendre. Non seulement la sève accumulée depuis l'automne dans les branches enlevées est perdue, mais celle qui coule des cicatrices les empêche de se fermer et occasionne des plaies amenant la pourriture. Pourriture entretenue et aggravée par des chicots stupidement laissés, qui entraîneront fatalement la perte du Châtaignier, ainsi que nous le démontrerons aux articles *Roulure* et *Gélivure*.

Un élagage modéré et raisonné s'impose : nettoyer l'arbre intérieurement en enlevant tout ce qui est stérile ; favoriser la formation et le développement régulier de la tête ; émonder tous les rejets situés sur le collet de l'arbre et sur son tronc au-dessous de l'anneau de greffage ; faire des sections bien nettes et aussi rapprochées que possible du tronc ou de la branche-mère, recouvrir de suite la plaie avec de l'onguent de Saint-Fiacre (mélange de 2/3 terre glaise avec 1/3 bouse de Vache) ou de tout autre engluement ; ôter les Mousses et autres végétaux parasites, sont les soins que ne doit jamais négliger un cultivateur soucieux de son honneur professionnel et de ses intérêts.

Étêtage des vieux Châtaigniers. — Rajeunissement des Châtaigneraies. — Des élagages énergiques rajeunissent, du moins pour quelque temps, les vieux arbres. Si l'étêtage est généralement funeste aux sujets jeunes et vigoureux, il ne présente pas d'inconvénients pour les Châtaigniers sur leur déclin ; on peut le leur appliquer sans crainte quand on espère parvenir, par ce moyen, à renouveler leur tête décrépite et stérile. Il est vrai cependant que la nouvelle jeunesse, la fécondité, « la gaillardise » qu'on leur rend ainsi n'ont qu'une durée éphémère.

On étête en enlevant proprement chaque mât un peu au-dessus de l'anneau de greffage ; on recouvre les coupures avec de l'onguent de Saint-Fiacre sur lequel on dispose encore deux ou trois couches de gazon. Généralement le Châtaignier, ainsi rajeuni, émet des pousses vigoureuses et fécondes pendant une dizaine d'années encore. Puis le tronc achève de se vider, la production se ralentit, et finalement tarit, lorsque le corps de l'arbre s'est réduit à sa plus simple expression, c'est-à-dire à une écorce fantômatique.

. Nous ne sommes point partisan du remplacement des anciens arbres par des rejetons sortis de vieilles souches, rejetons qui paraissent vigoureux avant d'être greffés, mais qui donnent de médiocres résultats ensuite. Ils ne font que des arbres de courte durée, et cela pour des causes bien naturelles sans doute : leurs jeunes racines ne peuvent prospérer à la place où d'autres ont végété en épuisant le sol qui, par surcroît, est encombré et empoisonné par les débris des premières.

Châtaigneraies exploitées pour le bois de travail. — Les Châtaigniers qui croissent dans un terrain propice, et qui sont soumis de longue main à un élagage opéré avec discernement, font des arbres de belle venue. Ils produisent de beaux fruits et fournissent un bois recherché pour l'ouvrage. Le moment finit par arriver où ce bois cesse de profiter : on le reconnaît lorsque la production des fruits décline. Il faut alors procéder, sans retard, à l'exploitation de ces arbres. On aurait tort d'attendre que leur cime commençât à se flétrir, indice qui prouve que la carie du tronc a gagné la tige et les maîtresses branches.

L'arrière-saison est préférable pour abattre ces arbres. D'après les gens du métier, les arbres coupés en décroissance de lune ne sont pas aussi exposés à la vermoulure, leur bois est plus solide, plus nerveux, et peut porter davantage de poids que celui des sujets abattus au croissant. D'après M. *Cohadon-Pottier*, ébéniste émérite et marchand de bois au Mont-Dore (Puy-de-Dôme), qui a recueilli de nombreuses observations dont il a vérifié et remarqué l'exactitude, les arbres à fruits ronds, tels que le Noyer et le Châtaignier, veulent être abattus en pleine lune et en lune décroissante, et de préférence par un vent du nord.

L'influence de la lune sur la végétation, etc., est un fait indéniable, prouvé par l'expérience et démontré scientifiquement aussi.

Mal fait aux Châtaigneraies par l'écobuage. — Quant à pratiquer l'écobuage dans les châtaigneraies sous le prétexte d'y faire venir du Blé et soi-disant aussi pour cultiver cette céréale, c'est un pis-aller qui leur est dix fois plus préjudiciable qu'un abandon complet. Le feu détruit ce qui peut rester de matières nutritives pouvant être absorbées par les racines et il dessèche souvent celles-ci et les arbres mêmes. A côté des Châtaigniers les bonnes terres ne manquent point qui ne donnent que le quart des récoltes qu'elles produiraient, si elles étaient fumées comme il convient et travaillées d'une manière intelligente :

« Épuiser et flamber les châtaigneraies, dit Félix Vidalin, c'est par trop barbare. Cette agriculture de sauvages, dernière tradition de nos pères les Gaulois, est sans excuses. »

Clôture des Châtaigneraies. — Il est inutile de clôturer les châtaigneraies du côté des prés et des terres qui, avec elles, font partie d'un même héritage. Les haies vives sont nuisibles par leur ombre et leurs racines, puis elles arrêtent l'écoulement des eaux. Ce n'est que sur les lisières bordant la propriété d'autrui, ou des chemins, qu'il peut y avoir avantage à établir de bonnes haies d'Acacia ou de Charme pour protéger le bois contre le maraudage, ou les ravages des troupeaux, et pour opposer une barrière à la fuite des feuilles chassées par le vent.

En Limousin, on ne clôture guère les châtaigneraies. Un fossé les sépare simplement, le plus souvent, du domaine du voisin. Cependant il nous paraît utile de garantir parfois la châtaigneraie par une barrière formée d'un triple rang de bonne ronce artificielle, clôture peu coûteuse et suffisamment protectrice contre le gros bétail.

Entretien des Châtaigneraies par les bergers. — Le regretté Félix Vidalin, l'un des meilleurs agronomes de la Corrèze, auteur d'un excellent ouvrage (1), donne aux bergers des conseils qui s'appliquent à la protection et à l'entretien de toutes sortes d'arbres et particulièrement du Châtaignier.

« Enfants qui gardez les troupeaux dans les bois, ne prenez point un méchant plaisir à balancer la cime des jeunes arbres, à meurtrir leur tendre écorce. Mais trompez plutôt les ennuis de vos longues heures de gardage, en râclant la mousse parasite, qui s'attache aux troncs, pour absorber leur sève. Enlevez avec vos couteaux la broussaille qui croît à leurs pieds : épargnez vos injures à ces utiles châtaigniers. Vous leur devez vos meilleurs déjeuners. Protégez-les contre la dent meurtrière des brebis, des chèvres et des ânes du troupeau. N'accélérez pas la ruine qui les menace de toutes parts. Ne contribuez pas à précipiter sur nous toutes les calamités du déboisement. »

____

(1) *Agriculture du Centre de la France.* 2 vol. in-12, Librairie agricole de la Maison rustique. Paris, 1885.

CHAPITRE VI

TAILLIS ET FUTAIES

Création des taillis. — Coupes. — Entretien. — Là où le terrain est trop sec, trop maigre pour permettre au Châtaignier de donner des récoltes suffisantes, mais où cet arbre laissé à l'état sauvage produira du bois en abondance, il faut créer des *taillis*. On doit y consacrer de préférence les parcelles les plus accidentées et les moins acccessibles situées sur les pentes, si rapides soient-elles, qui dévalent jusqu'au fond des ravins.

Autant que possible, on prépare le sol par un défrichement. On y incorpore la semence en opérant comme il a été dit au chapitre des semis, excepté que l'on sème beaucoup moins épais que pour faire une pépinière. Il est nécessaire de bien extirper les mauvaises herbes, Bruyères, Ajoncs, Fougères : le Châtaignier, à ses débuts, exige un sol très propre.

Les semis en lignes sont toujours préférables. Les semis d'automne sont plus aléatoires que ceux de printemps, parce que les Châtaignes risquent davantage d'être mangées par les Sangliers et les Mulots. Il ne faut semer que les fruits des Châtaigniers les plus sauvages, dont les Châtaignes sont aussi petites que des Glands, car moins un arbre est fructifère meilleur est son bois. On sème en poquets espacés de un mètre en tous sens en mettant deux Châtaignes dans chaque trou. Il faut environ deux hectolitres et demi de bonnes Châtaignes par hectare. Pendant les premières années on peut mettre, entre les lignes, des Pommes de terre ou autres plantes dont les façons culturales profiteront aux jeunes Châtaigniers. Au commencement de la seconde année, on comble les vides s'il y a lieu ; vers la troisième année, on

ne laisse qu'un seul arbre par poquet et l'on commence à
éclaircir les sujets de façon à ce qu'ils soient finalement à la
distance des deux mètres, dans les endroits les plus médiocres, et à trois mètres dans les lieux les plus fertiles. Meilleur est le terrain, plus il faut d'espace entre les cépées qui.
deviennent alors beaucoup plus fortes.

On peut aussi créer des taillis par plantation. On prend
dans sa pépinière, en automne ou au printemps, des plants
de deux ou trois ans, ayant environ un mètre de hauteur; on
les met en place en leur donnant l'écartement définitivement
adopté. Si la qualité du terrain le permet, on cultivera
encore, dans les intervalles, des plantes sarclées pendant les
premières années.

Il ne faut point receper les jeunes arbres cinq ou six ans
après le semis, ou trois ou quatre ans après la plantation,
comme ont tort de faire des cultivateurs qui s'imaginent que
cette pratique formera plus tôt la souche et occasionnera des
rejets plus nombreux et plus vigoureux.

On ne doit pas balayer les taillis, ce qui, du reste, n'est
guère praticable. Les feuilles s'y pourrissent donc sur place.
Les seuls soins d'entretien consistent à enlever les Ronces, les
Églantiers, les Genêts qui peuvent s'implanter après le semis
ou après les coupes. On ramasse les copeaux et les brindilles.
Toutefois, si l'on tient à obtenir des jets bien nourris et très
forts, on n'a qu'à éclaircir, peu de temps après la coupe, les
pousses des cépées trop touffues.

.·.

La première coupe a lieu dix ou douze ans, au moins,
après la création du taillis; les autres se font ensuite tous les
sept, tous les dix, tous les quinze ans, etc., suivant la force
des jets et les besoins du commerce ou ceux du propriétaire.

L'aubier du Châtaignier se transforme vite en bois parfait.
La longueur des révolutions est évidemment subordonnée à la
nature des produits que l'on veut obtenir: pour la fabrication
des cercles de tonneaux des révolutions de six à huit ans
suffiront; elles seront de huit à douze ans pour avoir du
treillage et des échalas, et de douze à dix-huit ans, pour les
gros échalas, pieux de clôture, poteaux, perches à hou-

blon, etc., et de vingt à quarante ans, pour les merrains ou bois à tonneaux.

Il conviendrait, dans l'intérêt de la végétation, de n'abattre les bois qu'en décembre, janvier et février, mais il n'est pas toujours possible de circonscrire les coupes dans ces trois mois; elles s'exécutent ordinairement de novembre à avril. Parfois on les prolonge jusqu'à fin mai pour les feuillards, et même on en poursuit l'exploitation jusqu'en automne pour certains genres de marchandises, surtout quand on opère sous futaie.

On pratique les sections rez de terre, non avec des scies, mais à l'aide de haches bien tranchantes. A chaque exploitation on réserve quelques-uns des plus beaux sujets, si toutefois ils sont situés sur des fonds susceptibles de leur permettre un bon développement, pour en faire des baliveaux ou arbres de haute futaie, seulement il faut en laisser fort peu, le moins possible.

Il importe que les produits de la coupe soient enlevés immédiatement avant la montée de la sève de printemps. Si le taillis n'était débarrassé avant l'éclosion des nouvelles pousses, le va-et-vient des ouvriers et le passage des charrois feraient des dégradations très nuisibles à l'avenir de la coupe suivante.

Les coupes sont réglementées par le Code forestier et par des circulaires administratives spéciales.

Un bon fossé et une clôture d'arbres épineux ou touffus doivent protéger les taillis. Quand des cépées « s'échauffent » et meurent, il faut combler les vides en semant, à la place ou à côté de la souche perdue, des graines d'arbres d'une autre essence, soit Chêne, Hêtre ou Bouleau.

On crée aussi des taillis avec un mélange de plusieurs variétés d'arbres, mais seul le Chêne peut être avantageusement associé au Châtaignier. C'est le taillis pur Châtaignier qui donne le plus de revenus là où le sol et le climat lui sont favorables.

Transformation d'une Châtaigneraie en taillis. — Certaines châtaigneraies produisent fort peu parce que les arbres y sont trop rapprochés les uns des autres. Nous en connaissons plusieurs, dans ce cas, comptant même plus de quatre cents Châtaigniers à l'hectare. Il serait nécessaire de commencer par arracher les trois quarts de ces arbres ; mais, d'autre part, n'aurait-on pas intérêt à transformer ces plantations en taillis ? Cependant, avant d'opérer ainsi, il convient d'examiner si la plupart des arbres d'un certain âge sont susceptibles de « jeter », par le pied, de jeunes scions.

On reconnaît cette prédisposition lorsque le tronc, renflé inférieurement, repose sur une sorte de gros bourrelet adhérent au sol, ressemblant assez à un piédestal sur lequel on remarque de petites brindilles, des loupes ou nœuds qui produiront des rejets extérieurs et formeront une couronne de souches secondaires.

Nous avons vu quelques taillis établis par ce système. Leurs propriétaires avaient comblé les vides en semant d'autres arbres destinés à faire de nouvelles souches. Quelques-uns des taillis, ainsi obtenus, ne laissent rien à désirer en fait de rapport, les autres ne valent point ceux qui sont créés d'après les données d'une bonne sylviculture, néanmoins, ils produisent un revenu supérieur à celui de la châtaigneraie dont ils sont issus. Il ne faut pas être trop exigeant. La vente des arbres coupés sur pied, composant cette châtaigneraie, n'a-t-elle pas donné déjà un bénéfice net relativement important et dont il faut tenir compte ?

Châtaigniers en futaie. — Il y a peu de vraies futaies de Châtaignier. On ne le cultive guère sous cette forme qu'associé au Hêtre et au Chêne pédonculé. Cependant, en Italie, et même en France, il y a quelques hautes futaies de Châtaignier où l'exploitation des bois en grume est très lucrative et alimente surtout l'industrie de la fabrication des futailles après qu'on a réservé les plus belles pièces pour la charpenterie.

La croissance du Châtaignier est très prompte, elle s'accentue dès la jeunesse de l'arbre et se soutient fort longtemps : à 60 ans il a déjà les dimensions d'un Chêne de 120 ans. Par suite de cette rapidité de végétation, il convient, en futaie, de rapprocher les Châtaigniers davantage que s'il s'agissait de Chênes.

Les révolutions de 80, 90, 100 et 120 ans, selon les sols et les climats, paraissent convenir au Châtaignier en futaie. Au-dessus de ces âges on risquerait de trouver creux la plupart des arbres. Le Châtaignier étant particulièrement incommodé par les mauvaises herbes et les arbustes, les principaux soins à donner aux futaies consistent en nettoyages et en éclaircies périodiques.

A défaut de futaie, nous recommandons aux petits propriétaires, pour avoir du bois d'œuvre, de laisser pousser au bord des taillis (et de préférence sur un côté longeant un chemin, une lande ou une bruyère), une, deux ou trois rangées de vigoureux sauvageons qu'on traitera comme arbres de haute futaie.

TROISIÈME PARTIE

Exploitation du Châtaignier
Utilisation de ses produits

CHAPITRE VII

ROLE DES CHATAIGNERAIES

Les châtaigneraies, appelées en certaines contrées *châtai-gnères*, sont une grande source de revenus pour les régions qui les possèdent. Le paysan vend, aujourd'hui, un bon prix ses plus belles Châtaignes et il lui en reste encore assez pour sa consommation et pour son bétail : la Châtaigne verte ou sèche fournit à l'homme un aliment sain, appétissant et substantiel ; elle est aussi la ressource de l'étable et de la basse-cour.

Les châtaigneraies donnent du bois de chauffage, de menuiserie et de charpente ; sur leur sol on peut faire pâturer les troupeaux à certaines époques, quand elles ne sont pas soumises à des cultures intercalaires. Verte, ou séchée à l'ombre, la feuille du Châtaignier est un fourrage ; mélangée aux Bruyères, aux Ajoncs, aux Fougères, aux Genêts et aux herbages qui croissent sous le couvert, elle constitue une abondante litière pour les bestiaux et un bon engrais naturel.

Du reste, voici comment FÉLIX VIDALIN s'exprime à ce sujet dans son ouvrage: *Agriculture du Centre de la France :*

« Tous ses produits exigent peu de soins, point d'engrais (1) ; ils viennent à la grâce de Dieu. Une châtaigneraie est, en effet, une sorte de laboratoire dans lequel la nature travaille, pour ainsi dire seule, à enrichir le domaine par un utile appoint de matières nourrissantes et fertilisantes. Accroître, perfectionner les châtaigneraies, c'est donc rendre meilleure la nourriture de l'homme, augmenter les produits de la porcherie, faciliter l'engraissement du bétail, multiplier les engrais, et par suite, développer les récoltes des champs. Une bonne châtaigneraie, située dans un bon fonds, et greffée des espèces les plus succulentes, est la bienfaitrice du domaine. Nos anciens estimaient que de tels bois rapportent autant qu'un pré et plus qu'une terre, et ils avaient raison. »

En outre, les châtaigneraies protègent les terrains inclinés contre le ravinement occasionné par les fortes pluies et les orages, et elles empêchent le desséchement du sol par la fraîcheur de leur ombrage.

---

(1) Nous ne partageons qu'à demi cette opinion ; quelques engrais ne sont pas inutiles et, quant aux soins, la châtaigneraie en exige beaucoup, ainsi que nous l'avons démontré ; seulement, il faut convenir que ces soins sont très peu coûteux et bien faciles à donner.

CHAPITRE VIII

LA CHATAIGNE

I. — Récolte. conservation, dessiccation, renseignements divers. Étuve Donati.

Récolte des Châtaignes. — En France, la récolte se fait à la fin de septembre, en octobre et au commencement de novembre, (excepté en Corse où elle a lieu dès le mois d'août). Dans la plupart des variétés, les bogues s'ouvrent sur l'arbre, à l'époque de la maturité et laissent échapper les Châtaignes; chez les autres, le pelon descend à terre en renfermant le fruit d'où on l'extrait en appuyant sur l'involucre avec le pied ou à l'aide du plat d'un râteau. Quelques jours avant la chute des Châtaignes on a la précaution de faucher et d'enlever les Fougères et autres végétations qui croissent dans les châtaigneraies non labourées ou qui ne sont point l'objet de cultures intercalaires.

On ramasse les Châtaignes chaque matin, ou tous les deux jours. Les plus belles sont triées, presque aussitôt, pour être, dès le lendemain, conduites au marché ; souvent on en réserve pour les vendre un peu plus tard.

Il y a des contrées où l'on bat les Châtaigniers et où l'on jette les bogues dans des fosses pour les y faire fermenter, afin de mieux en sortir les fruits. Ces usages nous paraissent nuisibles à la qualité des Châtaignes; on ne les pratique point en Limousin.

FIG. 8. — Récolte des Châtaignes en Bas-Limousin.
D'après une photographie de M. P. Dujardin-Beaumetz.

Les femmes, les enfants et les vieillards sont employés
au ramassage des Châtaignes. Dans la Corrèze, la Haute-
Vienne et la Dordogne, les jeunes filles se louent pour la

durée de la « châtaignaison », moyennant cinquante centimes par jour, la nourriture, le coucher et un demi-sac de Châtaignes en sus du salaire total.

Conservation des Châtaignes fraîches. — On conserve les Châtaignes à l'état frais, ou vert, en les mettant sur une aire sèche, bien aérée, à l'abri de la chaleur et de la gelée. On remue journellement le tas à la pelle de bois, sans quoi elles fermenteraient et ne seraient plus bonnes à rien.

PARMENTIER recommande d'exposer les Châtaignes au soleil, sur des claies, pendant une huitaine de jours, et de les mettre ensuite dans un appartement sec où elles se conserveront longtemps demi-vertes. Mais cette méthode, malgré son mérite, n'est pratique que pour une petite récolte.

Un autre procédé consiste à faire ressuyer les Châtaignes au soleil. On les trie ensuite en ne réservant que les fruits de la même grosseur. En même temps l'on fait se ressuyer aussi des feuilles vertes. On place un lit de ces feuilles au fond d'une futaille ou d'une caisse : on dispose sur ce lit une couche de Châtaignes qu'on recouvre d'un nouveau lit de feuilles et d'une seconde couche de fruits en continuant alternativement ainsi jusqu'à ce que futaille ou caisse soit entièrement pleine ; on ferme hermétiquement et l'on remise dans un endroit hors des atteintes du froid et de l'humidité.

Les Châtaignes se conservent très bien encore renfermées dans des tonneaux ou des caisses et successivement superposées par couches avec du sable ni trop humide, ni trop sec.

M. *l'abbé* DE COLOMB, ancien curé de Segonzac (Corrèze), nous donne comme très efficace un moyen bien simple usité par les habitants du canton de Mercœur, pour conserver les Châtaignes vertes. Aussitôt après la récolte, on met les Châtaignes dans un baquet ou tonneau défoncé plein d'eau ; on les y laisse pendant huit à dix jours. Ceux qui emploient ce procédé pour une grande quantité de fruits, les plongent dans un réservoir bien propre. On doit, en les retirant de ce bain de neuf jours, les sécher au soleil, mais à une chaleur modérée et les placer ensuite (en les y laissant) sur un plancher, ou mieux encore, sur une nappe de sable bien sec. Après cela, les Châtaignes se conservent absolument vertes avec le goût et le parfum de la cueillette. C'est un précieux avantage. Naturellement, il est indispensable que les fruits soient sains et non meurtris au moment de l'immersion.

Châtaignes sèches. Dessiccation. — Pour conserver long-temps les Châtaignes, on les soumet à la *dessiccation* ou *séchage*.

En Italie, du côté de Florence et de Sienne, on fait sécher les Châtaignes à l'air libre après les avoir pelées. Dans d'autres pays, on se sert de fours spéciaux ou d'étuves.

En Limousin, les procédés anciens et routiniers sont encore en usage. Il en résulte une dépense considérable en bois, outre que les fruits sont souvent insuffisamment secs, ou sont recuits.

On opère ce « boucanage » dans des séchoirs *ad hoc*, servant, en temps ordinaire, de loges à Cochons. Parfois le four-nil est aménagé pour la dessiccation, mais souvent le séchoir est édifié au milieu des bois. C'est un petit bâtiment en maçonnerie comprenant un rez-de-chaussée généralement pavé, de 6 mètres carrés environ de superficie, au milieu duquel est établi le foyer légèrement surélevé. A deux mètres au-dessus de cette chambre est placée une claire-voie mobile supportant une couche de 30 à 50 centimètres de Châtai-gnes (1). On entretient nuit et jour, durant trois semaines, un feu d'une ardeur modérée, ordinairement fait avec de vieilles souches de Châtaignier. Pendant ce temps on retourne une fois les Châtaignes, de telle façon que celles qui, au début, étaient à la partie supérieure de la couche, soient en contact avec la claie, et *vice-versa*. La porte du séchoir laisse, au-dessous de sa partie inférieure, un petit espace libre formant une sorte de soupirail : elle doit rester fermée pendant la dessiccation. Il faut surveiller attentivement cette opération ; avec un feu trop actif, la Châtaigne se carbonise ; si on laisse le feu s'éteindre avant la fin du séchage, les fruits se refroidissent brusquement en conservant leur tégument rougeâtre adhérent à l'amande, ils se décortiquent mal, ils ont perdu aussi leur succulence, leur finesse.

------

(1) C'est de cette claire-voie, ou claie, que viennent les noms de *clédo* et de *clédier* qui, en patois, désignent le séchoir.

La fumée, n'ayant d'autre issue, pour sortir, que les interstices des tuiles de la toiture, traverse, avant de s'échapper, les vides qui existent entre les fruits; elle y laisse de la suie, qui est loin de donner bon goût à la Châtaigne dont, à la longue, elle finit par imbiber même l'amande. Mais si, immédiatement après la dessiccation, on a le soin d'écorcer la Châtaigne, cette précaution aura pour conséquence de l'empêcher d'absorber les matières âcres déposées sur son enveloppe par la fumée.

Aujourd'hui, on commence à modifier ce système routinier de dessiccation et, chaque année, s'augmente le nombre des cultivateurs qui établissent extérieurement le foyer de leurs séchoirs. Ce foyer est une sorte de fourneau maçonné d'où partent deux ou trois tuyaux en tôle parcourus par la fumée. Ces tuyaux distribuent la chaleur sous la claire-voie, ils rejettent la fumée au dehors, et les fruits sèchent plus convenablement. On peut employer encore des poêles en fonte ; ils conduisent à peu près au même résultat, mais d'une manière moins expéditive et plus irrégulière, ensuite leur alimentation demande une attention plus soutenue que celle des fourneaux en maçonnerie. Par cette heureuse modification, on évite les inconvénients du boucanage primitif.

Les Châtaignes sèches (appelées « *Castagnons* », dans quelques provinces), quand elles sont bien préparées, avec des fruits sains, récoltés dans de bonnes conditions et non souillés par les insectes, gardent leurs sucs et peuvent être conservées longtemps. Il faut, toutefois, les tenir dans un local très sec et les passer au four, de temps en temps, pour les préserver des Bruches.

Il faut trois stères de bois, valant en tout 10 francs, pour sécher 10 hectolitres de Châtaignes. La main-d'œuvre, le temps employé à entretenir le feu, l'usage du séchoir, peuvent être évalués autant. Tout cela porte à 0 fr. 50 le coût de la dessiccation d'un hectolitre. Les entrepreneurs de séchage prennent 0 fr. 60 : ils ne sont pas déraisonnables en se contentant d'un bénéfice net de 10 centimes. Cependant, comme il faut au moins 2 hectolitres et quart de Châtaignes vertes pour en avoir un de fruits secs et bien dépouillés, il en résulte que le prix de séchage de celui-ci est de (0 fr. 60 $\times$ 2,25 =) 1 fr. 35

ce qui représente, suivant la qualité de la marchandise, 16 à 20 pour cent de sa valeur primitive. (Les frais d'épluchage, vannage, criblage, etc., sont encore comptés en sus).

Nettoyage des Châtaignes sèches. — A la sortie du séchoir, pour dépouiller les Châtaignes de leur tan, pour les « blanchir », on les place dans un sac que l'on frappe contre un billot, ou bien on les met dans un grand mortier en bois où l'on brise les coques avec une sorte de pilon en forme de quille, puis on vanne et on crible.

Il y a des contrées où l'on fait fouler les Châtaignes sèches par des Mules et des Chevaux ; d'autres, où des hommes dansent dessus avec des souliers garnis de patins spéciaux appelés « soles » ; enfin, dans certains pays, l'on se sert de larges masses en bois, plates et rugueuses, pour battre les Châtaignes (1).

« Dans la Lozère, dit M. E. RIGAUX, des cultivateurs emploient depuis quelques années, pour briser l'enveloppe des Châtaignes, une machine consistant en un râteau solide, en bois ou en fer, fixé à l'axe d'une espèce de cuve cylindrique et mis en mouvement à l'aide d'un engrenage et d'une manivelle. » Les Châtaignes placées dans cette cuve sont tellement secouées et battues par les dents du râteau que l'enveloppe se détache.

Les frais de décorticage ou battage, de vannage et criblage sont évalués couramment à 0 fr. 50 c. par hectolitre de Châtaignes telles qu'elles sont à la sortie du séchoir, ce qui fait environ 0 fr. 40 c. par sac de fruits verts soumis à la dessiccation.

Poids, volume, prix et renseignements divers sur les Châtaignes. — Le poids d'un hectolitre de Châtaignes varie selon qu'on pèse les fruits aussitôt la récolte faite ou plus ou moins longtemps après. Certainement que la Châtaigne qui a « sué », c'est-à-dire « jeté » son eau végétative, n'est pas aussi lourde qu'à sa sortie de la bogue (V. page 117).

---

(1) On trouve dans la *Maison rustique du XIXe siècle*, tome II, page 151, une relation détaillée de ce procédé, avec figures à l'appui. Cet article est signé : *le baron d'Hombres Firmas.*

Au moment de la chute de l'arbre, la Châtaigne fait en moyenne 70 kilos à l'hectolitre : c'est le poids qu'on a convenu de lui conserver et de lui attribuer constamment dans la plupart des transactions commerciales. C'est donc celui que nous gardons, car nous basons toutes nos évaluations sur l'hectolitre ou sur le quintal métrique de Châtaignes fraîchement récoltées (1).

Un hectolitre de Châtaignes vertes, soumises à une dessiccation rationnelle, perd les trois septièmes de son poids et un neuvième de son volume : il se réduit donc à 40 kilos (au lieu de 70) et à 88 litres environ.

L'hectolitre de Châtaignes sèches, non écorcées, pèse à la sortie du séchoir, 45 kilos, mais il ne rend que 30 kilos (soit les 2/3) en fruits secs, bien décortiqués, lesquels ont perdu encore la moitié du volume qu'ils occupaient avant d'être écorcés. En sorte qu'il faut 2 hectolitres de Châtaignes sèches munies de leurs enveloppes, pour en obtenir un de Châtaignes blanches débarrassées de leur tan.

On voit, d'après ce qui précède, que l'hectolitre de Châtaignes sèches et nues pèse 60 kilos.

Comme un hectolitre de Châtaignes fraîches se réduit par le séchage à 40 kilos ne donnant que 26 kg. 667 de fruits secs blanchis $\left(\dfrac{40 \times 2}{3} = 26{,}667\right)$, il en résulte que pour fournir 100 litres ou 60 kilos de ceux-ci, il faut 2 hectolitres et quart de Châtaignes vertes $\left(\dfrac{60}{26{,}667} = 2{,}25\right)$ pesant 157 kg. 500 à la sortie des bogues.

Donc 2 kg. 625 de Châtaignes fraîches ne donnent qu'un kilo de fruits secs et dépouillés $\left(\dfrac{157{,}500}{60} = 2{,}625\right)$, et 262 kg. 500 des premières sont nécessaires pour avoir un quintal métrique des secondes.

Cent kilos de Châtaignes vertes ne produisent guère que 38 kilos de Châtaignes sèches et blanchies $\left(\dfrac{100 \times 100}{262{,}500} = 38{,}095\right)$, le

---

(1) *L'Agenda agricole et viticole Vermorel pour 1899*, Paris, Baudry et Cie, éditeurs, donne 80 kilos pour le **poids de l'hectolitre de Châtaignes**: il y a exagération de 10 kilos.

prix de revient du quintal métrique de celles-ci sera égal au prix de 262 kg. 500 de Châtaignes vertes du volume de 3 Hl. 75 litres.

Si, par exemple, la Châtaigne mise au séchoir vaut 5 francs le quintal métrique ou 3 fr. 50 l'hectolitre, le même poids en Châtaigne blanchie a une valeur de 5 fr. $\times$ 2,625, soit 13 fr. 12, prix auquel il faut ajouter 0 fr. 60 par hectolitre pour la dépense du séchage, et 0 fr. 40 pour celle du nettoyage, soit 1 franc par hectolitre de fruits verts soumis à la dessiccation, ou bien 3 fr. 75 pour les 3 h. 75 de Châtaignes fraîches qui en ont donné 100 kilos de sèches et blanches coûtant 13 fr. 12 $+$ 3 fr. 75 $=$ 16 fr. 87.

Nous trouvons ce même prix en prenant l'hectolitre pour unité :

A 5 francs le quintal métrique l'hectolitre de Châtaignes fraîches vaut $\dfrac{5 \text{ fr.} \times 70}{100} = 3$ fr. 50. Mais comme la dessiccation et le blanchiment reviennent à 1 franc par hectolitre mis au séchoir (0 fr. 60 $+$ 0 fr. 40 $=$ 1 fr.), il faut compter 4 fr. 20 par hectolitre de fruits verts pour obtenir 26 kg. 667 de Châtaignes sèches et blanches. 100 kilos de celles-ci coûtent donc 4 fr. 50 $\times \dfrac{100}{26,667} = 16$ fr. 87. On arrive aussi à ce même résultat en multipliant 4 fr. 50 par 3,75, nombre qui représente les hectolitres de Châtaignes vertes ayant donné un quintal métrique de fruits desséchés et nettoyés. On obtient, de même, le coût d'un sac de 100 litres de Châtaignes sèches et blanchies, sachant qu'elles sont produites par 2 Hl. 25 de fruits verts, on voit qu'elles valent 4 fr. 50 $\times$ 2,25 $=$ 10 fr. 12.

Quant au sac de Châtaignes sèches, non écorcées, il est évident que si elles proviennent de fruits verts à 3 fr. 50 l'hectolitre, dont le séchage coûte 0 fr. 60 et qui perd, par la dessiccation, un neuvième de son volume, les sommes 3 fr. 50 et 0 fr. 60 ne sont afférentes qu'à huit neuvièmes d'hectolitre de Châtaignes prises à la sortie du séchoir. En conséquence, le prix de l'hectolitre de Châtaignes sèches non décortiquées est de 3 fr. 50 + 0 fr. 60 + $\dfrac{3\ \text{fr. }50 + 0\ \text{fr. }60}{8} = 4\ \text{fr. }61,$

ou 4 fr. 10 + $\dfrac{4\ \text{fr. }10}{8} = 4\ \text{fr. }61,$ (ou $\dfrac{3\ \text{fr. }50 + 0\ \text{fr. }60}{8}$

$\times\ 9 = \dfrac{4\ \text{fr. }10 \times 9}{8} = 4\ \text{fr. }61$).

Ainsi, POUR CONNAITRE LA VALEUR D'UN HECTOLITRE DE FRUITS SECS MUNIS DE LEURS ENVELOPPES, IL SUFFIT D'ADDITIONNER LE PRIX D'UN HECTOLITRE DE CHATAIGNES VERTES AVEC LE COUT DE SA DESSICCATION ET DE MULTIPLIER LE TOTAL PAR $\dfrac{9}{8}$.

Ordinairement la Châtaigne sèche, blanchie, du commerce, revient à un prix assez élevé parce que, en réalité, on emploie, dans la pratique, plus de 3 Hl., 75 de Châtaignes vertes, ou plus de 3 Hl.,33 de fruits secs non décortiqués pour avoir un quintal métrique de Châtaigne marchande de belle qualité. C'est que négociants et acheteurs exigent l'élimination des fruits vermoulus, tachés, gâtés ou concassés : ils veulent, le plus possible, des Châtaignes entières, bien blanches et en parfait état de siccité. Il en résulte des criblages et des triages, d'où beaucoup de rebut (dont on tire parti pour le bétail); il y a encore des frais de transport. On comprend, d'après cela, que le propriétaire vende sous halle, 25 francs le quintal métrique, la Châtaigne blanche de choix, qu'il a obtenue en faisant sécher des Châtaignes vertes de 5 francs les 100 kilos (ou de 3 fr. 50 l'hectolitre).

La valeur de la Châtaigne sèche dépend du mode et du degré de dessiccation ainsi que de la qualité des variétés utilisées ; il en résulte parfois de notables différences quant aux prix, etc.

Nous avons maintes fois vérifié l'exactitude de nos données qui, du reste, sont celles en usage dans le commerce. Elles permettront aux intéressés, quels que soient les prix locaux ou le cours des Châtaignes vertes, de se rendre compte de la valeur exacte d'un hectolitre ou d'un quintal métrique de Châtaignes sèches, blanchies, et de celles qui ne sont pas décortiquées.

Séchoirs perfectionnés. — Étuve Donati. — D'après les renseignements que nous avons exposés, il est facile de voir que la dessiccation, telle qu'elle est effectuée jusqu'à présent, et malgré les améliorations que nous signalons, occasionne des frais atteignant, au maximum, 16 0/0 de la valeur des Châtaignes, et pouvant même monter à 25 0/0. Mais en employant un système plus perfectionné qu'aucun de ceux dont nous avons parlé, on réaliserait plusieurs avantages dont une économie considérable de combustible, épargne qui diminuerait de beaucoup les frais de séchage.

*
* *

On a inventé et essayé assez souvent de vulgariser des systèmes de dessiccation perfectionnés, mais sans pouvoir réussir à les faire adopter, tant il est difficile de vaincre la routine. Citons des exemples :

En 1823, un mécanicien de Limoges, nommé BOUILLON, inventa un séchoir à courant d'air. D'après son système, qui sans grande dépense pouvait être adapté aux séchoirs ordinaires, deux ou trois jours suffisaient pour sécher convenablement 40 hectolitres de Châtaignes. M. Bouillon exposa un modèle réduit, de son invention, dans la salle de séances de la *Société Royale d'Agriculture de Limoges*, qui publia la description et les avantages de ce nouveau séchoir (1). Il fut encore perfectionné par M. JUDE DE LAJUDIE et par M. CORRÈZE, capitaine du génie. Malheureusement, comme l'installation de ce séchoir, malgré sa grande supériorité, était un peu plus coûteuse que celle dont on avait la coutume, ce motif et la routine aidant, en empêchèrent l'adoption.

Au congrès tenu à Ajaccio, en 1901, par l'Association Française pour l'avancement des Sciences, M. DONATI, professeur spécial d'agriculture à Bastia, fit une importante communication sur le *déboisement des châtaigneraies en Corse*.

Nous possédons ce document, grâce à l'obligeance de l'auteur, qui a eu encore la bonté de mettre à notre disposition le cliché explicatif de son nouveau et remarquable système de dessiccation à air chaud (fig. 9), procédé qui doit avoir des rapports avec celui inventé, en 1823, par M. Bouillon.

---

(1) *Bulletin* n° 3, tome II, page 17.

En Corse, les séchoirs sont ou des bâtiments spéciaux situés au milieu des châtaigneraies, ou (et le plus souvent) de vastes salles faisant partie de l'habitation du propriétaire. Mais laissons parler M. Donati qui, avant d'exposer son invention, donne de curieux détails sur la méthode très primitive employée par les habitants de l'île pour sécher leurs Châtaignes :

Ces salles mesurent généralement de 7 à 8 mètres de long sur 5 mètres de large ; à 3 mètres de hauteur se trouve le plafond formé de claies en bois sur lesquelles on place les Châtaignes, et à 50 centimètres ou 1 mètre au-dessus des claies, des lucarnes sont percées pour donner du jour et pour livrer passage à la fumée pendant la période du séchage. Au milieu de chaque salle, on installe un ou deux fuconi (1), suivant les besoins, sur lesquels on brûle le bois qui doit produire la chaleur.

Ces séchoirs présentent de nombreux inconvénients qui concourent tous à augmenter le prix de revient de la récolte ; ils nécessitent une dépense de bois considérable, eu égard au but à atteindre ; les murs intérieurs et extérieurs n'étant pas crépis absorbent une grande partie de la chaleur dégagée par les foyers ; souvent même, ces murs sont percés de trous par lesquels s'échappe la fumée et c'est là encore une cause de déperdition de chaleur. Matin et soir, les ouvriers qui cuisinent aux fuconi et les propriétaires eux-mêmes ne pouvant séjourner dans cette atmosphère enfumée, ouvrent les fenêtres, d'où refroidissement de la pièce et des Châtaignes. Il faut ajouter à ces inconvénients ceux résultant du séjour des ouvriers dans cette atmosphère, ce qui, au dire des médecins, est contraire à toutes les lois de l'hygiène. De nombreux cas de cécité constatés dans certaines localités seraient imputables à l'action de la fumée sur la cornée de l'œil.

Ces considérations seraient plus que suffisantes pour faire abandonner ces installations défectueuses ou, tout au moins, pour faire mettre à l'étude les modifications qu'il y aurait lieu d'y apporter, mais il en est d'autres, également très importantes, qui ont pour effet de nuire à la qualité des Châtaignes et d'en diminuer la valeur.

Les propriétaires savent qu'ils sont loin de retirer de leurs récoltes tout le profit qu'ils pourraient en avoir ; en effet, les premières Châtaignes qui sont de beaucoup les meilleures, et qu'il serait avantageux de décortiquer, pour les vendre dans la première quinzaine de décembre, sur le marché de Marseille,

---

(1) Les fuconi sont de grands foyers carrés disposés à l'intérieur des séchoirs.

sont confondues avec celles des derniers jours, qui sont de qualité inférieure; celles-ci devraient être séchées séparément et conservées en grume pour les besoins du bétail.

C'est là un point qui est admis par tous ; mais les dispositions des séchoirs, généralement composés d'une salle unique, permettent rarement de faire cette distinction. En outre, on ne peut commencer cette dessiccation, c'est-à-dire allumer les feux, avant que les claies ne soient complètement recouvertes, sous peine de laisser s'enfuir et perdre la chaleur dégagée par les foyers : les Châtaignes restent ainsi pendant une dizaine de jours, souvent plus, exposées aux moisissures et aux ravages des larves qui les vident, ce qui entraine une diminution très sensible dans la qualité et un très grand déchet. Pendant la dessiccation, qui dure plus d'un mois, les Châtaignes subissent des variations de température qui les altèrent ; quand les feux s'éteignent, ce qui est très fréquent la nuit, par la négligence de ceux qui sont préposés à leur entretien, elles se refroidissent et se contractent ; la pellicule rouge qui les entoure (tégument) adhère à l'amande, ce qui en altère la qualité. Quand les feux sont poussés trop activement, elles se carbonisent et, dans l'un et l'autre cas, elles deviennent impropres à la consommation. Tout cela explique pourquoi la première récolte, quand on peut la séparer et que la dessiccation est bien conduite, se vend, dans la première quinzaine de décembre, sur le marché de Marseille, de 25 à 30 francs le quintal métrique, alors que la seconde récolte ne trouve preneurs à aucun prix.

Nous avons vu tantôt que la dépense de bois pour l'entretien des foyers est très élevée; elle n'est jamais inférieure à une charge, soit à 100 kilogrammes par hectolitre de Châtaignes blanches, souvent même elle atteint 300 kilogrammes, ce qui est énorme, attendu que la charge de bois est évaluée à un franc. Le prix habituel des Châtaignes blanches variant de 10 à 12 francs, on voit que le chauffage, à lui seul, absorbe 10 ou 20 0/0 de la valeur total de la récolte.

C'est pour suppléer à tous ces inconvénients que nous préconisions, dans un rapport en date du 12 mars 1894, l'emploi de l'air chaud produit par un calorifère, au lieu et place des *fuconi* et des séchoirs.

Nous avons réalisé ce projet à Sorbo-Ocagnano, au centre de la Castagniccia (1), dans le canton de Vescovato, et les résultats que nous avons obtenus nous permettent d'espérer que nous avons atteint le but que nous poursuivions.

----

(1) *La Castigniccia.* « *La Châtaigneraie* », ainsi nommée à cause de la grande quantité de Châtaigniers qu'elle contient, est une partie de la Corse comprenant les cantons de Morosaglia, La Porta et Saint-Laurent de Pédicroce. (J.-B.-L.).

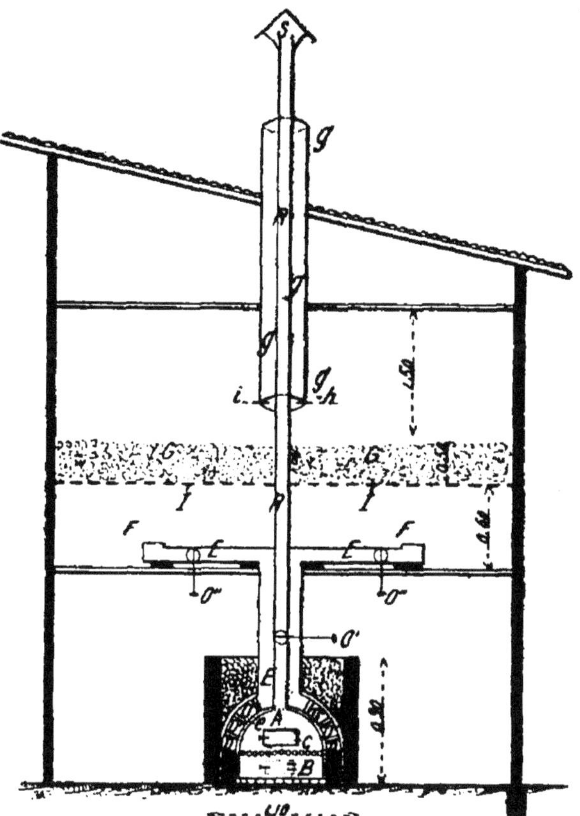

Fig. 9.

Cet appareil est basé sur la propriété qu'ont les calorifères de pouvoir dégager la presque totalité de la chaleur provenant de la combustion des matières qui servent à les alimenter et sur l'évacuation des buées produites à la surface des Châtaignes par un courant d'air chaud.

Tout le monde connaît le pouvoir desséchant des courants d'air qui est dû, non seulement à la température de ces courants, mais surtout au déplacement de l'air qui enlève l'humidité au fur et à mesure qu'elle se forme à la surface de l'objet à dessécher. C'est ainsi que l'on peut sécher, en plein air, des fruits très aqueux, tels que les Figues, les Prunes et les Cerises. On constate le même fait dans les séchoirs à Châtaignes, les jours de grands vents où la dessiccation est très rapide.

C'est en combinant ces deux propriétés, celle des calorifères et celle des courants d'air, que nous sommes parvenu à remédier aux séchoirs actuels ; notre installation ayant pour avantages :

1° D'éviter le déchet provenant du fait des larves ;

2° De sécher les Châtaignes d'une façon rapide, de manière à les obtenir meilleures et à pouvoir bénéficier des premiers prix du marché ;

3° De réduire les frais de chauffage de 50 et même de 75 0/0.

Nous donnons, ci-dessus, les dispositions de notre première installation qui date de 1899 et dont le plan a paru dans le journal *Il Coltivatore di Casale Montferrato*. Cette figure permettra de comprendre, à première vue, le fonctionnement de l'appareil (fig. 9).

A est le foyer en fonte,

B est le cendrier,

R est la cheminée pour l'évacuation de la fumée,

DD'D' la double enveloppe pour la formation de l'air chaud.

O'O" sont les clefs pour régler le tirage et la distribution de la chaleur.

En D se trouvent deux ouvertures pour donner accès à l'air extérieur dans la double enveloppe. Cet air situé en D'D" s'échauffe au contact de la coupole en fonte et s'élève par E jusqu'en F, au-dessous du lit de Châtaignes G, déposées sur les claies I. Cet air chaud traverse les Châtaignes, s'empare à son passage de leur eau de végétation et provoque la formation de buées qui s'échappent sur le toit par le manchon *g*.

L'évacuation des buées est facilitée par le contact de la cheminée R, qui, se trouvant chauffée par le passage de la fumée, provoque un fort tirage dans le manchon *g* ; il s'établit ainsi un courant d'air qui part de D, s'échauffe en D'D", s'élève par E, traverse les Châtaignes, et s'échappe par *g*.

Le calorifère étant allumé, dès le premier jour, les Châtaignes sont déposées sur les claies, au fur et à mesure de la cueillette ; la dessiccation commence aussitôt, les larves sont tuées et leurs dégâts sont enrayés.

L'espace compris sous les claies se trouvant complètement clos, la température se maintient sensiblement la même pendant toute la durée du séchage et, en admettant, ce qui ne s'est jamais produit, que les feux du calorifère s'éteignent, faute de combustible, le refroidissement des Châtaignes est presque impossible et celles-ci restent toujours blanches entièrement exemptes de tégument. On évite également de les voir carbonisées et, autre avantage sérieux, les risques d'incendie qui sont énormes dans les séchoirs actuels disparaissent entièrement.

Enfin la chaleur dégagée se trouvant mieux utilisée, on réalise, par ce moyen, une très grande économie de combustible et, si l'on dispose de grignons d'Olives, comme c'est le cas de la plupart des propriétaires, l'économie réalisée peut atteindre 75 0/0 de la dépense actuelle.

Tous ces avantages joints à celui de pouvoir exporter la première récolte sur le marché de Marseille, du 10 au 20 novembre, de manière à bénéficier des prix les plus élevés, sont suffisants pour que nous préconisions l'adoption de ce procédé.

Une pareille installation ne nécessite pas d'ailleurs de vastes locaux ; le calorifère peut être construit dans un réduit quelconque, voire même dans un dessous d'escalier. La chambre de dessiccation sera disposée immédiatement au-dessus ou latéralement, et elle pourra, après la récolte, être destinée à tout autre usage.

Les observations et les conclusions du distingué professeur de Bastia sont aussi d'actualité pour d'autres contrées que la Corse : On a intérêt, dans les Cévennes, et particulièrement en Limousin, à adopter l'étuve Donati. C'est le plus avantageux des systèmes de dessiccation pour la Châtaigne et l'on peut l'appliquer aussi au séchage des Noix, etc.

II. — Production et commerce.

Rendement des Châtaigniers. — Cinq à dix ans après le greffage, les Châtaigniers commencent à fructifier, mais ce n'est que lorsqu'ils ont vingt et même trente années de greffe qu'ils procurent une récolte appréciable et qu'ils entrent en plein rapport. Les arbres isolés donnent des fruits plus tôt que ceux qui sont cultivés en massif.

A cinquante ans de greffe (environ 60 ans d'âge), la récolte moyenne est de 20 à 50 kilos par arbre. On présume qu'elle augmente ensuite annuellement d'un kilo jusqu'au moment où l'arbre décline. Nous en connaissons qui dépassent ce rendement ; nous possédons une châtaigneraie de quatre-vingts ans de plantation dont nous retirons presque un hectolitre et demi de Châtaignes par arbre (105 kilos) ; nous avons rencontré des bois qui rendent même davantage, seulement nous devons avouer que le nombre de ceux qui n'atteignent point ce chiffre est considérable, car il y a dix fois plus de châtaigneraies médiocres et mal tenues que de celles qui sont dans d'assez bonnes conditions.

Voici deux Châtaigniers qui ont été plantés à la même époque et dans des fonds identiques : l'un est presque abandonné à lui-même et ne reçoit que des soins infimes, les produits de l'autre sont quintuplés par une culture et un **entretien judicieux**... La fructification des bonnes variétés de Châtaignes est souvent triple et même quadruple que celle des autres.

Malgré ces différences, le Châtaignier est très prolifique et ses fruits donnent lieu à un commerce important.

Production générale. — Il n'y a pas un quart de siècle que nous exportions beaucoup de Châtaignes en Angleterre et en Belgique. Aujourd'hui, les quantités que nous y expédions sont peu importantes, car la France consomme presque toutes ses Châtaignes, et encore ne lui suffisent-elles point : Nous en importons d'Italie, et même de Turquie, un stock énorme auprès duquel notre exportation est relativement insignifiante.

Autrefois ce produit était plus considérable, mais des défrichements, pour la plupart mal spéculés, les maladies et les fabriques d'extraits de Châtaignier ont porté et continuent à donner des coups mortels à nos bois. Un grand nombre de Châtaigniers disparaissent journellement et il faut prévoir l'époque où il ne restera plus que quelques arbres en bordure, si l'on ne s'applique pas à combattre la maladie et à envisager énergiquement le vandalisme fait par des inconscients.

En 1880, la production totale s'élevait, en France, à cinq millions de quintaux métriques, ou 7,143,000 hectolitres que nous estimons vingt-cinq millions de francs (1), l'Italie avec la Sardaigne, en produit encore 5,800,000 quintaux (2) et, à Paris, les Châtaignes de Naples font concurrence aux Marrons de Lyon. Chez nous, la Corse comprise, cette production a diminué d'une façon alarmante. Actuellement, c'est à peine si 300,000 hectares sont encore consacrés à la culture fruitière du Châtaignier. Cette étendue donne une moyenne annuelle de 4,800,000 hectolitres de Châtaignes pesant trois millions 360,000 quintaux. Sur cette superficie,

____

(1) Soit 5 francs le quintal métrique, ou 3 fr. 50 l'hectolitre. C'est tout ce que vaut la Châtaigne, tout venant, qualités mélangées, prise chez le propriétaire.

(2) Récolte de 1902.

1º Un quart, soit 75,000 hectares, sont occupés par de jeunes plantations, ne produisant moyennement que six hectolitres par hectare, en tout . . . .   450 000 Hl.

2º La moitié, ou 175.000 hectares, est formée de bois appartenant à des variétés peu productives, ou bien les arbres sont mal entretenus, ou trop vieux, ou malades et dont le rendement n'atteint guère que 13 hectolitres à l'hectare, en tout . . . .   1.950.000 Hl.

3º Seul, l'autre quart, ou 75.000 hectares, est constitué par de belles châtaigneraies comprenant de bons arbres, assez bien soignés en pleine production, fournissant environ 32 hectolitres par hectare, en tout . .   2.400.000 Hl.

Total.   2.800.000 Hl.

Cela fait une production moyenne de $\dfrac{4.800.000}{3.000.000} = 16$ hectolitres par hectare de plantation fruitière.

La Corrèze, la Dordogne, la Haute-Vienne, sont les départements qui fournissent le plus de Châtaignes. D'après les archives des Ministères de l'Agriculture et du Commerce, cette récolte fut, dans la Dordogne, en 1815 : de 1.200.000 hectolitres, en 1830 : de 60.000 hectolitres ; dans la Corrèze, en 1815 : de 500.000 hectolitres, en 1830 (le chiffre manque) ; dans la Haute-Vienne, en 1815 : de 296.000 hectolitres, en 1830 : de 378.000. Dans la statistique agricole décennale de 1892, la production est évaluée, en Corrèze, à 919.678 hectolitres récoltés sur 29.323 hectares ; en Dordogne, à 848.043 hectolitres, donnés par 15.738 hectares ; en Haute-Vienne à 382.100 hectolitres, fournis par 22.755 hectares ; et dans la Creuse, à 91.936 hectolitres, provenant de 4.492 hectares. Ces chiffres ne nous paraissent exacts que pour la Creuse et surtout la Haute-Vienne.

On peut évaluer la récolte de 1901, année de grand rendement, pour la Corrèze, à 371.000 quintaux métriques représentant 530.000 hectolitres ; celle de la Dordogne, à 364.000 quintaux ou 520.000 hectolitres ; celle de la Haute-Vienne, à

280.000 quintaux ou 400.000 hectolitres : et celle de la Creuse
à 70.000 quintaux ou 100.000 hectolitres.

D'après la statistique officielle, en 1902, la production de la
France a été de 3.331.224 quintaux d'une valeur de 24 millions
691.696 fr. soit en moyenne, 7 fr. 41 le quintal. Les principaux
départements producteurs sont : la Corrèze (572.564 quintaux,
valant 2.650.971 fr. ou 4 fr. 84 le quintal, à un centime près) ;
la Dordogne (533.699 quintaux, 2.435.003 fr., ou 4 fr. 37 le
quintal, à un centime près) ; l'Ardèche (259.745 quintaux,
2.302.535 fr., ou 8 fr. 66 le quintal, à un centime près) ; la
Haute-Vienne (250.000 quintaux, 1.100.000 fr., ou 4 fr. 40
le quintal) ; l'Aveyron (241.455 quintaux, 1.502.368 fr., ou
6 fr. 33 le quintal, à un centime près) ; les Basses-Pyrénées (195.000 quintaux, 1.950 000 fr., ou 10 fr. le quintal) ;
le Gard (186.695 quintaux, 2.613.730 fr., ou 14 fr. le quintal);
le Lot (128.100 quintaux, 1.152.000 fr., ou 9 fr. le quintal).

Ces huit départements fournissent seuls 2.366.988 quintaux,
soit à peu près les trois quarts de la production totale de la
France. Le reste est donné par cinquante-six autres départements y compris la Corse qui produit presque autant de
Châtaignes que la Dordogne.

Cette dernière statistique et celle de 1892 nous inspirent
les réflexions suivantes : 1° Il y aurait exagération en ce qui
concerne la production de la Corrèze et celle de la Dordogne,
les calculs étant basés, d'un côté, sur un rendement moyen
trop élevé par hectare, de l'autre, sur une étendue cultivée
trop grande. 2° Certains prix nous paraissent aussi très for-
cés ; ils ne sont pas justifiés par les différences de qualités ;
l'écart est trop considérable, par exemple, entre l'estimation
des Châtaignes des Basses-Pyrénées et celles de la Corrèze.
Ces différences d'appréciation doivent provenir de ce que,
ici, on a coté le quintal métrique à sa valeur minimum tandis
que là, on s'est fixé sur le prix de vente de la marchandise
triée et rendue sur la place du marché. Nous pensons qu'il
est plus rationnel et plus conforme à la vérité d'évaluer à
5 francs le quintal métrique la production générale, en appliquant ce prix à toutes les Châtaignes telles qu'on les trouve
chez le cultivateur immédiatement après la récolte. Et c'est
ainsi que nous avons procédé (voir page 98).

Commerce des Châtaignes.—Ce commerce se fait par le négoce direct et par le courtage.

Avant d'être portées au marché, les Châtaignes son choisies à la main ou à l'aide de trieurs mécaniques analogues à ceux du Blé et à mailles de trois diamètres différents. Les plus beaux fruits forment ce qu'on appelle « la fleur du sac ». La première et la seconde catégorie sont livrées au commerce, la troisième est réservée pour l'usage de la maison, la quatrième, ou rebut, sert à l'engraissement des Porcs, etc... On ne soumet à la dessiccation que les fruits de deuxième, et surtout de troisième catégorie, auxquels on ajoute ceux que fournissent des variétés spéciales telles que Grosse-noire, Ordinaire, etc... qui, séchées, sont seulement meilleures que les autres, tandis que vertes elles laissent beaucoup à désirer.

..

Les Châtaignes sèches paraissent, en Limousin, sur le marché, de janvier à mai ; elles n'entrent guère que dans la proportion de 2 p. 0/0, dans le commerce total. Elles ont été vendues, en 1901, à Juillac et dans les environs, à raison de 25 francs le quintal métrique complètement nettoyées, et 10 francs, non écorcées. La Châtaigne verte s'y est maintenue au cours de 8 à 10 francs les 100 kilos, et de 5 fr. 50 à 7 francs l'hectolitre, toiles ou emballages non compris. C'est le prix d'achat ordinaire, (année moyenne), à la halle, de la marchandise de choix par les négociants expéditeurs (1). Il en a été de même à Objat et à Brive, localités de la Corrèze qui, avec Juillac, en tête (2), et Pompadour, expédient le plus de Châtaignes. Dans la Dordogne, c'est Terrasson, Excideuil et la Nouaille, et dans la Haute-Vienne, Saint-Yrieix-la-Perche qui en livrent le plus. Juillac, Terrasson, Objat et Excideuil détiennent le record de cette région, pour la qualité, la beauté et la quantité du fruit. Quoique excellente, la Châtaigne de la Haute-

(1) Dans quelques localités existe l'usage de la *vingt et une*, qui consiste en cela que les acquéreurs de fruits, en gros, se font donner, en sus du poids de la denrée achetée, une livre toutes les 20 livres ou un kilo tous les 20 kilos, sans augmentation de prix. Ils prélèvent donc 5 p. 0/0 c'est-à-dire un vingtième par-dessus le marché.

(2) En 1901-1902, Juillac a livré 25,000 quintaux métriques de Châtaignes au commerce.

Vienne vaut généralement un cinquième de moins que celle de Juillac ou d'Objat.

Les négociants en Châtaignes, après les avoir acquises aux prix ci-dessus désignés, font encore de nouveaux triages d'où il résulte aussi du rebut, puis ils envoient les fruits en wagons ou en sacs de 50 ou 100 kilos, parfois même en barils et en vrac, aux revendeurs de Paris, Lyon, Bordeaux, Tours, etc... Juillac adresse même à Lyon des quantités relativement grandes de Châtaignes de la variété dite *Bourrue*, fruit exquis, bien préférable à certains Marrons et qui, assurément, doit être revendu sous ce dernier nom.

III. — La Châtaigne est l'alimentation de l'homme.

Analyse et valeur alimentaire des Châtaignes — PARMENTIER, GUERRAZI, ALLUAUD, DARCET, etc., ont sommairement analysé les Châtaignes, PAYEN, PABST, PÉTRI, BLOCH, PETER et WOLFF ont fait des recherches plus complètes, et, assez récemment, en 1896, M. BALLAND, pharmacien principal de l'armée, directeur du laboratoire de l'Intendance militaire, s'est occupé minutieusement de la composition de ce fruit (1).

D'après les essais de M. GAY, à Grignon, la Châtaigne, dépourvue de ses enveloppes, renferme beaucoup d'amidon, assez de matière sucrée et une très petite quantité de gluten. Son analyse chimique donne 4,5 p. 0/0 de matières azotées, 2 p. 0/0 de substances grasses, 42,9 p. 0/0 d'hydrates de carbone et 50,6 p. 0/0 d'eau.

Voici la composition de la Châtaigne fraîche par WOLFF :

Eau....................	*49,2*	*Eau*....................	*49,2*
Matières totales sèches.......	*50,8*	*Sels des cendres* (2).........	*12,3*
Matières salines............	1,8	Potasse.................	7,1
— ligneuses	0,8	Soude.................	»,»
— grasses...........	2,5	Magnésie.............	0,1
— carbonées..........	42,7	Chaux................	1,4
— azotées............	3,0	Acide phosphorique........	2,7
Azote de ces matières.......	0,48	Silice................	0,2
		Chlore................	0,8
		Soufre................	»,»

(1) Voir *Revue du service de l'Intendance militaire*, année 1896.

(2) Soit 12 kilog.. 300 gr. de sels pour 100 kilog. de cendres fournies par 7.692 kilog. de fruits verts munis de leurs enveloppes : 100 kilog. de Châtaignes fraîches non décortiquées produisant 1 kilog. 300 gr. de cendres.

D'autre part, nous avons pris la moyenne d'un certain nombre d'analyses de Châtaignes de variétés et de provenances diverses, d'où le tableau suivant indiquant le dosage pour cent.

État des Châtaignes	Eau	Matières azotées	Matières grasses	Matières sucrées et amylacées	Cellulose	Cendres
Fruits verts munis de leurs enveloppes.	57	2,90	1,20	36,60	1 »	1,30
— secs —	»	6,50	3,30	86,20	2,30	1,90
— décortiqués, à l'état vert.........	58	3,10	1,10	35.40	1 »	1,40
— — à l'état sec.........	»	7,70	2,40	85,40	2,50	2 »

La moyenne de l'acidité est de 1 p. 0/0, le poids des enveloppes varie entre 15 et 25 p. 0/0; il est ordinairement de 20 p. 0/0, soit un cinquième du poids total.

Mais les données précédentes ne peuvent être bien fixes car les résultats des analyses sont variables: on trouve des chiffres différents, même pour une seule variété de Châtaignes analysées à divers degrés de fraîcheur ou de siccité. Les résultats changent encore suivant que le fruit provient d'arbres jeunes ou vieux, selon le terrain, la latitude, l'exposition, le climat, l'altitude où la Châtaigne a été récoltée et les intempéries qu'elle a eues à subir : Un temps favorable produit des Châtaignes moins aqueuses, plus « fortes », c'est-à-dire très farineuses et doublement sucrées que celles qui sont « venues » par une saison anormale. En conséquence, les proportions de matières azotées, et autres, peuvent tantôt avoir augmenté du double, tantôt être diminuées de moitié dans des récoltes successives, etc.

Malgré ces aléas, la teneur des Châtaignes en éléments nutritifs se rapproche beaucoup de celle du Blé. Ce fruit est un aliment appétissant, très nourrissant et qui prédispose à l'embonpoint. Pendant au moins trois mois de l'année, il forme le principal repas du matin de la plupart des cultivateurs de l'Ardèche, de la Lozère, de la Corrèze et de la Haute-Vienne. Ils déjeunent avec des Châtaignes vertes, de mi-octobre jusqu'à janvier; ils mangent ensuite les Châtaignes sèches jusqu'à Pâques.

.·.

Outre une quantité considérable d'une sorte d'amidon, ou de fécule très nourrissante, la Châtaigne renferme du sucre cristallisable, du sucre non cristallisable, de l'albumine végétale, des matières grasses, du phosphate de chaux, des substances minérales et des sels utiles à l'économie : ce fruit constitue donc un aliment complet en même temps que très agréable. Nous donnons le plus formel démenti aux auteurs qui prétendent qu'il fait un teint jaune aux personnes qui s'en nourrissent. Ces auteurs sont fantaisistes ; ils ne se permettraient point cette affirmation, s'ils avaient eu tant soit peu le souci de se documenter par des observations sérieuses personnellement faites sur les lieux mêmes où l'on consomme le plus de Châtaignes. Il en est de même de quelques écrivains mal informés ou de mauvaise foi, (mais c'est l'infime minorité), qui ont fait du Châtaignier l'objet de moqueries frivoles ou l'ont désigné comme l'indice d'un sol stérile. Un d'entre eux, M. Ed. DEMOLINS, a même soutenu, il y a peu d'années, que cet arbre exerce « l'influence la plus déprimante » sur ceux qui vivent sous son ombre et que la Châtaigne alourdit le corps et l'esprit des gens qui s'en alimentent (1). Mais la réplique ne s'est point fait attendre : les littérateurs les plus autorisés, MM. RENÉ BAZIN, BRUNETIÈRE, etc., ont bien vite réduit à néant, à l'aide de documents historiques et d'arguments irréfutables, des assertions aussi erronées que malveillantes. En outre, les meilleurs Félibres limousins, dans une polémique courtoise, mais ferme, ont démontré, à leur tour, la fausseté d'une théorie enfantée par l'ignorance ou par des idées préconçues.

Eh quoi ? ont-ils le corps et l'esprit lourds, les enfants du Limousin, ce pays par excellence du Châtaignier et petite patrie d'hommes illustres entre tous : troubadours, papes, gens d'église, ministres, historiens, médecins, juriconsultes, grands généraux, archéologues, artistes, économistes, explorateurs, savants les plus éminents ! Du reste, il suffit d'as-

---

(1) EDMOND DEMOLINS : *Les Français d'aujourd'hui. Les types sociaux du Midi et du Centre*, un vol. in-18 jésus, Firmin-Didot éditeur, Paris, 1900.

sister aux dîners et aux soirées qui réunissent, plusieurs fois chaque année, les Limousins de Paris ; soit, par exemple, au « banquet de la Châtaigne ». On est émerveillé par la distinction, l'humour de bon aloi, la cordialité, l'amabilité des convives et la beauté de leurs discours. On y voit les hommes les plus célèbres : les *d'Arsonval, Dr Bordas*, général *Brugère, J. Claretie, Fage, Dr Grancher, de Lasteyrie, Marbeau,* colonel *Monteil, Dr A. Mouneyrat, Edmond* et *Rémy Perrier, le Play, Dr Roux, Léon de Seilhac, Teisserenc de Bort, Félix Vintéjoux*, etc., fraterniser avec de modestes ouvriers ; on y acquiert et l'on garde la conviction que tous les convives, à partir des plus grands de ceux qui, en la servant, dirigent ou éclairent l'humanité, jusqu'aux plus humbles des enfants du pays des Châtaignes, sont des natures intelligentes et bonnes, pleines d'initiative, vaillantes et intrépides.

Citons aussi les Corses, qui mangent encore plus de Châtaignes que les Limousins : Ne sont-ils pas des hommes vigoureux, solides, très agiles, d'une grande résistance à la fatigue et d'une bravoure à toute épreuve ?

Et les habitants des Cévennes ! sont-ils lourds de corps et d'esprit, ces descendants des fiers et hardis Camisards ?

Mais à qui donc fera-t-on croire pareilles calomnies ?...

Apprêts des Châtaignes. — Grecs et Romains (1) mangeaient, comme nous, les Châtaignes bouillies, rôties et cuites sous la cendre ; mais moins habiles que nos bons **paysans** limousins, ils ne savaient pas les préparer blanchies (2). Sans doute qu'ils ne connaissaient point l'utile **débouéradour** ou **débourradour** (3), cet instrument fort simple (dont la tradi-

---

(1) *Virgile*, dans ses *Bucoliques*, églogue 1re, chante la Châtaigne préparée bouillie.

Tittyre dit à *Mélibée* :

« Hic tamen hanc mecum poteras resquiescere noctem

« Fronde super viridi : Sunt nobis mitia poma

« Castanea molles et pressi copia lactis... »

Traduction : « Qui t'empêche cependant de reposer cette nuit près de moi sur un lit de verts feuillages. Je puis t'offrir des fruits mûrs, de molles Châtaignes et des vases pleins d'une crème épaisse... »

(2) C'est-à-dire décortiquées et dépouillées de leur pellicule intérieure.

(3) Nous ne connaissons point d'instrument spécial, ni de machine à peler les Châtaignes.

tion attribue l'invention à un curé de campagne), espèce de croix de Saint-André composée de deux bras mobiles autour d'un axe et dentelés en tous sens, outil qui, prestement manié, sépare le tan de la Châtaigne.

Les Châtaignes vertes sont pelées à la main et au couteau (1) pendant la veillée, pour être « blanchies » le lendemain. La ménagère, levée de bon matin, les met dans une marmite, ajoute de l'eau jusqu'à ce qu'elles baignent, place le pot sur le feu et l'en retire un instant avant ébullition, aussitôt qu'elle reconnaît au doigt que le tan se détache facilement de l'amande. (Parfois, au lieu de faire chauffer ensemble eau et Châtaignes, on se contente de jeter celles-ci dans de l'eau bouillante et de les y laisser quelques minutes pour ramollir le tan et en faciliter l'extraction ; mais il faut avoir soin de bien surveiller car, si elles restaient trop longtemps dans l'eau chaude, elles s'émietteraient et perdraient leurs qualités). Puis, dans la marmite de fonte (*oule*, ou *oula*), on introduit le *débouéradour* qu'on ouvre : on en saisit une branche dans chaque main, et, appuyant verticalement un peu sur le fond du pot, on imprime à l'instrument un mouvement horizontal semi-rotatif de va-et-vient alternant de droite à gauche et de gauche à droite, de manière à remuer assez vivement les Châtaignes en les faisant se frotter les unes contre les autres pour les séparer de leur pellicule. Et, se servant de la *récaloire*, sorte de crible grossier en bois, appelé encore *grêle*, *grêlou* ou *grêlon*, la maîtresse de maison, ou sa servante, achève l'épluchage ; cela fait, elle lave à grande eau froide, et les Châtaignes restent propres ; elle lave aussi la marmite, l'égoutte, met au fond des Raves, des Pommes de terre, quelquefois deux ou trois Betteraves potagères (2), et les Châtaignes par-dessus, sans ajouter d'eau ; elle recouvre hermétiquement le tout avec un linge bien propre plié en plusieurs

---

(1) *Débouéradour* vient du verbe limousin *débouirar*, qui signifie débrouiller, remuer vivement, et *débourradour* vient de débourrer.

(2) Ces légumes sont consommés, mais leur principal rôle consiste, ici, à empêcher les Châtaignes de se brûler.

doubles, pose un couvercle sur le pot et le met sur un feu assez vif, au début de la cuisson, et modéré ensuite.

Les Châtaignes cuisent à la vapeur. Trop cuites, elles perdent leur saveur, deviennent molles et humides ; cuites à point, elles gardent leurs qualités, et tout en restant fermes sans être raides, elles s'écrasent et s'émiettent sous le doigt. Une bonne heure de feu est nécessaire pour cuire les Châtaignes. Enfin, on les verse fumantes et odorantes dans une corbeille d'Osier fin ou sur une petite nappe blanche : la famille prend place autour de la table et fait honneur au repas.

A certains estomacs, la Châtaigne occasionne le *soda*, ou acidité des voies digestives, indisposition qui consiste en une sorte de brûlure qu'on ressent dans la région gastrique et qu'on désigne vulgairement sous le nom de *brûlaison* (brûlazou, cremazou, en patois limousin, et qu'en langage scientifique on appelle *pyrosis*) (1).

Cette indisposition, non dangereuse, serait provoquée par l'*acide gallique* du zeste ou tan, acide dont resterait imprégnée la Châtaigne même après la cuisson.

Néanmoins, ce fruit est un aliment fort sain, surtout si l'on a soin de l'arroser avec quelques verres de bon cidre ou de bonne piquette ou « raspière » de vendange. La Châtaigne, encore, ne donne jamais le soda si, après son ingestion, on avale une assiettée de soupe, ou tout au moins une bolée de bouillon, comme le font ordinairement nos avisés paysans.

A Limoges, on apprête les Châtaignes comme dans le Bas-Limousin, avec cette différence qu'on les fait bouillir un instant dans l'eau salée, avant de les soumettre à la cuisson définitive. On prétend que cette précaution les empêche d'occasionner le soda.

Voici comment Édouard Lamy racontait, il y a plus d'un

---

(1) Il en est question dans un mémoire adressé, en 1812, à la *Société d'agriculture de Limoges*, par M. *Gondinet*, de Saint-Yrieix, travail intitulé : *Coup d'œil sur l'usage médical et hygiénique de la Châtaigne.*

demi-siècle, cette curieuse opération culinaire, qui se pratique toujours de la même façon :

« Pendant six à huit mois de l'année, les revendeuses de Limoges ne manquent pas de préparer chaque jour d'excellentes châtaignes pour spéculer avec succès sur l'appétit matinal des habitants de notre cité. Après les avoir blanchies, elles les font bouillir dans un peu d'eau saturée de quelques onces de sel. Presque aussitôt que cette ébullition a commencé, cette eau est retirée, mise de côté, soigneusement conservée, puisqu'elle devra servir aux mêmes usages pendant au moins une semaine. Le pot qui contient les châtaignes est promptement replacé près d'un feu léger. Celles-ci, bien recouvertes d'un linge, achèvent de cuire, perdent progressivement toutes les molécules aqueuses dont elles restaient encore imprégnées, deviennent fermes, très agréables au goût, un peu moins appétissantes, mais d'une digestion plus facile que celles qu'on apprête dans la plupart de nos maisons rurales. »

Il est probable que cette eau salée qui entre dans la cuisson des Châtaignes, à la mode de Limoges, dissout l'acide gallique resté dans les fruits et les rend, par suite, plus digestibles.

La Châtaigne blanchie, mangée avec du lait, est une nourriture très agréable.

.\.

Cuite sous son écorce, simplement dans l'eau, c'est-à-dire bouillie, c'est la *peluche*, ou *boursée*, ou *boursade*.

Rôtie sous la cendre chaude, dans sa peau entaillée d'une croix, c'est l'*urol* (du latin *urere*).

Le *Marron* peut se préparer aussi de la même façon, seulement on a plus tôt fait de le rôtir dans des poêles spéciales, dans un brûloir à café, ou au four, ou dans des pots, avec un peu de beurre. Souvent on les imprègne d'un demi-verre de vin blanc, un quart d'heure avant de les ôter du feu... (1)

______

(1) Les Châtaignes faisaient autrefois la base de la nourriture des habitants des Cévennes pendant plusieurs mois de l'année. « On les prépare vertes ou sèches. Il y a plusieurs manières de les faire cuire. La première avec de l'eau simplement salée ou aromatisée avec des feuilles de céleri, de sauge, etc. Les vertes se cuisent ainsi, soit dépouillées, soit enveloppées de leur écorce. La seconde manière est de les rôtir à la flamme, dans une poêle percée de trous, la troisième, sous la cendre chaude, la qua-

Les Marrons rôtis, bien dépouillés de leur membrane intérieure, assaisonnés de jus d'Orange et de sucre, sont un mets délicat, jadis très apprécié de nos aïeux.

La Châtaigne sèche peut se manger crue. Dans cet état c'est un aliment sucré, mais grossier et indigeste. Il vaut mieux la consommer cuite, dépouillée de ses enveloppes : on la fait simplement bouillir, elle gonfle énormément. On connaît que la cuisson est achevée lorsque le fruit s'écrase facilement, alors on écoule l'eau et l'on remet l'oule sur le feu. pour un petit moment, afin de faire se ressuyer les Châtaignes, puis on les sert. On les mange fréquemment, ainsi préparées, avec de la salade de Laitue printanière ; consommées dans du lait, elles lui communiquent et la couleur et le goût du chocolat, (d'où la possibilité d'employer la farine de Châtaignes pour frauder le chocolat).

La Châtaigne sèche est cuite aussi non décortiquée : à la fin de la cuisson, on plonge à plusieurs reprises, dans la marmite, la pelle du foyer ou les pincettes rougies au feu. On prétend que cette pratique fait séparer le tan de l'amande Le *Jaque*, nom de ce mets, fait les délices des enfants ; il est pâteux et très sucré, mais c'est un aliment lourd, fortement imprégné d'acide gallique. Il a un goût empyreumatique très prononcé quand il est fait avec des Châtaignes simplement boucanées. Il peut occasionner des indigestions terribles. Il faut bien se garder d'en abuser.

．．

On apprête encore la Châtaigne d'autres façons.

---

trième, dans un brûloir à griller le café ; mais dans ces trois derniers cas, chaque châtaigne doit être légèrement coupée avec un couteau jusqu'à la substance blanche du fruit, sans cette précaution, elle ferait explosion. Avec le brûloir à café, les châtaignes cuisent plus également et leur goût est moins altéré. On laisse dans le brûloir une châtaigne dont l'écorce n'est pas coupée et qui en éclatant annonce que les autres sont cuites.

« Dans plusieurs départements, la châtaigne séchée sur les claies est réduite en farine qu'on entasse dans des pots de terre bien bouchés, où elle se conserve pendant plusieurs années. Cette farine, cuite dans de l'eau ou du lait, est continuellement remuée jusqu'à ce qu'elle acquière une certaine consistance et ne s'attache plus aux doigts, forme ces bouillies épaisses dont les Corses sont si friands. » A. Hugo : « *La France pittoresque* » (Art. Lozère, tome II, page 200), Paris, 1835.

On en fait d'excellentes pâtes, des purées, des gâteaux, des croquettes. Le cuissot de Chevreuil et même le gigot de Mouton accompagnés d'une purée de Châtaignes ne sont pas à dédaigner.

La compote de Marrons est un dessert de famille. Le Marron glacé dont Lyon, Clermont-Ferrand et Vals ont la spécialité est un bonbon de luxe, une friandise très appréciée, qui figure dans les dîners du grand monde ; il est de « bon ton » d'en offrir à l'occasion d'un mariage ou d'un baptême, (voir page 115).

Dans les milieux plus modestes on remplace la Truffe par le Marron, pour farcir les volailles, notamment la traditionnelle Oie rôtie de Noël. Périgordins et Limousins se régalent à l'envi de boudin dans lequel on a mis de la purée de Châtaignes.

On mange en Calabre et en Corse des beignets frits dans l'huile et d'autres aliments à base de Châtaignes, appelés *polenta, nicci, pattoni, castagnaccio* ! !... Il n'est pas besoin d'aller en Italie, ni de passer la mer, pour trouver de la bouillie de Châtaignes : nous en avons vu faire en Limousin, il n'y a pas vingt ans, et sûrement que cette coutume culinaire existe encore dans les villages reculés des communes de Gros-Chastang, de Chanteix, de Saint-Germain-les-Vergnes, de Saint-Bonnet l'Enfantier, etc... On y fabrique aussi, avec ce fruit, des espèces de « farcidures » qui, pour n'être point désignées sous le nom harmonieux de castagnaccio, portent ceux assez significatifs de « eboïa-gonza » et « crebogarssou » (qui équivalent à « écrase goujat » ou « éreinte valet » et à « crève garçon »).

Bien meilleurs et plus hygiéniques sont les chauds marrons grillés, que débitent, dans nos villes, les « Auvergnats » dont les échoppes sont installées dans chaque carrefour pendant la saison froide (1). La Châtaigne leur permet de rendre service, moyennant quelques centimes, au passant frileux et de faire le bonheur des enfants, tout en donnant aux braves marchands un pécule suffisant pour nourrir leur famille. Et, quelquefois même, cet utile commerce, tout humble qu'il est, suffit pour leur procurer une honnête petite aisance.

____

(1) On appelle aussi ces utiles marchands, les « Hirondelles d'hiver. »

« Oh ! les premiers Marrons, que de souvenirs ils évoquent !
Parisien malgré nous, rivé à la galerie de l'asphalte pour le
combat de la vie, notre pensée se reporte vers les grands Châtaigniers qui couvrent de leurs robustes bras le coteau du pays
natal. Nous rêvons des plaisirs de notre enfance, de l'âtre abandonné, où dort la bûche éteinte. Jadis sa flamme pétillante
attirait les voisins. Tout le monde chantait, on dansait quelquefois, on riait toujours ; et quand l'horloge carillonnait l'heure
de minuit, toute la bande joyeuse, les jeunes et les vieux, pre-
nait d'assaut la table couverte de la grillée de Marrons qu'on
arrosait d'un petit vin nouveau.

« Les Marrons, que de services ils nous ont rendus, alors que
nous étions enfants et qu'il fallait gagner l'école par les rudes
matinées d'hiver ! Deux poignées, prises sous la cendre, englou-
ties dans la profondeur de nos poches, tenaient chaudes nos
pauvres mains endolories et faisaient office de poêle ambulant.

« Oh ! mes Châtaigniers, quand vous reverrai-je ? Êtes-vous
toujours debout ? Ils étaient bien cassés, mais la race a la vie
dure et quatre ou cinq générations d'hommes n'avancent guère
la vieillesse de ces témoins de l'histoire. » (*O. de Rawton : Les
plantes qui guérissent et les plantes qui tuent*. Jouve et Cie,
éditeurs à Paris).

Mais, hélas ! ils meurent nos Châtaigniers et on les détruit :
on tue la poule aux œufs d'or...

IV. — L'industrie alimentaire et la Châtaigne.

Chocolat de Châtaignes.— On est allé même jusqu'à fabriquer du « chocolat de Châtaignes » (et peut-être en fait-on
encore ?)

Préalablement on enlevait au fruit l'acide gallique à l'aide
de procédés spéciaux. Un médecin naturaliste, nommé BODARD,
auteur d'un cours de botanique comparée, vantait beaucoup,
jadis, ce chocolat, qu'il regardait comme nourrissant, léger
et très favorable à la santé ; il le recommandait surtout aux
tempéraments délicats et affaiblis.

Sous le nom de « chocolat de Châtaigniers », LIEUTAUD (1)
conseillait aux convalescents la polenta suivante : « Les Marrons sont d'abord cuits dans l'eau-de-vie, afin d'enlever la
pellicule, puis repris par quantité suffisante de lait, avec

-----

(1) Célèbre médecin, né à Aix, (1703-1780).

assaisonnement de sucre et de cannelle en poudre ; on écrase
la pulpe ; on mélange le tout ; on fait bouillir pour terminer
la cuisson ; on ajoute enfin dans un chocolatier pour faire
mousser (O. de Rawton) ». — Ajoutez un tantinet de Vanille,
lecteur, et veuillez essayer du brouet. Pas désagréable du
tout, je vous le jure, même pour ceux qui se portent bien.

Café de Châtaignes. — Un Normand nommé Ravier, ayant
inventé le « café de Châtaignes » s'établit, en 1829, à Aixe,
près de Limoges, où il fit prospérer cette nouvelle industrie.
(Il a eu des imitateurs qui ont fait fortune).

Les Châtaignes sèches, dépouillées de leur peau, étaient
torréfiées dans de grands cylindres en tôle, puis concassées,
pulvérisées et vendues à raison de 1 fr. 50 le kilogramme. Ce
pseudo-moka était très apprécié à Paris et dans les départements éloignés de son pays d'origine.

Cette boisson, connue autrefois sous le nom de *Café des
Dames*, serait très adoucissante alors même qu'elle n'entre-
rait que pour moitié dans un mélange de café ordinaire.
Nous nous en sommes rendu compte: Un jour, nous remar-
quâmes que des Marrons, oubliés dans le fourneau de la cuisine avaient pris une belle teinte brun foncé ; ils étaient
torréfiés à point ; nous eûmes la curiosité de les écraser,
d'en moudre les débris, d'en faire du café et d'y goûter. Nous
avouerons que ce breuvage n'est pas bon à l'état pur, il a un
vague goût de Réglisse, etc., mais nous sommes obligé de
reconnaître qu'il constitue une boisson bien supérieure au
café de Chicorée, de Glands, etc., que vendent les épiciers.

Sucre de Châtaignes. — En 1780, Parmentier découvrit
le sucre de Châtaignes. Il réussit à en fabriquer un cône de
plusieurs livres qu'il envoya à l'Académie de Lyon. Par ses
cristaux transparents et de forme constante et par son goût,
il est semblable à celui de Canne et de Betterave.

En 1810, un savant de Florence, le Dr Guerrazi, fit à ce
sujet des expériences comparatives sur les Châtaignes d'Italie et sur celles des autres pays. Celles du Limousin lui parurent contenir moitié moins de sucre que celles de Toscane.
Les analyses furent reconnues exactes, en 1812, par deux
chimistes français, MM. Alluaud, de Limoges et Darcet.

Vers 1835, un pharmacien de Tulle, que nous eûmes, plus tard, l'honneur de connaître et qui nous a entretenu de ses travaux, M. RAYNAUD (mort en 1880), se livra à de nouvelles et consciencieuses recherches expérimentales dont les résultats confirmèrent les découvertes de Guerrazi, Alluaud et Darcet, sanctionnées encore, depuis, par de récentes analyses.

Les Châtaignes vertes contiennent presque 2 pour 100 de sucre ; sèches, elles en renferment une quantité plus que double.

La fabrication du sucre de Châtaignes n'est pas une industrie possible économiquement parce qu'on ne se décidera jamais à récolter ce fruit dans le but d'utiliser ses richesses saccharines, et le sucre qu'on en retirerait, vu l'extrême bon marché de celui de Canne et de Betterave, coûterait au moins trente fois plus.

La présence du sucre est cause qu'on peut obtenir une excellente eau-de-vie : il suffit de délayer de la farine de Châtaignes dans de l'eau, de laisser fermenter le mélange et de distiller ensuite.

Farine et pain de Châtaignes. — En Italie et en Corse on fait beaucoup de farine de Châtaignes, en Limousin, vers Tulle et à Limoges on en fabrique un peu : On concasse les fruits bien blanchis et d'une siccité complète, puis on moud. On obtient ainsi, et presque sans déchet, la meilleure qualité de farine.

Quand les Châtaignes sont vieilles, rances, mal blanchies, elles ne donnent qu'une farine inférieure, hachée de brun à cause des débris de tan qu'elle contient; il en résulte aussi assez de son après le blutage. Si les fruits sont insuffisamment secs, ou devenus presque humides et mous, il faut les remettre à l'étuve parce qu'il serait difficile de les moudre, les meules s'encrasseraient et il y aurait perte de matière. La sécheresse extrême des Châtaignes est donc de toute nécessité.

Ordinairement les meuniers se payent en nature : ils prennent un peu plus cher pour la Châtaigne que pour le Blé, ils prélèvent 5 kilogrammes par hectolitre de fruits secs, et rendent 55 kilogrammes de farine par sac ayant pesé 60 kilogrammes avant la mouture, laquelle augmente de 10 p. 100 environ le prix de la marchandise.

La farine de bonne qualité a une couleur jaune blanchâtre, une saveur douce et sucrée ; elle se conserve très longtemps, à condition d'être gardée à l'abri de l'air, dans des pots de terre vernissée, hermétiquement clos.

Ce produit alimentaire est vendu deux fois plus cher par les épiciers, que les farines de Lentilles, Pois, Fèves, Haricots. Il entre dans la composition de certaines pâtes d'Italie, (vermicelles, macaroni) ; il sert à préparer les necci, les pattoni, la pisticcina et une sorte de polenta que les connaisseurs trouvent meilleure et plus nourrissante que la bouillie de Maïs.

Cent kilos de farine de Châtaignes donnent 66 à 70 kilos d'amidon, 16 à 20 kilos de sucre et le reste en matières azotées, en substances grasses, en cellulose, etc.

.·.

Quoique très belle, la farine de Châtaignes est sans consistance ; elle ne peut panifier parce qu'elle ne contient pas assez de gluten, matière azotée, formée d'un mélange de fibrine végétale, de caséine végétale et de glutine, qui donne à la pâte son élasticité et lui permet de lever. C'est à cause de ce manque de gluten qu'on n'a pu parvenir à faire de vrai pain avec de la farine de Châtaignes, malgré les plus laborieux essais.

Cependant, en 1812, à Limoges, on fabriqua du pain de munition avec moitié farine, tantôt de Seigle, tantôt de Froment, et moitié farine de Châtaignes dont on avait auparavant ôté le sucre non cristallisable pour faciliter la fermentation panaire. Ce mélange formait, paraît-il, un pain ayant une vilaine couleur, mais très nutritif. On le fit consommer aux troupes de la garnison de Limoges.

En 1848, le général Louis Hugo, maire de Tulle, désireux de combattre la disette, essaya vainement de faire du pain de Châtaignes. Peut-être ignorait-il la formule précédente. Nous ne connaissons pas celle qu'il expérimenta.

Confiserie, confitures, etc., de Châtaignes. — En confiserie, la première opération consiste à peler les Marrons, puis à les débarrasser entièrement de leur tan, à l'aide d'eau bouillante parfois additionnée d'alcool pour faciliter ce nettoyage.

Souvent on les laisse tremper ensuite pendant quelques heures, dans l'eau chaude, pour détruire leur acidité naturelle. Il ne reste plus qu'à la préparer de la façon qu'on a choisie.

Pour avoir des **Marrons glacés**, on cuit les fruits en les faisant bouillir dans un sirop de sucre clarifié ; on ôte le tout du feu, puis on laisse les Marrons dans le liquide pendant une demi-journée environ, après quoi on les passe dans un autre sirop très concentré. Il ne reste plus qu'à égoutter sur une claie et à mettre en boîtes dès que le sucre est pris et qu'il forme une petite couche blanche, glacée à la surface des fruits.

Les **Marrons en chemise** sont simplement des Marrons cuits blanchis, trempés ensuite dans du blanc d'œuf fouetté en neige, puis roulés dans du sucre en poudre et séchés à l'étuve.

Il y a aussi les **Marrons au caramel**, les **Marrons à l'arlequine**, etc.

Pour la **confiture de Marrons**, il faut un poids égal de sucre et de fruits préalablement blanchis, cuits à l'eau et réduits en purée tant qu'ils sont encore chauds. On conserve l'eau, dans laquelle on met le sucre ; on prépare un sirop épais à raison de un kilo de sucre par verre d'eau et par kilo de pâte de Châtaignes. On fait bouillir le sirop, l'on y jette la purée et l'on remue pour que le fond ne brûle pas. On laisse cuire jusqu'au moment où le sirop forme la perle quand on en met une goutte sur une assiette. On aromatise, selon son goût, avec du sucre vanillé, ou du rhum, etc. Enfin, on verse tout chaud dans des pots en verre ou en grès.

Cette confiture se conserve jusqu'en juin. On peut faire aussi de la confiture de Châtaignes en mettant moitié moins de sucre que précédemment, seulement celle-ci doit se consommer tout de suite, parce que comme qualité de conservation elle ne vaut point la première.

Les confiseurs, les pâtissiers et les ménagères fabriquent encore des compotes, des marmelades, des pâtes, des biscuits, des macarons et autres desserts, à base de Châtaignes et de Marrons, plus ou moins sucrés et différemment aromatisés, ou mélangés souvent d'ingrédients divers.

V. — La Châtaigne et l'alimentation du bétail et de la volaille.

Châtaigne verte. — Si le foin de pré contient davantage de matières azotées et d'hydrates de carbone que la Châtaigne verte, et s'il est trois fois moins aqueux, l'expérience et la science démontrent cependant qu'il est, en tenant compte des proportions, au-dessous de celle-ci, sous le rapport de la digestibilité des matières nutritives.

Voici, d'après plusieurs agronomes, parmi lesquels M. *Gay*, de Grignon, (dont nous avons déjà cité l'analyse), l'état comparatif des différentes matières composant ces deux substances, et l'évaluation des quantités digestibles :

100 kilos.	Matières azotées		Matières grasses		Hydrates de carbone		Eau
	Poids total	Quantité assimilable	Poids total	Quantité assimilable	Poids total	Quantité assimilable	
Châtaignes..	4,5	4	2,0	1,60	42,9	35	50,0
Foin de pré.	9,5	5	2,5	1,25	67,9	40	15,6

La Châtaigne est donc plus riche en graisse directement assimilable que le foin, bien qu'elle lui soit légèrement inférieure pour la digestibilité des matières azotées et des hydrates de carbone. Nous pouvons en conclure, cependant, qu'elle a une valeur alimentaire sensiblement égale à celle du foin.

D'après d'autres agronomes, la valeur alimentaire de la Châtaigne serait même plus de deux fois supérieure à celle du foin, et l'on pourrait remplacer 100 kilos de celui-ci par 47 kilos de celle-là. Mais, en supposant que leurs calculs soient erronés, ou seulement exagérés, en faveur de la Châtaigne, et en admettant l'exactitude des chiffres du tableau précédent, il résulte que 100 kilos de Châtaignes valent, pour la nourriture du bétail, autant que 100 kilos de foin. Au moment où nous écrivons ces lignes, le cours du foin de qualité moyenne étant de 6 fr. 50 le quintal métrique, pris dans la grange du propriétaire, le même poids de Châtaignes aurait pareille valeur pour l'alimentation des bestiaux, dût-on payer ce fruit autant que le fourrage, soit 4 fr. 23 l'hecto-litre de 65 kilos (1). Or le prix du sac de Châtaignes vertes destinées aux animaux de la ferme ne dépasse guère, sur place, 2 fr. 50, on a donc avantage à leur en donner, puis-qu'elles constituent un aliment complet dont les éléments nutritifs sont particulièrement assimilables. On alternera alors la Châtaigne verte et crue avec les autres fourrages.

Après la récolte des Châtaignes, on mène les Porcs dans les bois, ils consomment les fruits oubliés.

Depuis quelques années, les éleveurs de Cochons gras du Bas-Limousin ont l'habitude de donner à leurs animaux, pen-dant les trois derniers mois d'engrais, une demi-ration de *boursades* (Châtaignes bouillies) deux fois par jour; on les sert, bien cuites et tièdes, deux heures environ après les repas du matin et de midi; les Cochons n'en laissent rien perdre : après avoir absorbé la pulpe, ils lèchent conscien-cieusement les pelures ; puis, on verse un peu d'eau bien claire sur les écorces restées dans l'auge, on brasse, et les porcs se désaltèrent... Cette suralimentation intelligente « pousse » à la graisse, à un tel point que les Cochons soumis à ce régime, atteignent facilement, avant l'âge d'un an, le poids de 160 à 200 kilos, alors que ceux qui ne mangent pas de boursades ne dépassent guère 150 kilos.

Châtaigne sèche. — Les animaux sont aussi très friands de Châtaignes sèches. Les Porcs les mangent avidement; on peut voir avec quelle docilité ils suivent la métayère où le paysan qui les conduit facilement, et avec gaîté, au marché,

---

(1) Comme nous l'avons dit (v. page 89), l'hectolitre de Châtaignes pèse 70 kilos, au moment du ramassage. C'est le poids conventionnel qui sert de base pour le marché de ces fruits, lors de leur acquisition par les marchands expéditeurs, presque immédiatement après la récolte. Mais au bout de deux ou trois semaines, la densité diminue, par suite de l'éva-poration de l'eau de végétation, et le poids des Châtaignes, surtout de celles de dernière qualité (qui sont les plus petites aussi), destinées à l'en-graissement du bétail, n'atteint tout au plus, alors, que 65 kilos. Il ne faut pas confondre la Châtaigne destinée à l'alimentation de l'homme et à l'exportation, avec celle qui est réservée pour la nourriture des ani-maux.

grâce à cet appât irrésistible : il suffit de faire résonner les fruits, en secouant bissac ou panier les contenant, et de semer, de temps en temps, chemin faisant, quelques Châtaignes devant le nez des Cochons.

Les Châtaignes, sortant de l'étuve, portées sous des meules verticales (telles que celles des fabriques d'huile), sont broyées avec leurs écorces, en une farine grossière excellente pour la nourriture des animaux. Cette farine remplace avantageusement le son de Blé, surtout, cuite dans les pâtées où dominent Raves et Navets. Elle excite l'appétit des Cochons et des Bœufs et contribue à les engraisser rapidement.

L'eau dans laquelle on a fait cuire les Châtaignes sèches pour le repas des gens de la ferme ne se jette point, on la recueille avec soin pour la donner aux Porcs dont elle améliore l'ordinaire, car elle est sucrée, tonique et nutritive.

.*.

Depuis longtemps, en Corse, les Chevaux et les Mulets reçoivent des Châtaignes sèches et non décortiquées. Aux Mulets, qui font les transports en montagne, on en donne un décalitre par jour et la nuit on lâche ces animaux dans des enclos où ils trouvent un complément de nourriture. Telle est la manière dont on alimente des bêtes, cependant fort robustes, au pied très sûr et portant facilement des fardeaux de 200 kilos par des sentiers abrupts.

En présence des résultats obtenus par les paysans corses, dans l'alimentation de leurs Chevaux et Mulets, M. DONATI, professeur d'agriculture et secrétaire général du Syndicat agricole de Bastia (1), s'est demandé s'il ne serait pas possible de faire entrer la Châtaigne sèche, en substitution à l'Avoine, dans la ration des Chevaux de troupe séjournant en Corse. Pour élucider ce point, si intéressant pour la production locale, il pria; au nom du Syndicat, M. DECHAMBRE, professeur de Zootechnie à Grignon, de faire des essais d'alimentation comparative. L'éminent agronome s'empressa d'étudier la question. Il procéda à deux séries d'expériences

____

(1) *Bulletin du Syndicat agricole de Bastia*, n° 32, février 1905.

sur des chevaux de même race, de tempérament, d'âge et de poids semblables, faisant des services réguliers et identiques.

M. DECHAMBRE employa de l'Avoine jaune de Ligowo et des Châtaignes sèches, décortiquées blanches et suffisamment concassées pour permettre leur mélange à l'Avoine.

« En tenant compte des coefficients de digestibilité, dit-il, on obtient, en unités nutritives, pour 100 grammes d'aliments.

     65. 2 avec l'Avoine,

  et 65. 53 avec la Châtaigne.

« La substitution dans la ration peut donc se faire à poids égaux ; 500 grammes de Châtaignes peuvent remplacer 500 grammes d'Avoine...

« La Châtaigne fut concassée et mélangée à l'Avoine. Pendant plusieurs jours on en donna, à diverses reprises, de faibles quantités afin d'accoutumer le Cheval à son nouvel aliment; les débuts ne furent pas heureux, le Cheval se refusait à consommer ce mélange ; on procéda avec beaucoup de patience, finalement la Châtaigne fut acceptée et l'on put établir la ration suivante :

        Avoine . . . . 3 kilog. 500
        Châtaignes . . . . 0 kilog. 500
Au lieu de : Avoine . . . . 4 kilog. »

« De semaine en semaine, on supprima 0 kilog. 500 d'Avoine pour y substituer 0 kilog. 500 de Châtaignes, ce qui donna enfin la ration suivante :

        Avoine. . . . . 2 kilog. »
        Châtaignes . . . . 2 kilog. »

La première série d'essais fut faite à la fin de l'hiver et dura six semaines, la seconde eut lieu en été, pendant deux mois (juin et juillet). Dans celle-ci, on poussa la substitution plus loin que dans la première, car cinq semaines après le début de l'alimentation à la Châtaigne, la ration devint :

        Avoine. . . . . 1 kilog. 500
        Châtaignes . . . . 2 kilog. 500

(Le Cheval témoin reçut constamment 4 kilos d'Avoine, jamais de Châtaignes).

« Les constatations, ajoute M. DECHAMBRE, faites par le répétiteur de zootechnie, M. GINIEIS, sur les Chevaux au point de vue de leur énergie, de l'état des grandes fonctions, de la résistance à la fatigue, etc., n'ont rien décelé de particulier ; les pulsations, les mouvements respiratoires, l'état du cœur, la coloration des muqueuses sont restés ce qu'ils étaient au début de l'expérience.

Tout en ne considérant ces essais que comme le prélude d'expériences importantes qui devront porter sur un certain nombre d'animaux, nous en tirons quelques indications utiles relatives à l'emploi de la Châtaigne dans l'alimentation du Cheval :

1° La Châtaigne blanche (séchée et décortiquée) peut se substituer poids pour poids à l'avoine.

2° Dans la ration des Équidés autres que ceux qui sont soumis depuis longtemps à ce régime (comme les Mulets corses) la quantité de Châtaignes ne dépassera pas la moitié en poids de la ration primitive d'Avoine.

3° La Châtaigne sera donnée mélangée à l'avoine après avoir été concassée. »

La substitution de l'Avoine par la Châtaigne sèche est une question résolue et qui présente un grand intérêt, notamment pour les pays de Châtaigneraies où l'on pratique l'élevage des Chevaux : la Corse, le Limousin, etc. Outre qu'on tire parti, sur place, d'une récolte de l'endroit, on fait en même temps une grande économie, puisque la Châtaigne sèche et blanche coûte un quart à moitié moins cher que l'Avoine, et vaut autant pour l'alimentation des Équidés. Naturellement qu'il n'est pas nécessaire de donner, à ces animaux, des fruits surchoix, triés à la main, ils se vendent ordinairement un tiers de plus que les Châtaignes de deuxième catégorie, et le double que celles de troisième, qui ne diffèrent souvent des premières que parce qu'elles sont très petites ou brisées. Quand l'hectolitre de Châtaignes sèches surchoix est vendu 15 francs, celui de seconde qualité coûte 10 francs et la troisième vaut 7 fr. 50 (et il y en a encore de meilleur marché). Si l'Avoine est alors au cours de 9 à 10 francs l'hectolitre, du poids moyen de 45 kilos, celui de Châtaignes sèches et décortiquées en pesant 60, il est facile de connaître le chiffre de l'épargne à réaliser.

Verte ou sèche, cuite ou crue, concassée ou en farine, pure ou mélangée à des Glands, des Faînes, des racines fourragères, à du grain ou du son, la Châtaigne peut être donnée aux animaux sous les formes les plus diverses.

Le bétail, la volaille, les Lapins, engraissés avec la Châtaigne, acquièrent une chair ferme et de bon goût. Les Châtaignes produisent une viande de qualité supérieure et c'est à cette nourriture de choix que les Porcs du Limousin doivent la bonne saveur de leur chair, la blancheur, la fermeté, la finesse et le « fondant » de leur lard.

VI. — Propriétés médicinales des Châtaignes.

Nous avons exposé la plupart des propriétés de la Châtaigne, cependant il nous paraît utile de compléter ce chapitre en indiquant les vertus médicinales qui lui sont attribuées, les unes à tort, les autres à raison. Voici à ce sujet, ce qu'écrivait l'abbé Rozier ; nous sommes persuadé que ce passage intéressera le lecteur : il y a des choses dont nous avons eu l'occasion de constater maintes fois l'exactitude.

« Les Châtaignes fraîches surtout, et les Châtaignes vertes sont beaucoup plus venteuses que les sèches ; elles contiennent une si grande quantité d'air, qu'on est forcé d'entailler la peau avant de les faire rôtir. Les Marrons bouillis se digèrent plus facilement que les Marrons rôtis. La meilleure manière de les manger et la plus saine, est à la limousine ; autrement elles conservent cette eau amère et astringente dont on a parlé, toujours nuisible aux personnes sujettes aux calculs de reins, à l'engorgement des viscères, aux coliques ; elles constipent, oppressent, etc., dépouillées de leurs peaux, ainsi qu'il a été dit elles calment l'irritation des bronches, la toux essentielle, la toux catarrhale ; elles sont très propres à rétablir les convalescents des maladies d'automne, et surtout les enfants qui restent bouffis, pâles, maigres, etc. La Châtaigne pilée et broyée avec du vinaigre et de la farine d'Orge, amollit les duretés des mamelles et dissipe le lait qui s'y est grumelé (1). »

____

(1) L'abbé *Rozier. Cours complet d'Agriculture.* Paris, 1793.

La purée de Châtaignes est un des meilleurs remèdes pour arrêter la diarrhée des enfants, il en est de même de l'eau où l'on a fait cuire ces fruits. L'infusion de fleurs mâles est excellente contre la dysenterie.

La superstition et les croyances populaires attribuent d'autres vertus aux Châtaignes. Des empiriques en ont composé des remèdes, tel est celui qui, fait avec ce fruit, du sel et du miel pilés ensemble, est préconisé par eux comme antirabique.

Dans la première édition de *La Maison Rustique* par CHARLES ÉTIENNE et JEAN LIÉBAULT, imprimée en 1553, nous lisons :

« Les Chastagnes, pilées avec sel et miel sont appliquez sur la morsure de chiens enragés. L'escorce d'icelles entre le plus souvent ès lexives, que l'on ordonne pour rendre les cheveux blonds : l'escorce intérieure rougeastre d'icelles, de laquelle est recouverte la pulpe blanche, beuë le poids de deux dragmes, arreste toute sorte de flux de ventre et de sang, mesmement les fleurs blanches des femmes avec égale quantité d'yvoire. Les Chastagnes, parce qu'elles sont flatteuses rendent les personnes libidineuses : mangées excessivement engendrent douleur de teste, durcissent le ventre et sont de difficile digestion : celles qui sont cuites sous les cendres sont moins dommageables que les cruës, ou bouillies principalement si on les mange au poivre, et sel ou succre. »

Ce curieux document nous donne un aperçu des idées de nos pères sur les Châtaignes, des remèdes bizarres qu'ils en composaient et de l'assaisonnement dont elles étaient l'objet.

Les cendres de pelures de Châtaignes tachent le linge à la lessive.

Nous avons vu employer avec succès, contre la diarrhée, la tisane de tan de Châtaignes et l'infusion de fleurs mâles du Châtaignier. Dans l'Amérique du Nord la décoction de feuilles de cet arbre sert à combattre la coqueluche, et l'écorce du Châtaignier nain, (C. pumila ou Chincapin), est utilisée comme astringente et fébrifuge.

CHAPITRE IX

UTILISATION DU BOIS DE CHATAIGNIER

I. — **Propriétés générales.**

Le Châtaignier se rapproche beaucoup du Chêne par ses propriétés. Quoique moins solide, il s'en distingue par une souplesse et une imperméabilité plus grandes : il a moins d'aubier, il n'est pas aussi altérable. Bien que dur et tenace, il appartient à la catégorie des bois légers ; vert, il pèse 0,930 (et le Chêne pédonculé 1.083) ; sec, sa densité est de 0,600 à 0,685 (et celle du Chêne 0,882 à 0,906). C'est un des bois qui perdent le plus par la dessiccation, environ 1/24 de son volume. Il n'y a, en France, que quinze essences qui aient du bois plus léger, parmi lesquelles, le Peuplier d'Italie, le Saule, le Tremble et l'Aulne.

Comme *dureté*, le Châtaignier vient après le Chêne, le Frêne et l'Orme, et avant le Noyer et le Hêtre. Il est moins *homogène* que le Noyer, mais ses fibres longues, élastiques, nerveuses, groupées en faisceaux, lui donnent une *fissibilité* supérieure à celle de tous les bois durs et de la plupart des autres essences.

Le bois du Châtaignier est généralement blanc chez les jeunes sujets, il est fauve, violet foncé ou noir dans les arbres d'un certain âge. Une fois sec, il conserve à peu près toujours le même volume sans se gonfler ni se resserrer ; il est moins *poreux* que le Chêne, aussi convient-il particulièrement pour la tonnellerie. Il résiste très bien à l'humidité : on en fait des étais de mines, on l'emploie pour pilotis, lambourdes, madriers, et autres pièces devant séjourner dans l'eau, pour la charpente, la menuiserie et le charronnage ; il craint peu la vermoulure ; dans sa jeunesse il est très liant aussi est-il, par excellence, le bois utilisé pour la confection des paniers, des corbeilles d'emballage, des manches de fouets, des cercles, des tables et des fauteuils rustiques ; on en fabrique aussi des fourches, des rames à Haricots, des cannes, des manches d'outils, des perches pour houblonnières, des claies, des treillages, des palissades de clôture, des échalas, des poteaux, etc.

II. — Chauffage.

Bois. — La puissance calorifique du Châtaignier est inférieure à celle des bois qui la surpassent en densité. Il a peu de valeur pour le chauffage ; il noircit au feu, donne guère de flamme et beaucoup de cendre, et si la combustion s'active, il a le grave inconvénient de pétiller avec vivacité et de lancer au loin des étincelles et des éclats qui ne sont pas sans danger.

Lorsqu'il a végété sur un sol très favorable à son essence, il produit alors plus de calorique parce qu'il a acquis davantage de densité. La *puissance calorique* du Châtaignier n'est que la moitié de celle du Noyer, elle est inférieure à celles du Chêne, du Frêne, du Hêtre, du Charme, de l'Orme, du Pin et du Bouleau ; elle est supérieure à celle du Peuplier...

Jeune, bien desséché et refendu en petites bûchettes, il développe subitement une chaleur plus intense. On l'emploie ainsi dans les fabriques de porcelaine de Coussac-Bonneval et de Saint-Yrieix, localités où les taillis de Châtaignier occupent une partie considérable du sol. Les fabricants de porcelaine de Limoges n'en font guère usage.

Le bois rondin des taillis bien exposés vaut le triple des bûches extraites des vieilles souches. Un stère de Chêne se vend ordinairement, sur place, le double que la même quantité de Châtaignier. Le prix des fagots ou « bourrées » suit la même proportion.

Charbon. — Le charbon obtenu avec le bois des vieux Châtaigniers est de très médiocre qualité. Le meilleur est donné par le bois demi-sec âgé de 10 à 30 ans. Un stère produit environ le quart de son volume en charbon d'une densité moyenne de 0,190 ; quatre stères en donnent à peu près deux quintaux métriques.

Inférieure à celle des charbons de Chêne et de Frêne, sa puissance calorique égale celle de celui du Hêtre et surpasse celle de ceux de Pin, d'Orme, de Bouleau, de Charme, etc.

C'est un charbon léger, qui s'éteint promptement quand on l'isole dans l'air. C'est pour ce motif qu'il est si mauvais pour les fourneaux de cuisine et qu'il est excellent pour les forges établies selon la méthode catalane. Les maîtres de forge de la Biscaye le préfèrent à tout autre, et, en Styrie, où l'on fabrique des faux renommées, on n'emploie que le charbon de Châtaignier. Autrefois, quand les forges de Rochechouart, de Saint-Yrieix, de la Dordogne, du Glandier et d'Orgnac (Corrèze), etc., fonctionnaient, elles ne consommaient que du charbon de Châtaignier. On l'emploie encore dans les hauts fourneaux de Salignac-Lédrier (Dordogne). Les forgerons et les taillandiers l'estiment plus que celui de Chêne : ils s'en servent en le mélangeant à de la houille.

III. — Charpente et Menuiserie.

Le bois de Châtaignier est apprécié pour la charpente et la menuiserie. Il n'est guère attaqué par les insectes qui ternissent ou rongent les autres essences. On prétend qu'il éloigne les Araignées et même les Punaises (1).

Comme c'est un des bois les plus faciles à travailler on le préfère souvent au Chêne pour les boiseries à moulures, panneaux, corniches, cymaises, plinthes, cadres, baguettes, etc.(2). On en fait les lames de contrevents à jalousies, les châssis de fenêtres, des portes, des parquets, des planchers, etc.

Le bois noir de première qualité, provenant des Châtaigniers sauvages, (aujourd'hui fort rares en Limousin), était autrefois plus cher que celui du Chêne.

Voici les prix comparatifs, cours de Limoges, en 1840, bois de première qualité :

---

(1) C'est pourquoi Mr *Bertand*, évêque de Tulle, voulait que les lits de son Petit-Séminaire de Servières soient en bois de Châtaignier.

(2) Les guitares, instruments de musique, chers au Espagnols, sont en Châtaignier.

	Châtaignier	Chêne	Hêtre
	—	—	—
	fr.	fr.	fr.
1º Charpente, le mètre cube de :			
Pontres de 0 m. 44 sur 0 m. 41 d'équarrissage (Les solives, les colonnes de pan, les chevrons et autres pièces de charpente suivent la même proportion)...........................	70	65	56
2º Madriers de 0 m. 66 de largeur et 0 m. 17 d'épaisseur............	73	66	58
Planches de marches, de 0 m. 42 de largeur sur 0 m. 05 d'épaisseur....................	80	77	68
3º Planches de 0 m 33 de largeur sur 0 m. 035 d'épaisseur, le *cent*....................	150	135	122
— ordinaires : 0 m. 33 de largeur sur 0.027 d'épaisseur, le *cent*....................	100	90	80
— bâtardes : 0 m. 25 de largeur sur 0 m. 020 d'épaisseur, le *cent*....................	50	45	40
— de caisses : 0 m. 25 de largeur sur 0 m. 015 d'épaisseur, le *cent*....................	46	41	37
Volige de toutes largeurs employée aux lattes des couvertures....................	30	27	24

Depuis 60 ans, un grand nombre de circonstances, (emploi du fer, du Pin et du Sapin, en construction, surtout dans les charpentes, etc.), ont fait varier la valeur des mêmes bois et baisser celles du Hêtre et du Châtaignier. La concurrence des essences résineuses n'est pas seule à favoriser la baisse ; les bois ont diminué aussi par suite des facilités d'exploitation produites par la création des voies ferrées, de routes et chemins divers ; mais d'autre part, le coût des façons a augmenté surtout pour le madrier et la planche.

Aujourd'hui, Châtaignier et Chêne, pris sur le chantier valent :

	Châtaignier	Chêne
	—	—
	fr.	fr.
Poutres de 0 m. 44 à 0 m. 41 d'équarrissage, le *mètre cube*....................	60	70
Planches de 2 mètres de longueur sur 0 m. 33 de largeur et 0 m. 035 d'épaisseur, le *cent*............	140	160
Planches ordinaires de 2 mètres de longueur sur 0 m. 33 de largeur et 0 m. 027 d'épaisseur, le *cent*.	100	120
Volige de toutes largeurs, selon qualité et épaisseur, le mètre carré....................	0.75 à 1.50	On n'en fait pas

On vend aussi au détail, à la toise (surface de quatre mètres carrés) : la planche de Chêne de 0 m. 035 millimètres d'épaisseur : 10 francs, celle de Châtaignier, 8 francs ; les planches bâtardes de Châtaignier valent 6 à 7 francs, (ces prix sont pour le Châtaigner franc de pied, cours de 1902).

On a cru pendant longtemps que les charpentes des plus beaux monuments du Moyen-Age, que celles des chefs-d'œuvre de l'art gothique : la cathédrale de Cologne, Notre-Dame de Paris, etc., étaient en bois de Châtaignier. Il n'en est rien, elles sont en Chêne pédonculé comme l'ont démontré Buffon, Daubenton, Payen et d'autres savants. La méprise est excusable puisque les bois de Chêne et de Châtaignier se ressemblent tellement, *quand ils sont très vieux*, qu'il est quelquefois difficile de les distinguer. « Les dispositions des pores et les fibres longitudinales, la qualité des grains et la couleur paraissent, à l'extérieur, les mêmes : la teinte du Châtaignier est seulement un peu plus obscure que celle du Chêne (Varenne de Feuille) ». « Les éruptions transversales du Châtaignier, c'est-à-dire celles qui lient les différentes couches annuelles du bois entre elles, sont très difficiles à apercevoir sans une loupe : c'est le moyen le plus sûr de distinguer ce bois du Chêne (Bosc). » On reconnaît surtout ces deux bois « à ce que le Chêne a des rayons médullaires très larges bien visibles à l'œil nu sur une coupe transversale, et mieux encore sur une coupe longitudinale faite dans le sens de ces rayons, qui forment alors sur le bois de larges mailles d'un blanc nacré. Rien de pareil dans le Châtaignier, dont les rayons très nombreux sont d'une ténuité extrême et visibles seulement à la loupe (Grand dictionnaire Larousse). » En examinant les coupes transversales de troncs des deux essences, on voit que les rayons médullaires du Chêne partent du centre et se dirigent vers la circonférence, à travers les fibres du bois, tandis que le Châtaignier ne montre que des couches concentriques.

Le savant chimiste Payen se servit de réactifs pour distinguer le Châtaignier du Chêne. Si avec une solution de sulfate de fer incolore dissout dans l'eau distillée, on trace des lettres sur des madriers de Chêne, les caractères apparaissent aussitôt en noir ; ils ressortent en violet intense quand pareille opération est faite sur des planches de Châtaignier.

L'ammoniaque produit une coloration rouge, éphémère, sur le Châtaignier, plus pâle et moins distincte sur le Chêne.

Cependant les remarquables charpentes de la cathédrale de Bourges et des tours du château de Châteaudun, sont en Châtaignier. Nous avons aussi, en Limousin, des monuments dont les combles sont en belles pièces de Châtaignier : Ceux de la cathédrale de Tulle, des églises de Saint-Etienne et Saint-Michel-des-Lions, de Limoges, du château de Rochechouart et de la plupart des anciens édifices du pays, ne sont pas faits avec d'autre bois.

Olivier de Serres, lui-même, tout en rendant justice au Chêne, était persuadé de la supériorité du Châtaignier pour la charpenterie. Et Cruveilhier écrivait en 1817 : « A la tête des arbres du Limousin, on doit mettre le Châtaignier qui fournit à la fois du bois de chauffage, une nourriture saine et restaurante, des poutres et des planches qui l'emportent sur celles du Chêne. (Aperçu sur la topographie médicale du département de la Haute-Vienne).

Malheureusement le bois de Châtaignier, tel qu'on l'avait autrefois pour la charpente et la menuiserie, est devenu tout à fait rare depuis la destruction et le défrichement des anciennes et hautes futaies de cette essence et de sujets francs de pied. Les vieux arbres greffés donnent souvent, il est vrai, des poutres ou des planches de dimensions convenables, mais leur qualité ne peut être comparée à celle des Châtaigniers sauvages. Voilà donc une des causes principales qui justifie la baisse croissante, que depuis cinquante ans a subie le bois de Châtaignier.

Néanmoins, entre ce bois et celui de Chêne, les différences ne sont pas assez grandes pour que beaucoup de constructeurs ne préfèrent encore employer du Châtaignier pour certaines catégories de charpentes. « Tout propriétaire soucieux de ses intérêts, devrait sentir combien il lui serait utile de prendre plus à cœur la culture du Châtaignier considéré comme arbre forestier. Il en tirerait même, assez promptement, un grand avantage, puisqu'un brin de cette essence croît toujours plus vite qu'un brin de Chêne ou de Hêtre ; qu'à l'âge de cinquante ans, il a acquis une valeur d'un quart en sus. (Ed. Lamy). »

Envisagé sous ce rapport, le Châtaignier serait plus avantageux que le Chêne.

On s'est servi, avec succès, du bois de Châtaignier pour faire des corps de pompe creusés avec des outils spéciaux ; on en a obtenu qui avaient jusqu'à onze mètres de longueur. Il n'y **a** pas de meilleur bois pour établir des conduites souterraines d'eau.

En Limousin, les troncs creux des vieux arbres sont utilisés aussi pour y établir les bassins des fontaines rustiques; on en fait encore des ruches, des coffres et des maies ou huches à pétrir le pain. Nous en avons vu de fort belles dans plusieurs fermes des environs de Sanas (Corrèze). Ces huches, complètement étanches, surmontées d'un couvercle plat, à larges bords, servent parfois de tables pour les repas de la famille.

Tonnellerie. — Le Châtaignier occupe le premier rang pour la fabrication des futailles. Ses pores, plus petits et plus serrés que ceux du Chêne, s'opposent davantage à l'évaporation. Les tonneaux de Châtaignier sont ceux qui conservent le mieux le vin et autres liquides. On croit même que ce bois les améliore. Les cuviers neufs en Châtaignier tachent le linge.

C'est en Italie qu'on fait le plus de barriques en Châtaignier; on y fabrique des douves d'une qualité supérieure. En France, on les fait plutôt avec du merrain de Chêne et c'est un tort, car les tonneaux, pleins ou vides, en Châtaignier, outre les qualités que nous venons d'énoncer, résistent davantage à la chaleur et à l'humidité que les autres futailles. Cependant, dans la Corrèze, les tonneliers de village emploient principalement du Châtaignier ; il en est de même à Tulle, où une fabrique de futailles est établie depuis peu de temps. Dans le Midi, surtout en Roussillon, on confectionne aussi beaucoup de tonneaux en Châtaignier.

Le Limousin fournit, chaque année, une grande quantité de cercles pour la tonnellerie.

Feuillard et carrassonne. — On désigne sous les termes

de *feuillard* et de *carrassonne* les divers produits de l'exploitation forestière du Châtaignier en taillis et sous futaie. Les mots *carrassonnier* et *feuillardier* indiquent l'ouvrier, le bûcheron spécial qui fait les coupes et prépare le bois ; ils s'appliquent également au négociant qui vend de la carrassonne, du feuillard.

On nomme de préférence carrassonnier l'homme qui travaille sous futaie. La carrassonne est la grosse marchandise : forts échalas, grands poteaux et tuteurs pour arbres.

Les ouvriers feuillardiers et carrassonniers reçoivent un salaire journalier variant de 2 à 5 francs, suivant leurs aptitudes et leur assiduité au travail. Là, comme partout, il y a des laborieux et des paresseux. La plupart sont peu attachés à leur ouvrage ; pourtant quelques-uns sont sérieux et arrivent à se faire, par cette industrie, une situation aisée, tout aussi bien que dans les autres corps de métiers (1).

Le bois de taillis est doué d'une grande *flexibilité* et il est d'une *fissibilité* peu commune. On peut le fendre et le préparer aisément. Comme bois de fente il n'y a pas son pareil, on le débite en lanières assez minces, mais nerveuses et fort solides: il obéit sans résistance à la main qui le travaille. Il est très recherché pour divers usages ; les débouchés ne manquent point, bien que la valeur des bois de taillis dépende un peu de la prospérité des vignobles. Malgré cela, la vente des coupes des taillis de Châtaignier est toujours facile et avantageuse, car elles sont au moins cotées le double que celles de Chêne du même âge.

Ces considérations devraient engager l'agriculteur à multiplier les taillis de Châtaignier sur les terres de médiocre

---

(1) Les ouvriers feuillardiers et carrassonniers sont nombreux en Limousin, ils commencent à se solidariser. Ils ont fondé, en 1901, le *Syndicat des ouvriers feuillardiers du Centre*, syndicat qui fut assez puissant, dès le début, pour obtenir la majoration des salaires, à la suite d'une grève (grève qui eut lieu surtout dans le Nontronnais). Il est juste d'ajouter que les marchands de bois se faisaient, à cette époque, une concurrence exagérée, achetant, alors, les coupes à un prix trop élevé et, pour ne point perdre et avoir du bénéfice, ils essayèrent de se rattraper sur le gain de l'ouvrier. Celui-ci fit grève...

qualité, il serait amplement dédommagé de ses déboursés par les produits qu'il en retirerait plus tard et qui lui donneraient parfois un revenu supérieur à celui des champs plus fertiles.

Le traitement en taillis simples, à courte évolution, est le mode le plus favorable à l'intérêt du propriétaire. On exploite ces taillis tous les 6, 7, 8, 10, 12 ou 15 ans, mais plus généralement tous les 10 ans.

Les plus grosses tiges servent à faire de forts tuteurs et des poteaux; avec les plus jeunes, celles de 4 à 7 ans, on fabrique les cercles ou feuillard proprement dit destiné aux fûts à liquide, à la futaille d'emballage et aux « dagues », espèces de tonneaux où l'on enferme les Harengs et certaine sorte de Morue; on en fait aussi des claies, du treillage, des lattes de plafond et de couverture, des éclisses de paniers. Pour cela, on fend les tiges au « *coutre* » immédiatement après la coupe, pendant qu'elles sont vertes. Elles sont coupées à une longueur déterminée, aplanies et pelées, excepté les cercles, dont on a soin de ne pas endommager l'écorce. Ces opérations ont lieu dans la forêt même.

Les principales sortes de feuillard et de carrassonne sont les suivantes :

	Prix du mille	
	Façon seule	Coût total
	fr.	fr.
Dagues de 4 pieds	4 »	8 »
— de 4 p. 1/2	4.50	9 »
— de 5 p.	5 »	10 »
— de 5 p. 1/2	5.50	10.50
— de 6 p.	6 »	12 »
— de 6 p. 1/2	6.50	12.50
Feuillard de 6 p.	7 »	10 »
— de 6 p. 1/2	7.50	11 »
— de 7 p.	8 »	12 »
— de 8 p.	10 »	14 »
— de 9 p.	12 »	18 »
— de 10 p.	14 »	24 »
— de 11 p.	16 »	30 »
— de 12 p.	18 »	37 »
— de 13 p.	20 »	40 et 44

	Prix du mille	
	Façon seule	Coût total
	fr.	fr.
Lattes de 1 mètre	5 »	12 »
— de 1 m. 15	6 »	14 »
— de 1 m. 25	7 »	16 »
— de 1 m. 35	8 »	18 »
— de 1 m. 50	9 »	20 »
— de 1 m. 75	10 »	24 »
— de 2 m.	11 »	27 »
Échalas de 6 p. ronds quartier plat	10 »	50 »
— de 5 p. 1/2 —	8 »	30 »
— de 4 p. 1/2 pointés à un bout	7 »	18 »
— de 4 p. 1/2 pointés à deux bouts	8 »	18 »
Parfiles légères de 2 m. 20	20 »	50 »
Parfiles fortes de 3 m. 30	30 »	75 »

Bois de taillis jusqu'à l'âge de 15 ans.

	Prix du mille	
Carrassonne de 5 p non pointée	8 »	40 à 50
— de 6 p. —	10 »	70 à 80
— de 7 p. —	12 »	100 à 120
— de 5 p. pointée	10 »	45 »
— de 6 p. —	13 »	60 »
— de 7 p. —	15 »	80 à 90
Charniers de 4 p.	7 »	11 à 12
— de 4 p 1/2.	8 »	12 »
Échalas triangulaires de 1 mètre	6 »	11 »
— — de 1 m. 20	7 »	12 »
— — de 1 m. 33	8 »	15 »
— — de 1 m. 50	9 »	22 »
— — de 1 m. 70	10 »	30 »
— — de 2 mètres	12 »	40 »
Lattes couverture 1 m. 50, non liées	10 »	28 »

Bois de semis.

	Prix du mille	
Carrassonne de 5 p.	14 »	40 à 50
— de 6 p.	16 »	70 à 80
— de 7 p.	18 »	100 à 120
Charniers de 4 p. 1/2	9 »	12 à 13
— de 4 p.	8 »	11 à 12
Gros piquets de 1 m 50	23 »	45 »
— de 2 m.	30 »	55 »
— de 5 p.	25 »	50 »

Bois bâtard de 15 à 30 ans.

	Prix du mille	
Carrassonne de 5 p.	12 »	70 »
— de 6 p.	15 »	80 à 95
— de 7 p.	18 »	125 »
Charniers de 4 p.	8 »	15 »
— de 4 p. 1/2	9 »	15 à 17

Bois vieux à partir de 30 ans.

	Prix du mille	
Carrassonne de 5 p.	16 »	70 »
— de 6 p.	18 »	90 »
— de 7 p.	22 »	125 »
Charniers de 4 p.	10 »	15 »
— de 4 p. 1/2	12 »	15 à 17
Lattes de couverture chez les propriétaires-maîtres, nourriture comprise	10 »	28 à 30
Lattes de couverture bois vieux (article ne se vendant point)	18 »	»

Les prix des façons sont conformes au tarif adopté depuis le 20 janvier 1901 par le *Syndicat des ouvriers feuillardiers du Centre, section de Lanouaille*, et mis en vigueur dès cette époque.

Les prix de vente s'entendent, marchandises prises sur wagon, en gare expéditrice, transport à la charge du destinataire.

.•.

Le Limousin fournit annuellement au commerce plus de 20.000 meules de cercles. Il en donnait, autrefois, plus du double quand le cerclage en feuillard de fer était peu pratiqué.

Dix-huit mille meules sont expédiées dans divers pays vignobles et les autres à Dunkerque et à Dieppe, où ces cercles sont employés pour la fabrication des engins destinés à la pêche de la Morue et à son emballage.

Lanouaille, Pompadour, Uzerche, Saint-Germain-les-Belles, Saint-Yrieix, Chalus, Nexon, Aixe, exportent au loin, par le chemin de fer et par le canal de l'Ile à Périgueux, à destination de Libourne, une prodigieuse quantité de cercles, de lattes, de treillage, de piquets de palissade, de poteaux, de claies et d'échalas pour le tuteurage de la Vigne, à l'usage des tonneliers et des viticulteurs de la Gironde. On en expédie énormément encore en Limagne, en Auvergne, en Touraine, en Champagne, en Bourgogne, et, en un mot, dans tous les pays qui en utilisent.

Les compagnies de chemins de fer et de tramways, et les particuliers, emploient des masses de carrassonne et de feuillard pour clôturer leurs propriétés.

CHAPITRE X

LE CHATAIGNIER ET L'INDUSTRIE DES MATIÈRES TANNANTES ET COLORANTES ALCOOL DE BOIS, ETC.

I. — Extraits tanniques, etc. — Usages. — Fabrication.

Vers 1820, un chimiste de Lyon, nommé Michel, ayant enclos sa propriété avec des piquets de Châtaignier reliés par du fil de fer, remarqua, après la pluie, des taches noires sur le bois partout où il y avait contact avec le métal: c'était du *tanin* qui avait produit cet effet. Michel eut alors l'idée de réduire du bois de Châtaignier en menus copeaux qu'il fit bouillir. Après concentration de la décoction, il eut un résidu contenant beaucoup d'*Acide gallique* (1) presque pur. Il appliqua sa découverte à la teinture de la soie qui, outre une couleur fixe noir bleu superbe, augmente aussi de pesanteur quand elle est plongée dans une solution d'extrait tannique.

Michel préconisa encore l'usage du bois de Châtaignier, finement broyé, pour remplacer le tan de Chêne dans la préparation des peaux : il se créa aussitôt des usines pour cette exploitation.

Depuis Michel, un autre inventeur, Koch, découvrit, il y a une cinquantaine d'années, le moyen d'appliquer directement l'acide gallique au tannage des peaux et d'obtenir plus vite du cuir par cette nouvelle méthode. Ce procédé ne servit d'abord

---

(1) *Tanin, acide tannique, acide gallique* et *acide digallique*, sont des produits chimiques presque identiques : ils ont les mêmes propriétés.

qu'à la préparation des gros cuirs, mais il se généralisa après 1878, alors que GONDOLO eut trouvé le secret d'ôter aux extraits tanniques de Châtaignier, les matières colorantes qu'ils contenaient et qui tachaient les peaux.

Dans l'ancienne méthode de tannage, après les opérations préliminaires de lavage, nettoyage, *pelanage* par macération dans un lait de chaux, *débourrage* au couteau, *gonflement* à la *jusée*, les peaux sont « mises en fosse » en couches successives, séparées par de la poudre d'écorce de Chêne, et l'on arrose le tout. Le tanin se dissout peu à peu et se combine avec la peau, mais il faut renouveler trois ou quatre fois le tan, à trois mois d'intervalle, avant que la marchandise puisse être soumise au *corroyage*. Avec l'extrait de Châtaignier quelques jours suffisent parfois pour avoir du cuir. On se borne souvent à mettre les peaux avec les matières tanniques, dans des tonneaux rotatifs mouvementés par l'eau, la vapeur ou l'électricité.

On évite donc de longues et coûteuses manipulations et l'on gagne un temps considérable. Mais le cuir ainsi obtenu est loin de posséder la maturité et les autres qualités qu'il acquiert quand il est tanné suivant l'ancien procédé, seulement il coûte bien meilleur marché.

On tanne aussi d'une autre manière appelée mixte, parce qu'on soumet les peaux alternativement à l'action du tan et à celle des extraits. Il faut huit à dix semaines pour obtenir du cuir par ce troisième procédé et la marchandise coûte moins cher que si elle avait été préparée selon le premier mode. Le cuir donné par le tannage mixte ne vaut point, non plus, celui qui a été apprêté selon l'antique système, néanmoins, il est d'une bonne qualité et notablement supérieur au cuir très spongieux et peu résistant, fait d'une façon ultra-rapide, dans les tonneaux rotatifs.

Michel n'est pas le premier qui ait eu l'idée de faire du tan de Châtaignier, car depuis des siècles les Anglais en fabriquaient avec l'écorce de ce végétal. Et, pendant longtemps, sur le marché de Londres, ce produit ne fut coté qu'un sixième de moins que le tan de Chêne.

Le tan d'écorce de Châtaignier contient aussi, comme celui du bois, une matière colorante qui tacherait le cuir si on ne l'éliminait point par un procédé particulier.

Seulement les Anglais ignoraient (et c'est au chimiste lyonnais qu'on doit cette découverte) que le bois de Châtaignier est bien plus riche en tanin que son écorce, c'est pour cette raison que les usiniers ne veulent que des bûches écorcées. Les bois trop jeunes ne sont pas exploitables pour l'acide gallique ; c'est à partir de l'âge de cinquante ans jusqu'au moment de leur déclin, que les Châtaigniers contiennent le plus de tanin.

Le bois de Châtaignier renferme presque le double de principes tanniques que celui de Chêne. Le bois « pelard » acheté pour les usines dose de 4 à 8 p. 0/0 de tanin ; le bois vert en contient davantage que le sec, les arbres de la Corse ont deux cinquièmes de plus de principes tanniques que ceux de Bretagne.

Cent kilogs de bois de Châtaignier donnent en moyenne 25 kilogs d'extrait brut à 25° Baumé ; l'extrait vaut un franc le quintal métrique par degré Baumé. Ainsi un quintal d'extrait sortant de l'usine est vendu 25 francs et il n'a fallu que quatre quintaux de bois pour l'obtenir.

.·.

Pour fabriquer l'extrait, le bois est varlopé et réduit en parcelles minuscules à l'aide de machines à désarticuler, de râpes ou de rabots automatiques spéciaux. Ces miettes sont aussitôt jetées dans des cuves où elles subissent une décoction prolongée dans plusieurs bains successifs d'eau chaude, à 60 ou 70° centigrades, jusqu'à complet épuisement des principes contenus dans le bois.

Ce lessivage opéré, on procède à la concentration. Pour cela, on fait passer les liquides dans un appareil évaporisateur à triple effet, semblable (quoique de plus grandes dimensions) à celui qui est employé dans les sucreries pour condenser les jus clarifiés au sortir du filtre Dumont. Dans cet appareil, formé de trois chaudières, le vide partiel est établi progressivement et l'on diminue successivement la pression de l'air, d'abord à 650 millimètres dans la première chaudière, à 380 millimètres dans la deuxième et à 100 millimètres dans la troisième, jusqu'à ce qu'on ait concentré le jus à 25 degrés Baumé. On a alors l'extrait brut commercial de Châtaignier.

L'extrait commercial incolore s'obtient en clarifiant l'extrait brut par des procédés de décoloration peu connus et dont les meilleurs sont tenus secrets par les fabricants. Ceux-ci se réservent le monopole d'épurer les jus et d'en tirer non seulement le tanin, mais aussi des couleurs, une substance destinée à charger la soie, etc.

Après diffusion dans les cuves et autoclaves, le bois traité, débarrassé de tout suc, passé à l'état de déchet, sert encore à divers usages. Seul ou mêlé à du poussier de charbon, à des débris de houille, on en confectionne des briquettes pour le chauffage des chaudières de l'usine. Ou bien on le transforme en *cellulose* que l'on obtient pure en faisant bouillir les miettes, ou copeaux, avec une dissolution étendue de potasse caustique qu'on traite ensuite par le chlore, l'acide acétique, l'alcool et l'eau.

Le Châtaignier, après extraction des matières tanniques, est employé aussi à la fabrication de l'*alcool méthylique* ou *esprit de bois*. A ces fins, on distille les déchets en les chauffant fortement dans une grande cornue de fonte ; on recueille un liquide qu'on soumet à une seconde distillation, dont on ne conserve que les premiers produits, ceux-ci contiennent l'esprit de bois brut. Pour avoir de l'esprit de bois pur, on rectifie l'esprit brut en le redistillant à 65° plusieurs fois de suite sur de la chaux vive. C'est un liquide incolore, d'une odeur agréable et éthérée. (L'odeur désagréable de l'esprit de bois brut est due à des impuretés). La densité de l'esprit de bois pur est à 0°, de 0",814, il bout à 66°,5. Il se mêle en toutes proportions avec l'eau, l'alcool et l'éther ; distillé avec du chlorure de chaux, il donne du *chloroforme ;* il dissout les huiles, les substances grasses, les résines et les matières colorantes. On emploie souvent l'esprit de bois pur pour renforcer le degré alcoolique des vins faibles et pour alcooliser les vins artificiels, particularité qui a occasionné la légende du *vin de bois de Châtaignier*. Il est vrai qu'avec les extraits et les sous-produits du bois de Châtaignier (alcool méthylique, tanin, couleurs, etc.), on peut parfaitement composer un vin artificiel, auquel on donnerait le goût des grands crus à l'aide de substances œnologiques *ad hoc*. Mais cette mixture, du reste difficile à réussir, et relativement coûteuse, n'est à recommander pas plus que ce qui est frelaté, et autres margouillis.

L'esprit de bois impur, moins cher que l'alcool ordinaire, est employé comme combustible, pour l'éclairage et pour la préparation des vernis. Les résidus de la distillation consistent en charbon et autres matières également utilisables.

Comme on le voit, rien n'est perdu pour l'usinier, tout est bon dans le Châtaignier.

II. — Production et commerce des matières tanniques. — Déboisement.

Depuis la découverte des extraits tanniques, leur application à la préparation des cuirs s'est de plus en plus propagée et généralisée. Aujourd'hui, partout où croissent le Châtaignier, le Chêne, le *Quebracho* (Aspidospermum Quebracho), le *Hemlock* (Abies Canadensis), etc., on fabrique des extraits. Ceux de Chêne, de Châtaignier et de Quebracho sont produits en quantités considérables. Les États-Unis donnent annuellement 140.000 tonnes d'extraits de Chêne et de Hembock ; la France fournit 100.000 tonnes d'extraits de Châtaignier et environ 14.000 tonnes de Quebracho, l'Allemagne produit 12.000 tonnes d'extraits de Quebracho et de Noix de Galles. Excepté la France et l'Italie, les autres pays ne fabriquent guère ou point d'extraits de Châtaignier : ils produisent, surtout l'Autriche, des écorces de Chêne, de Pin, de Bouleau, du Sumac, etc.

La fabrication et l'emploi des extraits ont réduit des deux tiers, le prix des écorces de Chêne. Tanneurs et mégissiers ne se servent plus que très rarement de l'ancienne méthode, ils emploient assez souvent le tannage mixte, mais, aujourd'hui, ils préparent ordinairement les peaux d'après le procédé ultra-rapide, rien qu'avec des extraits. Nous disons : *des extraits*, parce qu'il est d'usage de les mélanger, et c'est même préférable. On associe un dixième de Quebracho à neuf dixièmes d'extraits de Châtaignier.

C'est la France qui fournit le plus de celui-ci. Les diverses contrées de l'Europe, étant très pauvres en matières tannantes, sont obligées d'en acheter, ils en importent principalement des États-Unis et de France, aussi exportons-nous pour sept millions de francs d'extraits tanniques en Allemagne, en Angleterre, en Suisse, etc. Chaque année l'exportation augmente à cause de la création de nouvelles fabriques et de redoublement d'activité de celles qui existent. Ainsi, la Corse qui possédait en 1901, deux usines, en a une troisième qui fonctionne depuis la fin de 1902 ; elles auront bientôt complètement déboisé l'arrondissement de Bastia. L'exportation de l'Ile a été de 8.000 tonnes d'extraits tanniques, en 1902 ; elle est, pour 1903, de 12.000 tonnes (d'où 4.000 tonnes de plus) chiffre qui est appelé à progresser, dit M. Donati, par suite des agrandissements apportés aux fabriques d'acide gallique. Déjà, à elle seule, la Corse exporte plus du tiers des extraits qui nous sont pris par l'Étranger.

*
* *

L'industrie des extraits tanniques est surtout entre les mains des Anglais et des Allemands. Ce sont eux qui, ne pouvant plus se contenter des produits de leurs pays, sont venus en France et ont réussi à fonder, chez nous, des usines pour l'exploitation en grand de nos Châtaigniers. Maintenant ils rejettent l'écorce, ils ne veulent que du *bois pelé* ou «*pelard*» pour alimenter les fabriques qu'ils ont installées en Savoie, dans le Lyonnais, en Corse, en Limousin, etc.

Depuis 1886, ces industriels ont établi une de leurs usines sur la Corrèze, en aval de Tulle, à proximité de la gare de Cornil. Ils n'y reçoivent que de grosses bûches, bien écorcées, le bois trop vieux est refusé. Nous avons une facture qui prouve que la *Société anonyme des matières tannantes et colorantes* (anciens établissements A. Levinstein), siège social : 29, avenue Wagram, à Paris (VIIIᵉ), (adresse télégraphique « Tannancol-Paris »), a payé, le 30 novembre 1901, la somme de 717 fr. 80 à l'un de ses correspondants de Juillac, pour 136 st. 72 de bois de Châtaignier, soldés à raison de 5 fr. 25

rendus franco en gare de Segonzac-Saint-Robert et destinés à l'usine de Cornil.

Un stère pèse 375 kilos, 100 kilos sont vendus 1 fr. 40 dont il faut défalquer les frais d'exploitation, d'écorçage, de transport et de chargement sur wagon en gare expéditrice, et la commission de l'agent : celui-ci ayant acheté le bois et avancé le prix, puis fait lui-même les charrois. Généralement il procède à l'exploitation du bois après marché à forfait avec le propriétaire de la châtaigneraie. Pour se payer de son travail et de l'acte d'industrie accompli, il est obligé de revendre la marchandise au moins le double qu'elle ne lui coûte. Les 100 kilos ne peuvent donc être acquis, par lui, plus de 1 fr. 40. C'est, du reste, le prix auquel nous avons vu un propriétaire se défaire, pour l'usine, d'un superbe Châtaignier abîmé par la foudre : il le céda à 0 fr. 70 le quintal métrique de bois recevable, soit sept sous le quintal ordinaire, ou 2 fr. 625 le stère, mais il ne se chargeait de rien. D'ailleurs le cultivateur qui lui-même abat l'arbre et prépare le bois comme il lui est exigé, ne le vend jamais plus de 10 à 11 sous le quintal ordinaire, soit un franc ou 1 fr. 10 les 100 kilos, et 3 fr. 75 à 4 fr. 125 le stère. Et encore faut-il qu'il le transporte au bord du chemin charretier le plus voisin de l'endroit où s'est faite l'exploitation.

C'est à ces prix dérisoires que les usines d'extraits de Châtaignier fabriquent de l'alcool de bois, de l'encre, de l'acide gallique, des matières colorantes de premier choix, etc. Elles réalisent de gros bénéfices dont profitent surtout les nations étrangères ; l'Angleterre, l'Allemagne, etc ..

Dans un hectare exploitable, nous comptons 100 arbres espacés de 10 mètres, ou 70 Châtaigniers distants de 12 mètres. Ces 70 arbres fournissent, en moyenne, 5 stères de bois pelé chacun, tandis que les 100 Châtaigniers, moins espacés, donnent 3 stères et demi l'un, ce qui fait, par hectare, le même volume dans les deux cas : soit 350 stères pesant 131 tonnes et 250 kilos.

Acheté au propriétaire à raison de 2 fr. 625 le stère ou 7 francs la tonne, abatage et façon faits par l'agent acquéreur, l'hectare est vendu (2 fr. 625 × 350 = 7 fr. × 131, 250 =) *918 fr. 75.* Il convient d'ajouter à cette somme la valeur des déchets, ou bourrées, que se réserve toujours le cultivateur ; il y en a environ pour 0 fr. 25 par stère, en tout (0 fr. 25 × 350 =) *87 fr. 50.* Dans ces conditions, la destruction d'un hectare de châtaigneraie rapporterait (918 fr. 75 + 87 fr. 50 =) *1006 fr. 25.*

En payant le stère 5 fr. 25 à son agent, (soit 1837 fr. 50 pour 350 stères), l'usinier lui rembourse le prix d'achat donné au propriétaire, les frais d'exploitation et autres, et il solde aussi la commission de l'employé.

Les dépenses d'exploitation comprennent : 1º les frais d'abatage des arbres, 2º l'écorçage du bois et sa « mise en brasses ».

Les frais d'abatage varient selon les dimensions des Châtaigniers : nous les estimons en moyenne 0 fr. 25 par stère ou un franc par corde ou brasse de bois limousine, celle-ci étant de 4 stères.

L'écorçage et le brassage coûtent ordinairement 0 fr. 75 par stère ou 3 francs par brasse. Au total, les frais d'exploitation sont de un franc par stère, ou de 4 francs par brasse, soit de 350 francs pour 350 stères ou 87 brasses et demie.

L'agent a encore, à sa charge, le transport du bois pelé jusqu'au quai de la gare expéditrice, ce prix est proportionné à la distance. Par exemple, à Sanas, qui est à 10 kilomètres de la station du chemin de fer, le coût des charrois est de 5 francs par brasse, celle-ci pesant en moyenne 15 quintaux métriques ; le transport du stère s'élève à 1 fr. 25. L'agent a donc 2 fr. 25 de dépense par stère ou 9 francs par brasse, rien que pour les frais d'exploitation et de transport. En ajoutant le prix d'achat, le stère lui revient à (2 fr. 625 + 2 fr. 25 =) *4 fr. 875.* Son bénéfice net par stère est de (5 fr. 25 — 4 fr. 875 =) 0 fr. 375, cela fait 1 fr. 50 par brasse et 131 fr. 25 pour 87 brasses et demie.

En résumé : l'agent, en revendant à l'usinier 350 stères à 5 fr. 25 l'un, réalise la somme de 1837 fr. 25 se décomposant ainsi :

1° Achat du bois au propriétaire. . . . . . 918 fr. 75
2° Frais d'exploitation . . . . . 350 fr. ⎫
3° Frais de transport jusqu'à la   ⎬ 787 fr. 50
   gare d'expéditrice. . . . . 437 fr. 50 ⎭
4° Bénéfice net de l'agent . . . . 131 fr. 25

Total. . . . . . 1.837 fr. 50

Il est évident que plus le lieu d'exploitation est rapproché de la gare, et s'il est desservi par de bons chemins, plus les frais de transport sont réduits. Il résulte alors, en faveur du propriétaire du bois, une plus-value qui peut, selon le cas, atteindre jusqu'à 10 et même 20 0/0 du prix moyen, auquel elle s'ajoute, tandis que le contraire se produit quand la châtaigneraie est d'un accès difficile et si elle est éloignée de la voie ferrée.

Le propriétaire n'a pas intérêt à exploiter lui-même ni à faire les charrois. Les agents ont ordinairement à leur service des équipes de bûcherons familiarisés avec ce genre de travail ; ils possèdent aussi des chariots et des attelages *ad hoc*, en sorte qu'ils viennent facilement à bout d'un ouvrage que le cultivateur prévoyant se gardera bien d'entreprendre s'il veut éviter des mécomptes. Du reste, la matière ne lui manque point ailleurs pour utiliser son temps et ses bras, d'autant plus que la destruction des Châtaigniers vient lui créer de nouvelles et urgentes occupations nécessitées par la mise en valeur du terrain déboisé.

Quelques châtaigneraies fournissent à l'industrie des extraits plus de 500 stères par hectare, mais il y en a beaucoup qui donnent à peine 200 stères : notre moyenne est donc rationnelle. D'autre part, il est assez rare que le propriétaire tire plus de 918 fr. 25 de la vente de son bois, surtout maintenant, car les usiniers, syndiqués depuis 1901, ont baissé leurs prix. Aujourd'hui, les agents qui se chargent de l'exploitation, etc., ne payent le quintal métrique de bois guère plus de 0 fr. 70 à 0 fr. 60, et même 0 fr. 50, quand la châtaigneraie est située en terrain très accidenté et loin des gares. En sorte que les 350 stères sont vendus ordinairement par le cultivateur, à des prix variant entre 918 francs et 656 francs.

Les 131 tonnes et quart, ou 350 stères, fournis par un hectare, donnent, à l'usinier, environ 32 tonnes d'extraits, valant 8.000 francs. Il est vrai que celui-ci a de grands frais, mais combien de fois les récupère-t-il ?...

Il y a actuellement en France une quarantaine de fabriques d'extraits. Celle de Cornil est probablement la plus importante : elle achète les bois pelards de la Corrèze et ceux d'une grande partie des départements limitrophes. Cent tonnes sont journellement nécessaires pour alimenter ses chaudières, ce qui, pour 340 jours de travail annuel, fait 34.000 tonnes de bois donnant 8.500 tonnes d'extraits, d'une valeur de 2.125.000 francs, et représentant environ la douzième partie de la production française. Il faut, au moins, un massif serré de 260 hectares, pour fournir le bois exigé, chaque année, par l'usine de Cornil qui, en vingt ans, occasionne la destruction de 5.200 hectares de châtaigneraies.

La consommation annuelle du bois en France, depuis 1902, est environ de 32.000 tonnes de Châtaignier réduit en tan, appliqué directement à la préparation du cuir, et 400.000 tonnes employées pour la fabrication des extraits, ceux-ci ayant une valeur totale de 25 millions de francs.

Ces 432.000 tonnes représentent une superficie déboisée, en un an, de 3.857 hectares, superficie qui, vu l'extension sans cesse croissante des usines, atteindra et dépassera bientôt le chiffre de 4.000 hectares de châtaigneraies anéanties chaque année, soit 40.000 hectares en dix ans, ou 80.000 hectares dans vingt ans. Quelle fâcheuse perspective, surtout si l'on considère que les déboisements antérieurs à 1902, occasionnés uniquement par les usines, (non compris ceux qui sont dus à d'autres causes), s'élèvent à 35.000 hectares. La Corse, la Corrèze, la Haute-Vienne, le Gard, la Dordogne, la Creuse, le Lot et le Cantal sont, par ordre décroissant, les départements les plus ravagés par ce déboisement abusif.

III. — Méfaits des usines à tanin.

Nous ne qualifierions pas d'abusif ce déboisement, si le cultivateur se contentait d'abattre les Châtaigniers malades ou trop vieux, ceux dont la récolte va en diminuant. Nous ne récriminons point quand on vend pour l'usine les arbres provenant de l'éclaircie de massifs trop touffus, de bordures aux files trop serrées. Ainsi font, du reste, les propriétaires avisés, au lieu de dévaster leurs domaines et de sacrifier l'avenir au présent. Mais malgré l'intérêt qui s'attache à la fabrication des extraits tanniques, cette industrie est loin, jusqu'à présent, de se concilier avec une sage exploitation du Châtaignier, avec les intérêts supérieurs de l'économie rurale.

Les usiniers ont des agents dans les principales régions où croît le Châtaignier. Ceux-ci savent, grâce au cabaret, circonvenir les petits propriétaires besogneux, aux yeux de qui ils font miroiter des avantages illusoires, et les décident à se défaire, à vil prix, de leurs meilleurs bois.

En faisant détruire les châtaigneraies, sources de profits et de bien-être, pour les conduire à la chaudière, cette industrie extrêmement nuisible apporte la désolation et la ruine.

Plusieurs écrivains de talent et des économistes se sont émus de cet état de choses. Ils en ont fait la peinture exacte et en ont prévu les funestes conséquences.

Dès 1893, peu de temps après la création de l'usine de Cornil, MM. Verlhac et Monzauge, hommes de lettres à Brive, écrivaient :

« Dans la partie la plus sauvage de la vallée de la Corrèze, près d'une petite station sur la ligne de Brive à Tulle, s'est établie il y a quelques années, une usine pour l'extraction de l'essence de Châtaignier.

« Au pied des montagnes raides, dans l'étroite gorge où la route, la rivière et la voie ferrée tressent leurs noirs cordons sur le velours vert des prairies, les bâtiments neufs halètent sous leurs toits de tuiles, tandis qu'une haute cheminée nuage le ciel rétréci. D'un côté, s'amoncellent en tas immenses des milliers de barils multicolores, qui semblent la desserte d'une orgie de géants ; de l'autre s'étend, un terrain long, large et lugubre, l'ossuaire des Châtaigniers. Décortiqués, fendus, coupés de longueur, blanchissant sous le soleil ou l'averse, ces restes mutilés de nos arbres limousins ont l'air de gigantesques fémurs ou de tibias énormes, et leur champ de repos évoque à l'esprit attristé le souvenir de ces cimetières d'éléphants dont Méry nous conta les merveilles.

« Lorsque de hardis novateurs vinrent introduire dans le pays cette industrie inconnue, l'opinion se passionna pour et contre 'entreprise.

« Les uns, les jeunes, les aventureux, admiraient la conception fructueuse, applaudissaient au pas que faisait le progrès, expliquaient que la coupure du bois aurait un résultat salutaire. Elle porterait, en effet, sur des arbres trop anciens pour beaucoup produire, remplacés par les jeunes plants au fur et à mesure de leur disparition. Mieux valaient, disaient-ils, deux Châtaigniers qu'un vieux. C'était un roulement à établir, comme dans les forêts l'aménagement des futaies.

« Bien plus nombreux était le clan des détracteurs. Pour eux, l'usine était destinée à drainer le peu de fortune du pays, dont le Châtaignier constitue la première ressource. Le paysan de la montagne, en effet, vit de trois choses : son Blé noir, ses Châtaignes et ses Cochons. L'homme mange le Blé noir, le Cochon mange la Châtaigne, la Châtaigne engraisse le Cochon que l'homme vend ou mange à sa fantaisie. Ces trois éléments sont nécessaires à son existence, et, l'un d'eux supprimé, l'équilibre est fatalement rompu.

« — De plus, disaient-ils, si vous dénudez ces pentes boisées et ces sommets touffus, que deviendront l'ombre, la fraîcheur et les eaux ? Le soleil de plomb des Causses et leurs vents implacables tariront les ruisseaux ; les rivières diminuées, dans leurs flots pollués par les déjections de l'usine, remplaceront les poissons moribonds par ces microbes dont le grossissement grimace aux vitrines des libraires... Voilà.

« Bref, en dépit de tout, l'usine s'installa. Les commencements furent modestes ; mais, intelligemment dirigée, l'exploitation s'accrut, devint énorme. D'un autre côté, les bois, payés très cher au début, baissèrent de prix dès que le paysan connut le chemin de l'usine, route du gain facile et prompt que l'on n'oublie pas plus que celle du cabaret. On prit vite l'habitude de mener son Châtaignier là-bas, comme son Porc à la foire. Et peu à peu les tombereaux descendirent vers la rivière, tous les géants de la contrée ; et tous passaient par la chaudière, envoyant au pays, comme dernier adieu, le panache qui s'échevelait au sommet de la cheminée de briques, tandis que se gaufraient de noir, en un deuil fraternel, les feuillages environnants. C'était si commode, de couper un arbre pour payer l'impôt, pour marier sa fille, pour envoyer son garçon au service ! L'année suivante on avait des Châtaignes en moins, le Cochon se vendait moins cher... vite un autre Châtaignier dégringolait vers l'usine, pour réparer le déficit... Et cela faisait un fatal engrenage où passait tout entier l'imprudent qui y fourrait le doigt... » (1)

---

(1) Extrait de *l'Echo de la Corrèze*, n° do juillet 1893.

Plus récemment, le très respecté Dr Escorne disait, dans le discours qu'il prononçait à Saint-Yrieix, le 8 septembre 1901, à l'occasion du Comice agricole qu'il présidait :

« Il y a quelques années, au début des Concours de Saint-Yrieix, je vous disais que *le Porc était inséparable de la Châtaigne limousine*. C'est en effet, à sa consommation habituelle que ces animaux doivent les qualités exceptionnelles qu'on ne retrouve dans aucune autre race au même degré, la saveur spéciale de la chair, et le développement énorme du tissu adipeux.

« Depuis la création récente des usines à tanin dans nos régions, les Châtaigniers tendent à disparaître et bientôt, si nous n'y prenions pas garde, ils seraient aussi rares que dans le nord du département, où leurs fruits paraissaient à peine de loin en loin sur la table des cultivateurs, et alors les qualités spéciales de nos animaux disparaîtraient avec la réputation si justifiée de notre élevage.

« Tel est le danger que je devais vous signaler tant qu'il est encore temps. Messieurs, songeons à l'avenir.

« Les marchands qui fréquentent nos contrées disent qu'il n'y a pas de foires comparables à celles de Saint-Yrieix, sinon pour la quantité, au moins pour la qualité qui fait prime dans le Midi ; leur expression familière, « *il n'y a qu'un Saint-Yrieix* » rend leur appréciation d'une façon aussi simple qu'énergique.

« La réputation de nos foires s'étend jusqu'en Allemagne où vont beaucoup de nos Porcelets destinés quelques-uns à améliorer la race similaire de Hanovre, et ils vont aussi beaucoup plus nombreux chaque année dans l'Ouest, la Charente et la Vendée, alors qu'il n'y a pas longtemps on n'y rencontrait que des Porcs blancs craonnais ou anglais. Ces exemples démontrent que cette race trouve, grâce à ses qualités propres, chaque jour des débouchés nouveaux, comme, du reste, elle obtient des succès répétés dans les concours de Paris et des départements.

« Mais, si ces qualités sont inhérentes à cette race et sont la résultante d'un régime spécial suivi pendant plusieurs siècles, je suis intimement convaincu qu'elles sont dues au régime exclusivement végétarien après le sevrage, et plus particulièrement à la consommation des Châtaignes qu'on récolte en grande quantité dans notre région montagneuse, et que, si celles-ci disparaissaient, la supériorité incontestée du Porc limousin serait atteinte et finirait par disparaître. »

Voici encore des extraits de l'éloquent plaidoyer d'un admirable littérateur, M. EDMOND HARAUCOURT, en faveur du Châtaignier et de la Corse, contre les usines désolatrices.

« Nous avons dans la Méditerranée, notre Grèce française,
belle comme la sœur antique, et nous la tuons, exactement
comme jadis les Vénitiens et les Turcs ont tué l'autre. La
Corse qu'on déboise, dans un siècle sera morte, et son minable
squelette, rouge au soleil, dormira sur la mer bleue.

« J'aime cette île vénérable et splendide où j'ai vécu : et
déjà on y meurt. On y meurt de faim par endroits. Le mal se
propage avec la rapidité vertigineuse que nous mettons à tous
nos actes : notre époque télégraphique, quand elle a décidé
un meurtre, y procède par dépêches, et les ordres de Bourse,
câblés d'un monde à l'autre, égorgent à distance, sans délai.
La mort pour mieux agir, se fait électrique. Elle a jeté son
dévolu sur la Corse, et le désastre va marcher vite...

« On coupe les Châtaigniers. Une industrie nouvelle s'adonne
à cette tâche parricide. Certes, il sied chez nous d'encourager
les industries, mais non quand elles assassinent. La fabrication
de l'acide gallique est mortelle pour la Corse....

« ..... C'est la vie même de la Corse que voilà mise en jeu.
Cette petite terre exilée vit et doit vivre d'elle-même. Mal
desservie par ses voies de communication, elle est et fut toujours contrainte à se suffire. N'ayant, par comparaison à d'autres
pays, ni industrie, ni agriculture, ni commerce, elle mourrait
sans le Châtaignier qui la nourrit ; et par chaque arbre qu'on
coupe, c'est la sève du pays qui s'en va goutte à goutte, le
sang même des hommes !

« Le Châtaignier, en Corse, c'est la vie : c'est, disait Paoli,
« l'Arbre à pain de la Corse ». En maintes communes il fournit
la nourriture exclusive du peuple... Est-ce tout ? l'Arbre en res-
pirant, fait la montagne saine, tandis que la plaine est insa-
lubre, et quant à ses racines, ce sont elles qui lacent et maintiennent l'humus sur la pente ravinée par l'effort des pluies
torrentielles. Arrachez-les, et les orages auront vite emporté
la terre. Plus de Châtaigniers, plus de foyers. Là où disparaissent les arbres, les villages vont disparaître. On le sait. Nul ne
le conteste.

« On arrache, quand même sans cesse, sans arrêt, jour par
jour, et de plus en plus chaque jour.

« Car le paysan corse, en voyant tomber ses arbres nourriciers, n'ignore nullement ce qu'il perd ? Pourquoi les abat-il ?
Eh ! par misère, par urgence, pour avoir tout de suite quelques
sous nécessaires ! Exemple : un brave homme devait 50 francs
à un fournisseur, et 10 francs au percepteur : il abattit sept
Châtaigniers, qui dans les pires années lui rapportaient 20 francs
de Châtaignes ; donc pour obtenir immédiatement un capital
de 60 francs, il aliénait un revenu annuel de 20 francs. —
Un autre, pour payer 20 livres de farine, arracha trois arbres,
sa fortune unique, qui le nourrissait pendant toute l'année :
aujourd'hui il demande l'aumône...

« Le mal s'enchaîne. Un arbre vendu a fait plus de misère ! Pour y remédier on abat un autre arbre, et voici quelques francs qui sauvent le moment. Tous les arbres y passent. Le paysan découragé, s'affole. La détresse croît autour de lui, en lui. L'usine qui guette ses besoins et ses arbres, lui prend ceux-ci et lui laisse ceux-là, plus profonds, plus noirs. Alors, ce montagnard affamé émigre, quête des places ailleurs, n'importe où ; les jeunes gens disparaissent : où sont-ils ? Par le monde. L'île se dépeuple. Déjà, au moment des récoltes, le petit propriétaire, ne trouvant plus d'hommes, recourt aux Italiens. qu'il fait venir pour le travail. Cependant, tandis que progresse l'émigration des citoyens, l'immigration des usines progresse normalement : d'Allemagne, d'Italie, voire même de France, elles arrivent, s'installent : d'abord, il y en eut deux, puis trois; en voici bientôt quatre, pieuvres de l'île et qui pompent la vie.

« Oh ! elles la payent, cette vie qu'elles boivent ! Des calculs dont nous vous ferons grâce, permettent d'établir que si la Corse s'est appauvrie de vingt millions, les propriétaires ont, en revanche, touché un million et demi ; en d'autres termes, ils ont encaissé et dépensé au jour le jour, la quatorzième partie de ce qu'ils ont perdu. Au demeurant, il reste zéro. On a vécu.

« Oui, vécu, mais on va mourir, et la Corse se tue comme autrefois la Grèce, qui vendit, elle aussi, sou par sou, la terre des aïeux pour fournir des galères aux marchands de Venise !

.·.

« Le remède ? On n'en voit guère d'autre qu'une loi qui interdise l'arrachement des arbres. On a cherché d'autres moyens plus doux : des esprits apitoyés y consacrent leurs peines. Un sénateur, M. *Farinole*, a demandé la création d'un impôt formidable, qui frappât l'acide gallique à sa sortie de l'usine. On peut craindre qu'un tel remède n'empire le mal : les usiniers, en effet, pour compenser cette charge nouvelle, payeront le bois moins cher encore, et le paysan obéré, pour obtenir l'argent qu'il lui faut, coupera deux arbres au lieu d'un, se tuera plus vite...

« Le remède, c'est une loi qui défende ces faibles contre eux-mêmes. L'Italie possède une législation forestière analogue à celle qu'il faudrait en Corse. Elle a mieux encore, et pour mieux protéger les utiles forêts, elle a gardé, de l'héritage antique, une cérémonie païenne, dont le charme est de poésie, dont le bienfait est de sagesse : chaque année, la *Fête nationale des Arbres* rappelle joyeusement les villageois à cette piété séculaire que les aïeux latins vouaient à la bonne famille des arbres... Cela est bien : car le bois sacré, qui fut tel par religion, est tel encore par nécessité sociale. Et quand le culte des hommes reconnaissants ne le protège plus assez, c'est à la loi d'intervenir (1). »

*   *

Il ne s'agit point de proscrire l'industrie des extraits de Châtaignier: elle est utile, mais seulement à la condition d'être modérée. Il est indispensable et absolument urgent de réglementer cette fabrication, de réduire des trois quarts le nombre des usines, ou de leurs chaudières autoclaves, et de limiter leur consommation aux arbres âgés, ayant dépassé leur période d'activité prolifique. (V. aux conclusions, pages 256 et suivantes).

____

(1) *Edmond Haraucourt :* « *Le bois sacré* » (Article de fond publié, le 28 janvier 1903, par le journal *Le Gaulois*).

CHAPITRE XI

LA FEUILLE

Feuilles et brindilles dans l'alimentation du bétail. — Les feuilles vertes et les tendres ramilles de Châtaignier sont une précieuse ressource pour la nourriture du bétail. Elles servent à remédier au manque de fourrage. Dans ce but, la récolte a lieu de juin en septembre, par un temps sec ; on coupe les branches bien garnies, âgées de 2 à 3 ans ; on en fait de petits fagots qu'on laisse sécher pendant 3 ou 4 jours, sous des hangards, à l'abri de la pluie et du soleil, et l'on engrange. Ainsi traitées, les feuilles restent vertes, adhérentes au bois et peuvent se conserver en bon état pendant plus de trois mois. La dessiccation leur enlève presque la totalité de leurs principes amers.

Les feuilles de Châtaignier, séchées à l'ombre, conviennent davantage aux Ruminants qu'au Cheval, moins aux Bœufs à l'engrais qu'à ceux à l'entretien et qu'aux Vaches laitières.

En hiver, Chèvres et Moutons consomment ces feuilles et les brindilles de 2 à 4 millimètres de diamètre, sans aucune préparation : il suffit de placer les fagots dans les râteliers. Pour le gros bétail, on détache les bouquets de feuilles ou ramilles et, après les avoir légèrement mouillées avec de l'eau salée, on les donne aux animaux, à raison de 2 kilogrammes par 100 kilogrammes de poids vivant. On ajoute de la paille hachée, des racines, du son, du grain, des Pommes de terre cuites, etc., car il ne faut pas affourager, les Bovidés surtout, uniquement avec des brindilles : il en résulterait, au bout de peu de temps de l'échauffement.

La ration journalière d'entretien d'une bête bovine adulte,

étant habituellement de 9 kilogrammes et demi de foin de qualité ordinaire ajouté à 2 kilogrammes de paille, peut être remplacée approximativement par 9 kg. 500 de feuilles séchées, de Châtaignier, mélangées à 3 kilogrammes de paille de céréales diverses, à 3 kilogrammes de Raves et à un demi-kilogramme de tourteau de Lin.

A l'aide d'une machine à broyer, d'un broyeur à Ajoncs, par exemple, on peut écraser complètement les branches, si elles sont d'un diamètre inférieur à deux centimètres. Celles de Châtaignier, contiennent plus de 4,60 p. 0/0 de matières azotées. Concassées en tout petits morceaux mêlés à de la Luzerne sèche et hachée, à des Betteraves, des Carottes ou des Raves coupées menues, et à des tourteaux de Coton, de Noix ou de Lin, elles contribuent à former d'autres excellentes rations alimentaires où l'on peut les faire entrer pour un tiers du poids total. Il est indispensable d'opérer le mélange dans une cuve étanche, et de l'humecter avec de l'eau salée 24 heures avant de le donner au bétail. Ainsi préparée cette nourriture devient plus digestible parce que les éléments nutritifs subissent préalablement un commencement de fermentation qui augmente leurs qualités, les rend plus tendres, plus savoureux et plus assimilables.

Utilisation des feuilles mortes : litières, fumier, terreau, etc. — Il est regrettable de priver les bois d'un engrais naturel qui contribuerait à leur prospérité. Malheureusement les feuilles de Châtaignier jouent un grand rôle depuis l'enlèvement des pailles pour diverses industries. Enlèvement facile : la paille ne tardera même guère à se vendre 2 fr. les 50 kilos (quintal ordinaire). Ce prix paraîtra très rémunérateur à ceux qui appauvrissent leurs domaines par l'infériorité du fumier, (sauf celui de feuilles qui est excellent), fait avec les autres litières de toute nature.

Les feuilles mortes de Châtaignier donnent de bonne litière en les mélangeant avec les Genêts et les Ajoncs qu'on fauche au moment du râtelage. Leur abondance est subordonnée à l'âge des arbres et à la nature du terrain. La quantité à utiliser diminue si des brouillards et des pluies froides suivies immédiatement de coups de soleil se produisent en juillet-août. Il en résulte le desséchement des pétioles et la chute prématurée de la plupart des feuilles, et, ce qui est plus grave encore, la perte de la récolte des Châtaignes auxquelles ces perturbations atmosphériques sont toujours fatales. Les feuilles tombées dans ces circonstances sont détruites par les intempéries, et par le passage des troupeaux, avant de pouvoir être recueillies.

On commence à ramasser la feuille après la récolte des Châtaignes, à partir de fin novembre jusqu'en avril. Pour empêcher que le vent ne disperse les feuilles et les emporte au loin, les cultivateurs soigneux ont la précaution de les réunir avec le râteau et de les tasser avec les pieds, en formant de petites meules. Quelques-uns mettent même des pierres, des bûches ou des fagots sur ces sortes de cônes. On enlève les feuilles pour la litière à mesure des besoins. Les bogues augmentent la qualité du fumier, car étant particulièrement spongieuses, elles retiennent les urines et empêchent l'écoulement du purin. Les feuilles mortes ont un pouvoir absorbant peu inférieur à celui de la paille et sont même plus titrées en azote, elles contiennent autant d'acide phosphorique, de la potasse et de la chaux.

Malgré la richesse des feuilles en éléments fertilisants, l'engrais qu'elles constituent est plus acide que celui de paille et se décompose plus lentement à cause du tanin qu'elles renferment : Il n'est pas rare, après un long séjour dans le tas de fumier, de trouver des feuilles encore intactes. Aussi serait-il bon de mêler à ce fumier un dixième de chaux afin d'en activer la décomposition. Cela transformerait vite une partie des éléments en *humate de chaux*, très assimilable aux plantes.

En dehors de leur emploi comme litière, les feuilles entrent dans la composition des *composts* en les mélangeant aux herbes, balayures, curures de fossés et autres détritus. C'est un engrais excellent qui devient parfait si l'on prend soin d'y ajouter aussi de la chaux en poudre, de couper le tas deux ou trois fois dans un intervalle de cinq à six mois, en remêlant le tout de manière à le rendre le plus homogène possible. Porté, au bout d'un an, pendant l'hiver, dans les prairies naturelles, cet engrais produit un double effet par ses propriétés physiques et chimiques : il rechausse les plantes, facilite l'épaississement des bonnes herbes et la disparition des Mousses ; il produit une action fertilisante telle que de ce fait un hectare rapporte, en moyenne, un supplément de foin sec de 15 à 20 quintaux métriques.

En horticulture, on emploie les feuilles de Châtaignier et autres arbres pour la confection des couches tièdes, on en fabrique du terreau et des composts spéciaux pour la culture des plantes exigeant des soins particuliers.

Autrefois, il était d'usage de garnir des couettes avec des feuilles sèches de Châtaignier, ramassées aussitôt après leur chute, avant que la pluie ne les ait touchées. C'était la mode en Limousin et ailleurs, de mettre ces couettes dans certains lits dits « de parement » où elles servaient de doublure à des matelas de plume. Souples, élastiques et nerveuses, ces feuilles s'affaissaient en gémissant, en criant, pour se relever ensuite à l'instar du crin.

« Plusieurs se servent des feuilles de Chastagner à remplir des coutils de lits de plume, qu'ils appellent par sobriquet lits de parement, parce que la feuille gazouille, se couchant, se levant, se démenant sur tel lit (1). »

______

(1) *Charles Étienne* et *Jean Liébault : La maison rustique*, 1ʳᵃ édition, 1553.

CHAPITRE XII

LE CHATAIGNIER ET L'ORNEMENTATION DES PARCS, ETC.

Le Châtaignier n'est pas seulement précieux comme arbre fruitier, mais il mérite également d'être apprécié pour l'ornementation des grands parcs et des jardins paysagers.

On en borde les avenues, on en fait de superbes allées, on le plante isolément. Ses coupoles vert tendre contrastent avec les pyramides élancées des noirs cyprès.

Les Châtaigniers à feuilles panachées et marginées de jaune, de blanc, etc., sont uniquement utilisés pour orner les parcs et les jardins paysagers. Il en est de même du Châtaignier nain ou *Chincapin* (Castanea pumila). On emploie celui-ci dans les massifs et pour parer le bord des eaux.

Mais laissons traiter ce chapitre à notre bon compatriote limousin et collègue, de la Société Nationale d'Horticulture, M. Henri Nivet *jeune*, de Limoges, officier du Mérite agricole, officier d'Académie, horticulteur éminent et architecte-paysagiste des plus distingués, dont la compétence en pareille matière fait autorité. La réputation de M. H. Nivet n'est plus à faire. Cet artiste a créé des parcs et des jardins paysagers qui comptent parmi les plus beaux de France. Membre du jury chargé de statuer sur le concours des plans de parcs et jardins de la section étrangère à l'Exposition universelle de 1900, il fut désigné pour rédiger le Rapport du Comité de l'Art des jardins. Il s'acquitta de la manière la plus élogieuse de cette tâche délicate et difficile.

« *A Monsieur Jean-Baptiste* Lavialle.

« Le Châtaignier doit être considéré comme un de nos plus beaux arbres à utiliser dans les parcs et jardins paysagers.

« Il aura toujours une vigueur assurée dans nos régions chaque fois qu'il sera placé à l'exposition est ou nord-est, et planté dans des terrains légers, silicieux ou granitiques.

« Le Châtaignier est de première utilité dans nos grands parcs forestiers pour former des futaies ou des taillis. Il est employé seul la plupart du temps, mais on peut cependant le mélanger avec d'autres essences forestières. Dans mes créations de parcs et jardins paysagers, en Limousin et dans la Marche, j'ai utilisé très souvent, avec beaucoup de succès, comme fond de plantations, d'immenses taillis et futaies où je n'ai eu qu'à tracer des allées nouvelles. J'ai trouvé maintes fois des Châtaigniers en spécimens volumineux, à formes irrégulières et pittoresques, qui m'ont énormément favorisé dans l'établissement de ronds-points, de bancs de repos, de salles de jeux, etc...

« J'estime que ces vieux arbres deviennent beaucoup trop rares pour ne pas blâmer les propriétaires qui les détruisent sans motif urgent. Mieux vaudrait modifier certains principes du tracé des jardins plutôt que de faire disparaître ces géants séculaires de notre végétation, dont le respect a été recommandé par Delille dans les vers suivants :

> « Mais ne vous hâtez point ; condamnez à regret,
> « Avant d'exécuter un rigoureux arrêt.
> « Ah ! songez que du temps ils sont le lent ouvrage,
> « Que tout votre or ne peut racheter leur ombrage,
> « Que de leur frais abri vous goûtiez la douceur. »

« Le Châtaignier ordinaire (Castanea Vulgaris) (1) est celui que l'on rencontre communément. Ses longues et belles feuilles bien dentées, d'un vert clair, se dorant à l'automne ; ses fleurs jaune verdâtre qui apparaissent en juin et juillet ses fruits hérissés de piquants, et enfin sa vigueur et sa forme souvent très pittoresque, lui donnent, pendant sa végétation, des aspects variés qui lui assignent une bonne place dans les avenues, et pour les groupes dans les pelouses.

« Le Castanea americanensis, de l'Amérique septentrionale, est plus rustique. Il présente des qualités identiques au *C. Vulgaris* et peut être utilisé d'une façon analogue.

« Depuis quelques années, un grand nombre de variétés à feuillage lacinié ou à feuillage panaché ont été mises au commerce. Parmi les principales employées dans l'ornementation des parcs et jardins, je citerai :

I. — Variétés de Châtaigniers à feuilles laciniées.

« **Castanea vulgaris dissecta**, à feuillage finement découpé ; il peut être élevé en tiges, ou en pyramides de préférence. Il est employé isolé ou en groupes sur les pelouses.

---

(1) Synonyme de *Castanea vesca* et de *Castanea sativa*.

« **Castanea v. crispæfolia**, à feuilles frisées et découpées, à utiliser comme le précédent.

« **Castanea v. heterophylla**, à feuillage lacinié très gracieux. Cette variété peut être dressée en tiges on en superbes pyramides à planter en groupes ou en sujets isolés sur pelouses.

II. — Variétés à feuilles panachées.

« **Castanea v. foliis argenteis**, à feuilles panachées de blanc, variété pouvant former de magnifiques pyramides : à planter aussi en groupes ou isolément sur pelouses.

« **Castanea v. foliis aureïs**, à feuilles panachées de jaune : à élever et à dresser comme la précédente.

« **Castanea v. foliis albo-marginatis**, feuilles à panachure blanche, vive et très constante ; variété vigoureuse et recommandable : à planter également en groupe ou en isolé.

« A côté de ces principales variétés de Châtaigniers employées pour la décoration des parcs et des jardins, on en trouve d'autres moins cultivées quoique aussi recommandables, telles que : *Castanea pumila*, Châtaignier nain des États-Unis, à planter en massifs, en groupes ou en isolé ; *Castanea vulgaris fastigiata*, *Castanea v. quercifolia*, et enfin le *Castanea v. pendula*, à rameaux pendants.

« Toutes les espèces et variétés de Châtaigniers énumérées ci-dessus, pourront rendre, dans bien des circonstances, de réels services, non seulement aux créateurs de parcs et jardins, mais aussi à nos nombreux amateurs d'horticulture qui habitent les régions du Châtaignier. »

Limoges, le 13 février 1903.

H. NIVET Jeune.

— M. Nivet a bien voulu faire cet excellent article pour notre modeste livre qu'il nous aide à compléter. Nous le remercions sincèrement.

CHAPITRE XIII

REVENUS DES CHATAIGNERAIES

I. — Revenus d'autrefois.

Édouard Lamy publia, en 1842, dans le *Bulletin de la Société d'Agriculture, des Sciences et Arts de Limoges*, le compte rendu détaillé du rendement d'une châtaigneraie de *médiocre qualité*, ajoute-t-il, qu'il possédait à la Chapelle, commune de Saint-Léonard (Haute-Vienne), et dont il avait fait exploiter les arbres en 1834.

Il nous paraît naturel de reproduire ici, *in-extenso*, ce document qui nous intéresse à plusieurs titres. Il nous aide à prouver, par des chiffres, l'importance agricole du Châtaignier, il montre l'utilisation de ses produits, il a l'inappréciable mérite de nous apprendre ce que valait une châtaigneraie autrefois et ce qu'elle a rapporté à différentes époques, depuis celle de sa plantation, (datant presque de 1680), jusqu'à sa destruction. Nous remontons ainsi à plus de 220 ans en arrière.

« Cette châtaigneraie, d'un hectare d'étendue, comprenait « 90 arbres transplantés depuis 150 ans. Tous les troncs, « sauf 15, étaient creux ou profondément altérés.

« J'ai retiré de ces Châtaigniers :

1º 1.100 mètres de planches de 23 à 27 millimètres d'épaisseur à raison de 50 francs le cent de 2 mètres, atteignent une valeur de . . . . 275 »

2º 700 mètres de planches dites *de lattes*, qui à 15 francs le cent de 2 mètres, valent 52 50

A reporter. 327 50

	Report.	327 50

3° 210 stères de bois de bûche, qui, à 1 fr. 50 l'un s'élèvent à la somme de . . . .　315　»

4° 500 fagots, qui, à 5 francs le cent, ont été vendus . . . .　25　»

5° 3 stères de copeaux ou de mêmes branches, que j'estime à raison de 0 fr. 50 l'un. . . . .　1 50

Total . . . . . 669　»

« Ce produit est net, en ce sens que, dans chacune de mes évaluations, j'ai défalqué successivement les frais de main-d'œuvre.

« Mais, comme en exploitant moi-même, j'ai fait un acte d'industrie, il y a lieu d'en estimer la valeur à.　200　»

« Mon produit total se trouve donc réduit à. . .　469　»

« C'est, à 49 francs près, le prix que plusieurs marchands de bois m'avaient offert de mes 90 arbres sur pied.

« Le sol nu valant, à raison de 460 francs l'hectare . . . .　460　»

« Ma châtaigneraie avait donc, avant d'être exploitée, une valeur réelle de . . . .　929　»

« Ainsi, un sol d'une valeur de 460 francs ayant atteint, en 150 années, une plus-value foncière de 469 francs, j'arrive à cette conclusion rigoureuse que ce sol avait capitalisé chaque année une valeur moyenne de 3 fr. 12, et ce, indépendamment du revenu annuel que je viens de déterminer à son tour.

« Adoptant pour terme moyen le tiers de ces produits cumulés depuis trois années, j'obtiens le rendement annuel de :

1° 15 hectolitres de Châtaignes, qui, à 1 franc l'un, valent . . . .　15　»

2° 9 charretées de feuilles, qui, à 1 franc l'une, valent . . . .　9　»

3° 10 stères de bois, provenant des vieux troncs et des émondes, qui, à 0 fr. 75 l'un, (non compris quelques lattes, corps de pompe, planches de caisse), donnent. . . . .　7 50

4° 6 jeunes Cochons, en se nourrissant pendant un mois des Châtaignes de rebut, laissées sous les Châtaigniers, ont accru en valeur de . . . . . .　3 50

A reporter . . . . .　35　»

Report. . . .   35   »

5° 160 Brebis ou Agneaux, en y pâturant durant
15 jours, ont acquis un surcroît de   2   »

6° On y fauchait annuellement une énorme charre-
tée de Fougères, qu'on ne peut estimer au-dessous de.   1   »

Total   38   »

« C'est encore un produit net, puisque, avant d'estimer les
objets qui figurent dans ce tableau, j'ai pris soin de faire
distraction de mes déboursés pour frais de toutes sortes,
même ceux de la garde des Porcs et des Moutons.

« On serait peut-être surpris que le produit des feuilles se
fût élevé à 9 francs si l'on ne savait que ce genre de récolte
est moins variable que celle du fruit.

« Peut-être trouvera t-on étrange que les Châtaignes de
rebut consommées sur place aient presque atteint le quart
de la valeur de celles qui ont été ramassées. Mais il faut
remarquer que, les premières n'ayant à peu près exigé aucun
frais de récolte, j'ai eu moins de réduction à opérer sur leur
produit, et que, dans les années défavorables aux Châtaignes,
ceux-ci se couvrent cependant de bogues exiguës, dont les
fruits à demi avortés, fournissent encore un aliment assez
substantiel à quelques-uns de nos animaux domestiques.

« Ainsi donc 38 francs ! tel a été le rapport annuel de ma
châtaigneraie sur ses dernières années.

« Mais, pour déduire des conséquences générales, une
moyenne prise sur le court espace de trois années serait insuffisante.

« Je vais donc rechercher une base plus large, la moyenne
du produit brut de cette châtaigneraie pendant les 150 années
de son existence.

« Ici je ne puis prétendre à donner des calculs rigoureusement exacts ; mais je n'ai rien négligé pour approcher le
plus possible de la vérité et je crois avoir atteint le point
essentiel, celui qui suffit pour servir de fondement à des rai-
sonnements solides.

« Je me suis aidé, pour cette partie de mon travail, des renseignements que m'ont fournis deux de mes colons d'une
rare intelligence, et fils d'un vieillard qui, pendant 80 ans,

a cultivé la propriété de la Chapelle, dont je jouis en ce moment.

« On remarquera qu'il suffit de rechercher les variations de quantité de produit. Leur appréciation sera la même que précédemment. par une raison bien simple, c'est que, si, d'une part, la rareté du numéraire lui donnait bien plus de valeur qu'il n'en possède actuellement, la compensation, de ces deux différences maintiendra donc l'expression du prix énoncé.

« Je divise d'abord les 150 années en quatre séries comprenant, les deux premières, chacune 25 années, les deux suivantes, chacune 50.

« La moyenne des produits a été, pour la première série, de 15 fr. 80 ; savoir :

1º En Céréales et Sarrasin (attendu que, l'ombrage des jeunes arbres n'était point encore nuisible, on pouvait labourer et ensemencer le terrain), ci...............................Fr. 13.80 ⎫
2º En Châtaignes..................... 2 » ⎬ 15.80

Cette somme, multipliée par les 25 années de la série, donne..................   395 »

« Pour la deuxième série, de 25 fr. 75, savoir :

1º En Châtaignes................Fr. 11 » ⎫
2º En Châtaignes de rebut pour les Cochons......................... 2.50 ⎬ 25.75
3º En feuilles......................... 7 »
4º En pacage pour les Brebis......... 3.75
5º En Fougères destinées à la litière.. 1.50 ⎭

Cette somme, multipliée par les 25 années de la série, donne..................   643.75

« Pour la troisième série, de 42 francs, savoir :

1º En Châtaignes................Fr. 18 » ⎫
2º En Châtaignes de rebut........... 4.25
3º En feuilles......................... 13 » ⎬ 42 »
4º En bois............................ 3 »
5º En pacage......................... 2.75
6º En Fougères....................... 1 » ⎭

Cette somme, multipliée par les 50 années de la série, donne..................   2.100 »

        A reporter.........   3.138 75

Report...... 3.138 75

« Pour la quatrième série, de 37 fr. 25, savoir :

1º En Châtaignes................Fr. 15 »
2º En Châtaignes de rebut........... 3.50
3º En feuilles...................... 10 »
4º En bois...................... 5.75   } 37.25(1)
5º En pacage pour les Brebis........ 2 »
6º En Fougères.................... 1 »

Cette somme, multipliée par les 50 années
   de cette dernière série, donne....... 1.862.50

Total du produit pour les 150 années.   5.001.25

« Cette somme, également répartie sur les 150 années d'existence de ma châtaigneraie, donne annuellement, pour toute sa durée, un revenu moyen de 33 fr. 31.

« Il est facile de suivre, dans ces quatre séries, la marche de croissance et de décroissance de chaque espèce de produit. Tout agriculteur un peu éclairé appréciera fort aisément la raison de ces différences. Il comprendra, par exemple, que dans la première et la deuxième série, le revenu en bois a dû être nul à cause de la jeunesse des arbres; comme aussi dans la quatrième, il a dû être plus important que dans la troisième, parce que les arbres, moins vigoureux en passant à l'état de vieillesse, ont été plus fréquemment déchirés par les ouragans, et attaqués par la hache avide du colon.

« Reprenant mes calculs, je dis :

La moyenne des revenus annuels pendant les
   150 ans a été de. . . . . 33 fr. 31
La plus-value foncière annuelle a été de. . . . . 3 » 12
Ma châtaigneraie a donc rapporté pour toute sa
   durée un produit annuel de. . . . . 36 fr. 46

qui, comparé à sa valeur première, savoir :

1º Prix du sol nu. . . . . 460 fr.
2º Prix de la plantation et des premiers soins. 22 »

Ensemble. . . . . 482 fr.

m'a donné pour ce capital un intérêt de 7 1/2 p. 0/0.

______

(1) « Ce total est inférieur de 0 fr. 75 à la moyenne des produits de ma châtaigneraie pendant trois années, s'élevant à 38 francs : on voit par là combien je me suis appliqué à ne pas exagérer mes évaluations (E. Lamy). »

« Dans la crainte d'avoir, par erreur, exagéré quelques-unes de mes évaluations, je réduirai volontiers ce rendement annuel à 7 p. 0/0.

« Le même sol, depuis 1835, alternativement cultivé en Céréales et en Sarrasin, a rapporté chaque année, en moyenne, la somme de. . . . . 170 fr.

« Les frais de labours, d'engrais, de semences, de battage, etc., tant pour Seigle que pour Sarrasin, se sont annuellement élevés à. . . . . 140 fr.

Produit annuel net. . . . . 30 fr.

« Afin de rester dans le vrai, je devrais réduire ce produit d'un cinquième, parce que ma terre, naturellement maigre, légère et peu susceptible d'améliorations, du moins par le mode de culture pratiqué dans nos domaines, à déjà perdu la fertilité provisoire acquise par un long repos.

« J'admets donc, et je m'y crois fondé que, à dater de ce jour, la moyenne du revenu annuel de ma terre ne sera que de 24 francs ; mais je la suppose de 26 francs.

La valeur foncière du sol étant de................Fr. 460 »
Les premiers travaux de défrichement et de nivellement
  ayant coûté.. 60 »

Le capital se trouve de.......... 520 »

« La culture en céréales me donne 5 pour 0/0, tandis que celle en Châtaigniers m'a donné 7.

Différence : 2 pour 0/0 en faveur de ces derniers (1).

« Je dois rappeler que ma châtaigneraie, pendant
  les trois dernières années de son existence, rap-
  portait annuellement......................Fr. 38 »
Depuis qu'elle est devenue terre labourable, son
  rapport ne s'élève qu'à...................... 26 »
Mais l'exploitation du bois de 90 Châtaigniers 49.45
  m'ayant permis de capitaliser 469 francs, qui
  donnent, à raison de 5 p. 0/0.................. 23.45

_____

(1) « Cette différence s'explique par la nature du sol de ma terre qui la rend plus propre à la culture du Châtaignier qu'à celle des céréales ; sur un terrain plus ingrat, la différence deviendrait encore plus considérable en faveur de la première culture (E. L.). »

J'ai porté, par mon opération, à 49 fr. 45 un
revenu antérieur de 38 francs.

« Conséquemment, augmentation dans mon revenu
de...   11.45

Nous donnons la suite de ce très intéressant article agronomique à la fin de notre monographie, au chapitre des conclusions (V. page 260). On y verra comment et pour quelles
raisons. Ed. LAMY qualifie lui-même *d'amorce séductrice* cette
augmentation de revenu de 11 fr. 45, toute réelle qu'elle était.

Nous venons d'être renseigné avec précision sur les revenus donnés autrefois par un hectare de châtaigneraie et sur
le capital accumulé ; capital recueilli quand les arbres ont
atteint leur maximum de croissance... Nous allons examiner
maintenant, ce que rapporte actuellement la même étendue.

II. — Revenus d'aujourd'hui.

Châtaigneraies non labourées. — Voici les chiffres que
nous devons à l'obligeance de M. le Dʳ PAUL MAZIN, propriétaire à Ségur (Corrèze) : ils concernent un hectare de bois
lui appartenant.

Châtaigneraie non labourée de 50 ans d'âge ; 400 arbres
plantés à cinq mètres en tous sens produisant, depuis quelques années, une moyenne de 30 hectolitres de Châtaignes
savoir :

1º 20 hectolitres, 1ᵉʳ choix, pour la vente, à
  5 fr. 50 l'un (1).............................Fr. 110   »
2º 10 hectolitres pour la nourriture du personnel de la ferme et des Porcs, à 2 fr. 50 l'un.   25   »
3º En outre, on retire 10 charretées de feuille,   160   »
  à 2 fr. l'une...   20   »
4º 100 fagots provenant de l'élagage, estimés..   5   »
5º Valeur du pacage pour les Brebis : néant
  (pâturage insignifiant, ouvert à tout le monde
  et ne rapportant rien au propriétaire).

Soit 160 francs l'évaluation totale du revenu brut annuel.

A défalquer :

____

(1) Prix variant (à Ségur), de 4 fr. 50 à 6 fr. 50 et même jusqu'à
7 fr. 50 l'hectolitre.

<table>
<tr><td></td><td>Report.........</td><td>160 »</td></tr>
</table>

1º Frais d'exploitation (élagage, récolte des Châtaignes, enlèvement des litières...........	40 »	44 »
2º Impôt approximatif.....................	4 »	

Reste pour le revenu net.   116 »

M. Mazin estime 2.000 francs la valeur actuelle de sa châtaigneraie dont le terrain, avant la plantation, valait à peu près 500 francs, il y 50 ans. C'est donc une plus-value foncière de 1500 francs acquise grâce au Châtaignier. Cette châtaigneraie donne aujourd'hui un revenu net de 5 fr. 32 p. 0/0. Nous sommes persuadé qu'elle rapportera bientôt davantage si son propriétaire fait arracher les trois quarts des arbres, de façon qu'ils ne soient plus qu'à dix mètres les uns des autres, car, dans l'état actuel, leurs rameaux commencent à se toucher et les Châtaigniers se nuisent réciproquement. En les éclaircissant ainsi, et en en labourant les intervalles, ils se développeront normalement et arriveront à produire un rendement triple.

Deuxième exemple. — M. Francis Breuil, agriculteur à Sanas, près de Juillac (Corrèze), a un bois d'un hectare, contenant 120 arbres âgés de cent vingt ans, rapportant moyennement :

1º 21 hectolitres Châtaignes de 1ᵉʳ choix pour la vente, à 6 fr. l'un (1)................Fr.	126 »	
2º 11 hectolitres Châtaignes pour la nourriture des Porcs, etc., à 2 fr. 50 l'un...........	27.50	
3º 20 charretées de feuille et autre litière fauchée, à 2 fr. l'une....................	40 »	210.50
4º 4 stères de bois provenant des émondes et des vieux arbres, à 1 fr. 50 l'un...........	6 »	
5º 100 fagots.....................	5 »	
6º Valeur du pacage pour les Moutons........	6 »	

A défalquer :

1º Frais de ramassage des Châtaignes et de la feuille.....................	25 »	59.50
2º Frais d'entretien des arbres.............	30 »	
3º Impôt approximatif.................	4.50	

Reste pour le revenu net...   151 »

(1) La Châtaigne de Sanas est cotée plus cher que celle de Ségur, elle vaut davantage, malgré l'excellence de celle-ci.

M. Breuil estime à 500 francs l'hectare le terrain nu; il croit que s'il mettait sa châtaigneraie en vente, il n'en trouverait pas plus de 1.200 francs, bien qu'il soit persuadé qu'elle vaut davantage, et nous n'en doutons point, d'autant moins qu'elle lui rapporte le joli revenu de 12 fr. 50 p. 0/0.

.˙.

Troisième exemple. — Nous avons à L... près Lubersac (Corrèze), une châtaigneraie de quatre-vingt-cinq ans de plantation, contenant trente arbres à l'hectare. Les sujets sont à 18 mètres les uns des autres; on les élague soigneusement chaque année, mais le sol n'est pas travaillé. Il est vrai que le fond est excellent et que ce bois de forme rectangulaire, bordé sur deux côtés par des chemins ruraux, est entouré, ailleurs, par une bonne terre que nous faisons labourer jusqu'aux pieds des arbres en lisière. Aucun de ceux-ci n'est creux, tous sont greffés des meilleures variétés, (Corrive et Bourrue).

La production ordinaire d'un hectare est :

1° 30 hectolitres de premier choix, pour la vente, à 5 fr. 50 l'un....................Fr. 165 »

2° 15 hectolitres pour la nourriture des Porcs, à 2 fr. 50 l'un......................... 37.50

3° 12 charretées de feuille et de litière fauchée, à 2 fr. l'une......................... 24 »

4° Bois et fagots provenant de l'élagage et des émondes.............................. 3.50

230 »

Nous n'utilisons point le pacage.

Soit 230 francs l'évaluation totale du revenu brut.

A défalquer :

1° Frais de ramassage des Châtaignes, feuille et litière fauchée........................... 30 »

2° Frais d'élagage........................... 15 »

3° Impôt approximatif....................... 5 »

50 »

Produit net annuel.... 180 »

Nous estimons à 800 francs la valeur du sol nu. Malgré la plus-value donnée par les Châtaigniers, nous ne trouverions guère à vendre ce bois plus de 1.500 francs l'hectare, bien qu'à ce chiffre il nous procure un intérêt de 12 francs pour 0/0.

En réalité, comme cette châtaigneraie fait partie d'une métairie, nous ne vendons point les Châtaignes ; nous les abandonnons toutes au métayer, (excepté un sac que nous prélevons pour nous indemniser de l'impôt). Elles sont employées à la nourriture du colon, des Cochons, de la volaille, etc. Cependant nos calculs sont exacts : la récolte des Châtaignes donne ordinairement deux tiers en fruits de premier choix ; le dernier tiers est réservé pour l'engraissement. Celles-ci ne sont jamais estimées au-dessous de 2 fr. 50 l'hectolitre. Mais, s'il n'est procédé à aucun triage, l'hectolitre est coté alors 3 fr. 50 à 4 fr. 25, selon la qualité. Or les produits de la châtaigneraie, utilisés dans la ferme, pour l'engrais du bétail, etc., nous procurent, en général, des bénéfices au moins égaux à ceux que nous obtiendrions en vendant la récolte.

Quatrième exemple. — La châtaigneraie de M. *Lachaud*, à Cherveix, près de Juillac, produit encore davantage que la précédente.

Les arbres, plantés en carrés, sont espacés de 20 mètres sur chaque ligne ; ils ont à peine quatre-vingts ans et sont greffés de Châtaigniers Bourrus. Depuis vingt ans, ce bois qui, avant, était labouré chaque année, n'a reçu d'autre soin qu'un élagage très soigné.

Plantés dans un fond de qualité supérieure, les Châtaigniers ont pris un développement incomparable, au point que, malgré la distance qui les sépare, leurs branches se rejoignent. Tous remarquablement sains et de même taille, ils font l'admiration des connaisseurs. On nous affirme qu'ils fournissent chacun, en moyenne, presque 3 hectolitres de Châtaignes et que l'hectare donne quinze charretées de feuille et de litière. Nous n'en sommes nullement surpris, mais, ne mettrions-nous que 2 hectolitres, par crainte d'exagération, nous arrivons au résultat suivant :

1º 33 hectolitres de Châtaignes de 1er choix,
pour la vente, à 6 fr. l'un................Fr. 198 »
2º 17 hectolitres pour la nourriture des Porcs,
à 2 fr. 50..................... 42.50
3º 15 charretées de feuille et de litière, à 2 fr.
l'une........................ 30 » } 283 »
4º Bois provenant de l'élagage, estimé....... 5 »
5º Pacage pour les Moutons................. 1.50

Soit 283 francs l'estimation totale du revenu brut annuel.
A défalquer :

1º Frais de ramassage des Châtaignes, feuille
et litière................................ 35 »
2º Frais d'élagage........................ 15 » } 55 »
3º Impôt approximatif..................... 5 »
                        Produit net annuel... 228 »

La propriété où se trouve cette superbe châtaigneraie a été
vendue, à l'amiable, l'été dernier, au prix moyen de quatorze
cents francs l'hectare, ce qui ferait environ 1.500 francs
avec les frais divers relatifs à l'achat, d'où un revenu de
15 pour 0/0, pour le bois de Châtaigniers.

.˙.

Cinquième exemple. — Il s'agit d'une jeune châtaigneraie
entrée en plein rapport depuis peu d'années. Elle est située
dans la commune de Concèze (1) et fait partie d'une belle
propriété appartenant à notre collègue, M. C. LAPLANCHE,
instituteur à Juillac.

Nous donnons *in-extenso* la lettre qu'il nous écrit à ce sujet:
elle renferme des détails qui ont leur valeur:

                        « Juillac, le 12 juin 1903.
        « Mon cher Collègue,
    « C'est avec plaisir que je m'empresse de vous donner les
renseignements que vous avez bien voulu me demander.

» Mon bois Châtaignier, de Concèze, a une surface de
1 Ha.,02,80. Il contient 77 arbres ayant 40 années de greffage,
soit cinquante ans d'âge environ.

----

(1) *Concèze*, est une commune du canton de Juillac, donnant en abondance de très bonnes Châtaignes.

» Sur le pourtour de la châtaigneraie, en bordure, il y a encore 29 arbres m'appartenant en partie. D'autres appartiennent à des voisins. Tous déversent une certaine quantité de leurs fruits dans le bois, car, à Concèze, mes riverains et moi n'avons pas l'habitude d'élaguer nos arbres jusqu'à la belle pointe pour nous porter réciproquement un imbécile préjudice.

» Cet ensemble me donne, depuis quelque temps, largement, en moyenne 33 hectolitres de Châtaignes que je répartis ainsi :

1° 10 hectolitres de 1ᵉʳ choix, à 6 fr. 50 l'un. Fr.   65 »

2° 14 hectolitres de second choix, à 3 fr. 50 l'un.   49 »

3° 9 hectolitres de petites Châtaignes (à faire sécher), à 1 fr. 50 l'un.................... 13.50

} 127.50

Et :

4° 10 voitures de feuille destinée à faire litière au bétail............................. 20 »

5° 2 stères de bois provenant de l'élagage ou récurage des arbres..................... 4 »

6° 80 fagots, à 0 fr. 05 c. pièce............. 4 »

7° La châtaigneraie forme prairie-pacage, j'en estime le pâturage........................ 10 »

} 38 »

Total du revenu brut....   165.50

» Pour le ramassage de la Châtaigne, voici comment, selon moi, il faut l'évaluer :

» Si c'est un bois de petit rapport, on donne le tiers des fruits, s'il s'agit d'un bois de plein rapport, comme le mien, on varie entre le quart et le cinquième de la récolte, suivant appréciation

» Prenons le cinquième, si vous voulez, quoique je ne sois pas disposé à donner le ramassage à un taux si élevé.

1° Ramassage de la Châtaigne et assemblage de la feuille $\left(\dfrac{127 \text{ fr. } 50}{5} \right)$.......................Fr.   25.50

2° Frais généraux d'entretien, *bien cher*............. 15 »

3° Impôt matricial.................................. 3.50

Total des dépenses....   44 »

Revenu net : 165 fr. 50 — 44 fr. = 121 fr. 50

» Ce bois a été estimé récemment par un expert, marchand de biens et fort digne homme, 1.200 francs en arrangement de famille.

» Vous ferez remarquer que l'humidité naturelle du sol a fait périr quatre arbres, ceux qui étaient au centre de l'entonnoir d'humidité. Par contre, je me propose de conduire prochainement, à l'aide d'un aqueduc, des eaux nutritives (qu'il ne faut pas confondre avec celles qui suintent d'un terrain trop humide et qui sont nuisibles au Châtaignier). Ces eaux fertilisantes, déversées à la surface du terrain, donneront de la vigueur aux arbres et au pacage. J'aurai ainsi une prairie-châtaigneraie, ou une châtaigneraie-prairie, qui produira de l'herbe que je ferai consommer en vert, au printemps.

» J'ai un deuxième bois-châtaigneraie dont les arbres sont d'âges divers, mais la majorité est jeune, seulement le sol est pauvre. Je l'ai fait labourer en enfouissant la feuille. J'ai l'intention, quand je procéderai à une deuxième opération semblable, d'y faire une semaille intercalaire de Trèfle. J'estime avoir un double avantage : 1° donner au sol l'azote qui lui manque; 2° avoir un pacage succulent pour mon bétail.

» Faites bien ressortir, mon cher collègue, dans votre livre, que nos paysans traitent moins bien leurs Châtaigniers que les bandits calabrais ne traitent leurs victimes. Le paysan ne va aux bois que pour rapporter; il n'y va jamais pour apporter.

« Veuillez agréer, etc... C. LAPLANCHE. »

Voilà un bois qui commence bien. Il donne déjà plus de 10 p. 0/0 d'intérêt. Mais il produira davantage, surtout si le propriétaire procède à des éclaircies dont le besoin doit se montrer et qui lui fourniront immédiatement un revenu supplémentaire important. L'enlèvement des arbres gênant les autres, la pratique des soins projetés, l'emploi du terreau et de scories de déphosphoration, mettront bientôt la châtaigneraie de M. Laplanche en état de donner des rendements supérieurs à tous ceux que nous avons exposés dans les exemples précédents.

Châtaigneraies cultivées.—M. GEORGES ROCHE, de Ségur, possède une châtaigneraie de cinquante années de plantation, d'une contenance de deux hectares, aux arbres espacés d'environ dix mètres. Le sol est occupé par une prairie formée d'herbes choisies où dominent le ray-grass et les plantes légumineuses. On y met tous les deux ans 25.000 kilos d'un mélange de terreau et de fumier.

On y récolte annuellement :

1° 60 quintaux ordinaires de foin, à 3 fr. l'un . 180 »
2° 42 hectolitres de Châtaignes 1er choix, vendus 6 fr. l'un.................... 252 »
3° 23 hectolitres de Châtaignes pour la nourriture des Porcs, etc., à 2 fr. 50.................... 57 50
4° 16 charretées de feuille, à 2 fr. l'une...... 32 »
5° 200 fagots, à 5 fr. le cent................. 10 »
6° Le pacage est évalué à.................... 30 »

561.50

Soit 561 francs de revenu brut annuel.

M. Roche évalue les frais d'exploitation et les impôts à 101.50

Reste pour le revenu net........... 460 »

Soit 230 francs pour un hectare.

Il nous semble, toutefois, qu'en raison de l'apport du fumier et du terreau (12.500 kilos par an et 6.250 kilos par hectare) et de la façon du foin, l'estimation générale des dépenses n'est pas assez élevée. Aussi, pour cette raison, augmenterons-nous ce chiffre de 30 francs par hectare (ce qui fait 161 fr. 50 pour deux hectares, au lieu de 101 fr. 50 ; et 80 fr. 75 pour un hectare, au lieu de 50 fr. 75) Il reste encore 200 francs de revenu net. Le propriétaire ne nous ayant pas donné l'estimation de sa châtaigneraie, nous ne pouvons, par suite, évaluer le taux de l'intérêt.

Les châtaigneraies soumises à des cultures intercalaires ; (voir page 70), Pomme de terre, Seigle, etc., donnent des résultats aussi rémunérateurs que la précédente. Le grain a moins de poids que celui des épis qui mûrissent au grand soleil ; nous avons constaté jusqu'à 14 kilos de différence par hectolitre. Il ne faut point garder pour semence le grain de ces récoltes venues sous l'ombrage. La paille, qui a crû à l'ombre, est grêle, légère, d'une couleur pâle et très souple ;

aussi la recherche-t-on, dans les campagnes, pour en fabriquer des nattes et surtout des chapeaux.

M. *Breuil*, de Sanas, dont il a été déjà parlé, possède une autre châtaigneraie de quinze ans de plantation, située dans un terrain de très médiocre qualité et qu'il a trouvé le moyen d'améliorer considérablement par des labours croisés, donnés deux fois par an. Il enfouit la feuille en même temps. Les arbres sont de belle venue, et déjà, cette année, ils ont donné douze sacs de Châtaignes dont huit de première qualité, valant ensemble 60 francs. rendement, qui, maintenant, couvre trois fois les frais de culture.

CHAPITRE XIV

REVENUS DES TAILLIS

Comme pour la châtaigneraie, le prix d'un hectare de taillis est très variable. Il dépend de la nature du terrain, de la vigueur des souches et des facilités d'exploitation. Certaines parcelles vaudront à peine 300 francs, tandis que d'autres, presque voisines, seront évaluées plus de 2.000 francs,

Un taillis Châtaignier, situé dans des conditions moyennes, vaut, en Limousin, guère moins de mille francs l'hectare.

La première coupe peut avoir lieu dix ans après le semis, mais, le plus souvent, on ne la fait que la douzième ou la quatorzième année (1) ; les coupes suivantes, nous l'avons dit ailleurs, se pratiquent tous les sept, ou huit, ou dix, ou douze, ou quinze, ou dix-huit ans, selon la force du bois et l'usage auquel on le destine.

Pour le propriétaire qui vend son bois sur pied, les frais d'exploitation sont nuls. Les dépenses pour la coupe et les diverses manipulations qui mettent le bois en état d'être vendu aux différents industriels et aux viticulteurs qui en ont besoin, (en y comprenant le coût des charrois, le chargement sur wagon en gare expéditrice et l'intérêt du prix d'achat de la coupe), sont estimées exactement au prix que coûte l'acquisition du bois sur souche: Par exemple, un marchand qui achète le bois d'un hectare de taillis, 400 francs, dépense environ autant pour le faire couper, etc., etc. Il est

____

(1) Les bois de la première coupe fendant généralement mal, ne sont guère façonnés que sous forme de gros piquets et de tuteurs.

évident qu'il faut qu'il revende la marchandise au moins 800 francs, s'il veut « gagner sa vie ».

.·.

Un terrain de 300 francs l'hectare fait plus que doubler de prix s'il est transformé en taillis. Nous estimons à 1000 francs sa valeur l'année de la coupe décennale, et à 600 francs aussitôt après l'enlèvement de celle-ci que nous évaluons à 400 francs, prix d'achat ordinaire de coupes appartenant à la moyenne catégorie.

Les soins d'entretien sont insignifiants. Reste à défalquer un impôt approximatif de 2 francs, soit 20 francs tous les dix ans; mettons autant pendant le même laps de temps (20 fr.) pour l'entretien des fossés et l'extirpation des Ronces et des Églantiers, ce qui fait, en tout, 40 francs. Il reste 360 francs, pour le revenu capitalisé en dix ans, ou 36 francs par an.

Si nous basons le taux sur le capital représenté par le prix du terrain primitif (300 fr.), on obtient 12 0/0. Mais, si l'on tient compte de la valeur acquise (600 fr.), le taux se réduit de moitié c'est-à-dire à 6 0/0, dont il serait juste de défalquer un franc, montant approximatif des intérêts capitalisés, à 5 0/0, des revenus dormants pendant le temps qui s'écoule entre deux coupes consécutives. Ce taillis rapporte donc, en réalité, 10 0/0 au propriétaire qui l'a établi et qui le possède, et seulement 5 0/0 à l'acquéreur qui l'a acheté en en payant la plus-value.

Peu de taillis de Châtaignier n'atteignent point ces rendements, la plupart les dépassent et, quelquefois même, les doublent.

Un taillis planté en Chêne ne donne point la moitié du revenu de celui de Châtaignier. C'est à peine si un hectare de Chêne, en taillis, peut fournir 100 stères de bois de chauffage.

CHAPITRE XV

FLORE DES CHATAIGNERAIES

Cette flore est intimement liée à celle des granits. Les roches cristallines, granitoïdes et gneissiques, qui constituent les terrains où croissent les Châtaigniers, sont loin d'être stériles. On peut en juger par le grand nombre de plantes qui naissent et prospèrent dans les châtaigneraies.

Les *Renonculacées, Crucifères, Caryophyllées, Papilionacées, Rosacées, Ombellifères, Composées, Scrofularinées, Labiées, Euphorbiacées, Orchidées,* et *Graminées,* sont les familles de dicotylédones et de monocotylédones qui y sont le plus représentées. On y rencontre aussi, en quantité, des cryptogames divers, surtout la *Fougère mâle,* de belles espèces de *Mousses,* d'*Hépatiques,* de *Lichens* et de *Champignons.*

Nous écrivons ce chapitre pour renseigner les botanistes, les herboristes et amateurs. Ils trouveront dans les bois de Châtaignier, en même temps que la fraîcheur et le repos, un passe-temps aussi utile qu'agréable.

Ce catalogue, où ne figurent point les grands arbres, comprend les principales espèces qu'on rencontre, dans les châtaigneraies et les terrains environnants. Elles accompagnent le Châtaignier sur les hauteurs. La plupart de ces plantes ne dépassent pas la limite extrême de cet arbre sur les flancs du Massif Central et ne croissent guère au delà de la Zone polaire de végétation de Châtaignier.

Nous adoptons la classification de MM. GASTON BONNIER et de LAYENS, d'après l'ordre établi dans leurs ouvrages (1).

---

(1) *Gaston Bonnier* et *G. de Layens : Flore complète de la France,* un vol. in-8° Paris, Paul Dupont éditeur.

Renonculacées. — Clématite vigne-blanche — Herbe aux gueux (1) (Clematis vitalba L.) ; Pigamon mineur (Thalictrum minus L.), Pigamon jaune (T. flavum L.), Pigamon à feuilles étroites (T. angustefolium L.); Anémone des bois — Sylvie — (Anemone nemorosa L.), Anémone pulsatille (A. pulsatilla L.); Adonis d'été (Adonis æstivalis L.); Renoncule aquatique — Grenouillette — (Ranunculus aquatilis L.). Renoncule flammette — Petite Douve — (R. flammula L.), Renoncule langue — Grande Douve (R. lingua L.), Renoncule des champs (R. Arvensis L.), Renoncule scélérate. — Herbe sardonique — (R. sceleratus L.), Renoncule bulbeuse (R. bulbosus L.), Renoncule rampante (R. repens L.), Renoncule des bois (R. nemorosus L.), Renoncule âcre — Bouton d'or — (R. acris L.); Ficaire fausse-Renoncule (Ficaria ranunculoides Mœnch.) ; Populage des marais — Souci d'eau — (Caltha palustris L.); Hellébore fétide — Pied de Griffon — (Helleborus fœtidus L.), Hellébore vert (H. viridis L.); Ancolie vulgaire — Gants de Notre-Dame (Aquilegia vulgaris L.) ; Dauphinelle Consoude — Pied d'Alouette — (Delphinum Consolida L.).

Papavéracées. — Pavot coquelicot (Papaver Rhœas L.), Pavot douteux (P. dubium L.), Pavot Argémone (P. Argemone L.).

Fumariacées. — Corydalle jaune (Corydallis lutea DC.), Corydalle à vrilles (C. claviculata DC.) ; Fumeterre officinale (Fumaria officinalis L.), Fumeterre à petites fleurs (F. parviflora Lam.), Fumeterre grimpante (F. capreolata L.).

Crucifères. — Radis Ravenelle (Raphanus raphanistum L.); Moutarde des champs — Sanve — Sené — Sénevé. Moutarde sauvage (Sinapis arvensis L.) ; Diplotaxis des murailles (Diplotaxis muralis DC.) ; Vélar fausse Giroflée (Erysimum cheiranthoides L.); Barbarée vulgaire (Barbarea vulgaris R. Br.); Alliaire officinale (Alliaria officinalis Andrz.) ; Sisymbre officinal — Herbe aux chantres. — Vélar — (Sisymbrium officinale Scop.) : Cresson officinal — Cresson de fontaine — (Nasturtium officinale R. Br.), Cresson sauvage (N. silvestre R. Br.); Arabette de Thalius (Arabis Thaliana L.), Arabette hérissée (A. hirsuta Clav.); Cardamine hérissée (Cardamina hirsuta L.), Cardamine impatiente (C. impatiens L.), Cardamine des prés — Cres-

____

(1) Les noms vulgaires sont placés entre deux tirets.

son des prés — (C. pratensis L.), Cardamine des bois (C. silva.
tica Linch.) ; Alysson à calice persistant (Alyssum calycinum
L.) ; Drave du printemps (Draba verna L.) ; Ibéris amer (Ibe-
ris amara G.) ; Teesdalie à tige nue (Teesdalia nudicaulis
R. Br.) ; Capselle bourse à pasteur (Capsella bursa-pastoris
Mœnch.) ; Tabouret des champs (Thlaspi arvense L.), Tabouret perfolié (T. perfoliatum L.) ; Passerage des champs (Lepi-
dium campestre R. Br.), Passerage des décombres) L. rude-
rale L.): Senebière corne-de-Cerf (Senebiera coronopus Poir.);
Rapistre rugueux (Rapistrum rugosum All.).

Cistinées. — Hélianthème en ombelle (Helianthemum umbellatum Mill.), Hélianthème vulgaire (H. vulgare Gærtn.).

Violariées. — Violette des marais (Viola palustris L.), Violette hérissée (V. hirta L.), Violette odorante (V. odorata L.),
Violette des Chiens (V. canina L.), Violette des bois (V, silvestris Lam.), Violette tricolore — Pensée sauvage (V. trico-
lor L.).

Résédacées. — Réséda jaune (Reseda lutea L.), Réséda jaunâtre (R. luteola L.).

Polygalées. — Polygala commune (Polygala vulgaris L.).

Caryophyllées. — Cucubale à baies (Cucubalus bacciferus
L.) ; Silène enflée (Silene inflata Sm.), Silène conique (S.
conica L.), Silène de France (S. gallica L.), Silène penchée
(S. nutans L.), Silène Arméria (S. Armeria L.), Silène Otités
(S. Otites Sm.) ; Lychnis fleur de Coucou (Lychnis flos-
Cuculi L.), Lychnis viscaire (L. viscaria L.), Lychnis Coro-
naire (L. Coronaria D C.), Lychnis dioïque (L. dioica L.) ;
Saponaire officinale (Saponaria officinalis L.), Saponaire
faux-Basilic (S. ocymoides L.) ; Gypsophile des murailles
(Gypsophila muralis L.) ; Œillet à lanières (Dianthus fimbria-
tus Lam.), Œillet prolifère (D. proliferus L.), Œillet Arméria (D. Armeria L.), Œillet des chartreux (D. Carthusiano-
rum L.), Œillet Giroflée (D. Caryophyllus L). Œillet de
Séguier (D. Seguieri Chaix.) ; Sagine couchée (Sagina pro-
cumbens L.), Sagine sans pétales (S. apetala L.), Sagine
droite (S. erecta L.), Lagine subdulée (S. subdulata Wimm.) ;
Sabline mucronée (Arenaria mucronata DC.), Sabline à feuilles étroites (A. tenuifolia L.), Sabline à trois nervures (A.
trinervia L.), Sabline à feuilles de Serpolet (A. serpyllifolia

L.); Stellaire intermédiaire — Mouron des oiseaux — (Stellaria media Vell.), Stellaire des bois (S. nemorum L.), Stellaire Holostée (S. Holostea L.), Stellaire graminée (S. graminea L.) ; Holostée en ombelle (Holosteum umbellatum L.) ; Ceraiste vulgaire (Cerastium vulgatum L.), Ceraiste des champs (C. Arvense L.), Ceraiste aggloméré (C. glomeratum Thuill.), Ceraiste variable (C. varians Coss. et Germ.) ; Spergule des champs (Spergula arvensis L.), Spergule à cinq étamines (S. pentandra L.) ; Spergulaire des moissons (Spergularia segetalis Fenzl.), Spergulaire rouge (S. rubra Pers.).

Linées. — Lin de France (Linum gallicum L.), Lin usuel (L. usitatissimum L.), Lin purgatif (L. catharticum L.); Radiole faux Lin (Radiola linoides Gmel.).

Malvacées. — Mauve Alcée (Malva Alcea L.), Mauve sylvestre (M. silvestris L.), Mauve à feuilles rondes (M. rotundifolia L.) ; Guimauve faux Chanvre (Althæa Cannabina L.), Guimauve hérissée (A. hirsuta L.).

Géraniées. — Géranium Herbe-à-Robert (Geranium Robertianum L.), Géranium à feuilles rondes (G. rotundifolium L.), Géranium disséqué (G. dissectum L.), Géranium colombin (G. columbinum L.), Géranium mou (G. molle L.), Géranium à tiges grêles (G. pusillum L.), Géranium des bois (G. silvaticum L.), Géranium sanguin (G. sanguineum L.) ; Erodium à feuilles de Ciguë-Cicutaire — (Erodium cicutarium L'Hérit.).

Hypéricinées. — Millepertuis hérissé (Hypericum hirsutum L.), Millepertuis à 4 angles (H. quadrangulum L.), Millepertuis couché (H. humifusum L.), Millepertuis à feuilles linéaires (H. linearifolium Vahl.), Millepertuis élégant (H. pulchrum L.).

Ampélidées. — Vigne vinifère (Vitis vinifera L.).

Oxalidées. — Oxalis petite Oseille — Pain de Coucou — (Oxalis Acetosella L.), Oxalis corniculée (O. corniculata L.).

Ilicinées. — Houx à feuilles épineuses (Ilex aquifolium L.),

Rhamnées. — Nerprun Bourdaine (Rhamnus Frangula L.), Nôprun purgatif (R. cathartica L.).

Papilionacées. — Ajonc d'Europe — Landier — (Ulex europæus L.), Ajonc nain (U. nanus L.) ; Sarothamne à balai — Genêt à balai — (Sarothamnus scoparius Roch.), Genêt d'Allemagne (Genista germanica L.), Genêt d'Angleterre (G. anglica L.),

Genêt sagitté (G. sagittalis L.), Genêts des teinturiers (G. tinc-
toria L.), Genêt poilu. (G. pilosa L.) ; Ononis à feuilles rondes (Ononis rotundifolia L.), Ononis rampant — Arrête-Bœuf —
O. repens L.) ; Anthyllis vulnéaire — Trèfle jaune des sables —
(Anthyllis vulneraria L.); Luzerne en faucille (Medicago fal-
cata L.), Luzerne Lupuline — Minette — (M. lupulina L.), Luzerne
naine (M. minima Lam.) ; Mélilot officinal (Melilotus officinalis Lam.) : Trèfle étalé (Trifolium patens Schreb), Trèfle
filiforme (T. filiforme L.), Trèfle porte-fraise (T. fragiferum L.),
Trèfle rampant — Trèfle blanc — (T. repens. L.), Trèfle des
champs — Pied de Lièvre — (T. arvense L.), Trèfle rougeâtre
(T. rubens L.), Trèfle aggloméré (T. glomeratum L.), Trèfle
scabre (T. scabrum L.), Trèfle strié (T. striatum L.), Trèfle
des prés (T. pratense L.), Trèfle intermédiaire (T. medium L.),
Trèfle jaunâtre (T. ochroleucum L.), Trèfle souterrain (T.
subterraneum L.), Lotier très étroit (Lotus angustissimus L.),
Lotier corniculé (L. corniculatus L.), Lotier des marais (L. uli-
ginosus L.) ; Astragale à feuilles de Réglisse (Astragalus
glycyphyllos L.) ; Vesce des haies (Vicia sepium L.), Vesce
cultivée (V. sativa L.), Vesce jaune (V. lutea L.), Vesce faux
Sainfoin (V. onobrychoides L.), Vesce Cracca (V. Cracca L.),
Vesce à feuilles tenues (V. tenuifolia Roth.), Vesce des haies
(V. sepium L.), Vesce à 4 graines, (V. tetrasperma Mœnch.) :
Gesse de marais (Lathyrus palustris L.), Gesse hérissée
(L. hirsutus L.), Gesse des prés (L. pratensis L.), Gesse sau-
vage (L. silvestris L.), Gesse anguleuse (L. angulatus L.),
Gesse tubéreuse (L. tuberosus L.); Coronille minime (Coro-
nilla minima L.), Coronille Emerus (C. Emerus L.) ; Orni-
thope délicat — Pied d'oiseau — (Ornithopus perpusillus L.) ;
Hyppocrépis à toupet — Fer-à-Cheval — (Hippocrépis comosa L.).

Rosacées. — Prunier épineux — Épine noire — (Prunus spi-
nosa L.); Spirée à feuilles de Millepertuis (Sprirœa hypericifo-
lia L.), Spirée Ulmaire. — Reine des prés — (S. Ulmaria L.),
Spirée Filipendule (S. Filipendula L.); Benoîte commune
(Geum urbanum L.); Potentille faux-Fraisier (Potentilla
fragariastrum Ehrh), Potentille Ansérine (P. Anserina L.),
Potentille couchée (P. supina L.), Potentille Tormentille (P.
Tormentilla L.), Potentille rampante (P. repens L.), Potentille
argentée (P. argentea L.); Fraisier comestible (Fragaria

vesca L..):Ronce du mont Ida — Framboisier — (Rubus Idæus L.), Ronce arbrisseau (R. fructicosus L.), Ronce des rochers (R. saxatilis L.); Rosier des Chiens — Églantier — (Rosa Canina L.), Rosier rubigneux (R. rubignosa L.), Rosier rampant (R. repens Scop.), Rosier à longs styles (R. stylosa Desv.); Aigremoine Eupatoire (Agrimonia Eupatoria L.); Pimprenelle Sanguisorbe (Poterium Sanguisorba L.); Sanguisorbe officinale (Sanguisorba officinalis L.); Alchemille des champs (Alchimilla arvensis Scop.); Aubépine épineuse — Épine blanche — (C- rætagus oxyacantha L.).

Onagrariées. — Épilobe en épi (Epilobium spicatum Lam.), Épilobe des marais (E palustre L.). Épilobe hérissé (E. hirsutum L.), Épilobe à petites fleurs (E. parviflorum Schreb.), Épilobe des montagnes (E. montanum L.), Épilobe à 4 angles (E. tetragonum L.); Onagre bisannuelle (Œnothera biennis L.), Isnardie des marais (Isnardia palustris L.); Circée de Paris (Circæa lutetiana L.).

Myriophillées. — Mâcre nageante — Châtaigne d'eau (Trapa natans L.).

Callitrichinées. — Callitriche aquatique (C. aquatica Huds.) et ses variétés.

Cératophyllées. — Cératophylle submergé (Ceratophyllum submersum L.), Cératophylle émergé (C. demersum L.).

Lythrariées. — Lythrum Salicaire (Lythrum Salicaria L.), Lythrum à feuilles d'Hysope (L. hyssopifolia L.); Péplis Pourpier (Peplis Portula L.).

Cucurbitacées. — Bryone dioïque (Bryonia dioïca Jacq.).

Portulacées. — Pourpier potager (Portulaca oleracea L.) ; Montie des fontaines (Montia fontana L.).

Paronychiées. — Illécèbre verticillé (Illecebrum verticillatum L.) ; Herniaire vulgaire (Herniaria vulgaris N.) ; Corrigiole des rivages (Corrigiola littoralis L.); Scléranthe annuel — Gnavelle annuelle — (Scleranthus annuus L.), Sclérante vivace (S. Perennis L.).

Crassulacées. — Sédum Reprise (Sedum Telephium L.), Sédum Pourpier (S. Cepæa L.), Sédum rougeâtre (S. rubens L.), Sédum réfléchi (S. reflexum L.), Sédum âcre (S. acre L.), Sédum blanc (S. album L.), Sédum hérissé (S. hirsutum L.) ; Joubarbe des toits (Sempervivum tectorum L.) ;

Ombilic à fleurs pendantes (Umbilicus pendulinus DC.).

Saxifragées. — Saxifrage à trois doigts (Saxifraga tridactylites L.).

Ombellifères. — Carotte commune (Daucus carota L.) ; Torilis noueux (Torilis nodosa Gærtn.), Torilis Anthrisque (T. Anthriscus Gml.), Torilis infestant (T. infesta Wallr.) ; Angélique sauvage (Angelica silvestris L.) ; Peucédan de Paris (Peucedanum parisiense DC.), Peucédan d'Alsace (P. alsaticum L.), Peucédan Oréosélin(P. Oreoselinum Mœnch.); Panais cultivé (Pastinaca sativa L.) ; Berce Spondyle (Heracleum Spondylium L.) ; Tordyle élevé (Tordylium maximum L.); Silaüs des prés — Cumin des prés — (Silaus pratensis Bess.); Séséli des montagnes (Seseli montanum L.) ; Ethuse Ciguë — Petite Ciguë — (Æthusa Cynapium L.); OEnanthe à feuilles de Peucédan (OEnanthe peucedanifolia Poll.), OEnanthe Phellandre(OE. Phellandrium Lam), OEnanthe fistuleuse (OE. fistulosa L.) ; Buplèvre très menu (Buplevrum tenuissimum, L.); Boucage, Saxifrage (Pimpinella saxifraga L.); Scandix peigne de Vénus (Scandix pecten-veneris L.); Conopode dénué (Conopodium denudatum Koch.); Panicaut champêtre — Chardon Roland — (Eryngium campestre L.).

Araliacées. — Lierre grimpant — (Hedera helix L.).

Cornées. — Cornouiller mâle (Cornus mas L.), Cornouiller sanguin (C. sanguinea L.).

Loranthées. — Gui (Viscum album L.).

Caprifoliacées. — Sureau-Yèble. Petit Sureau (Sambucus Ebulus L.), Sureau noir (S. nigra L.); Viorne Lantane — Mancienne — (Viburnum Lantana L.), Viorne Obier — Boule-deneige — (V. opulus L.); Lonicera Périclymène —Chèvrefeuille Périclymène —(Lonicera Periclymenum L.), Lonicera Camérisier — Chèvrefeuille des buissons — (L. Xylosteum L.).

Rubiacées. — Gaillet Croisette (Galium cruciata Scop.), Gaillet vrai, —Caille-lait jaune —(G. verum L.), Gaillet Mollugine —Caille-lait blanc —(G. Mollugo L.), Gaillet sauvage (G. silvestre Poll.), Gaillet Gratteron (G. Aparine L.), Gaillet tricorne (G. tricorne With.), Gaillet palustre (G. palustre L.), Gaillet fangeux (G. uliginosum L.), Gaillet d'Angleterre (G. anglicum Huds) ; Aspérule à l'esquinancie (Asperula cynanchica L.), Aspérule des champs (A. Arvensis L.), Shérardie des champs (Sherardia arvensis L.), Crucianelle à feuilles étroites (Crucianella angustifolia L.).

Valérianées. — Valérianelle potagère — Mâche, Doucette — (Valerianella olitoria Poll.), Valérianelle à oreilles (V. carinata Lois).

Dipsacées. — Cardère sauvage — Cardon à foulon — (Dipsacus silvestris L.).

Composées. — Eupatoire chanvrine (Eupatorium canabinum L.); Tussilage Farfara — Pas d'Ane — (Tussilago Farfara L.); Pâquerette vivace (Bellis perennis L.); Cotonnière d'Allemagne (Filago Germanica L.), Cotonnière de France (F. Gallica L.); Seneçon vulgaire (Senecio vulgaris L.), Seneçon des bois (S. silvaticus L.), Seneçon Jacobée. — Fleur de Saint-Jacques — (S. Jacobæa L.); Armoise Absinthe (Artemisia Absinthium L.), Armoise camphrée (A. camphorata Willd.), Armoise vulgaire — Herbe à cent goûts — (A. vulgaris L.), Armoise champêtre (A. campestris L.); Chrysanthème des moissons (Chrysanthemum segetum L.); Matricaire Camomille (Matricaria Chamomilla L.); Anthémis cotule — Camomille des Chiens — (Anthemis cotula L.), Anthémis des champs — OEil de Vache — (A. arvensis L.), Anthémis noble — Camomille romaine — (A. nobilis L.); Achillée millefeuille — Saigne nez — (Achillea millefolium L.), Achillée sternutoire — Herbe à éternuer — (A. ptarmica L.); Bident tripartit — Chanvre d'eau — (Bidens tripartita L.), Bident penché (B. cernua L.); Inule conyzé — OEil de Cheval — (Inula conyza DC.), Inule dysentérique — Herbe de Saint-Roch — (J. dysenterica L.), Inule des montagnes (J. montana L.), Inule à feuilles de Saule (J. salicina L.); Gnafale fangeux (Gnaphalium uliginosum L.), Gnafale jaunâtre (G. luteo-album L.); Echinops à tête ronde (Echinops sphærocephalus L.); Onopordon Acanthe (Onopordon Acanthium L.); Cirse lancéolé (Circium Lanceolatum Scop.), Cirse laineux — Chardon des Anes — (C. criophorum Scop.), Cirse des marais (C. palustre Scop.), Cirse des champs (C. arvense Scop.), Cirse des endroits cultivés (C. oleraceum Scop.), Cirse à tige courte (C. acaule All.); Chardon penché (Carduus nutans L.); Centaurée chausse-trappe — Chardon étoilé — (Centaurea calcitrapa L.), Centaurée tachée

(C. maculosa Lam.), Centaurée Scabieuse (C. Scabiosa L.),
Centaurée Bleuet — Casse-lunettes — (C. Cyanus L.); Carline
vulgaire (Carlina vulgaris L.), Carline à feuilles d'Acanthe
(C. acanthifolia All.) ; Chicorée intybe (Cichorium intybus
L.) ; Arnoséris minime (Arnoséris minima Koch); Lampsane
commune — Poule grasse — (Lampsana communis L.); Porcelle tachée (Hypochœris maculata L.), Porcelle enracinée (H.
radicata L.), Porcelle glabre (H. glabra L.) ; Thrincie hérissée (Thrincia hirta Roth.) ; Léontodon d'automne (Leonto-
don autumnalis L.), Léontodon changeant (L. proteiformis
Vill.); Picris fausse Epervière (Picris hieracioides L.) ; Scorsonère pourprée (Scorsonera purpurea L.), Scorsonère humble (S. humilis L.); Salsifis des prés — Barbe de Bouc — Tra-
gopogon pratensis L.) ; Pissenlit dent-de-Lion (Taraxacum
dens-Leonis Desf.); Laiteron maraîcher — Lait d'Ane —
(Sonchus oleraceus L.); Crépis verdâtre (Crepis virens Vill.);
Epervière piloselle (Hieracium pilosella L.), Epervière auri-
cule (H. auricula L.), Epervière en ombelle (A. umbellatum
L.), Epervière des murs (H. murorum L.), Epervière des
forêts (H. silvaticum Lam.) ; Andryale sinueuse (Andryala
sinuata L.).

Campanulacées. — Jasione des montagnes (Jasione montana
L), Jasione vivace (J. perennis Lam.); Raiponce orbiculaire
(Phyteuma orbiculare L.) Campanule agglomérée (Campa-
nula glomerata L.), Campanule gantelée (C. trachelium L.),
Campanule à feuilles rondes, Clochette (C. rotundifolia L,
Campanule étalée (C. patula L.), Campanule à feuilles de
Lierre (C. Wahlenbergia hederacea Rchb.).

Vacciniées. — Canneberge vulgaire (Oxycocos vulgaris Pers).

Éricinées — Callune vulgaire (Calluna vulgaris Salisb.) ;
Bruyère à quatre angles (Erica tetralis L.), Bruyère à balai
(E. scoparia L.), Bruyère cendrée (E. cinerea L.).

Primulacées. — Primevère officinale — Coucou — (Primula
officinalis Jacq.); Primevère élevée (P. elatior Jacq.); Androsace à grands calices (Androsace maxima L.); Centenille
minime (Centunculus minimus L.); Mouron délicat (Anagallis tenella L.).

Oléinées. — Troène vulgaire (Ligustrum vulgare L.).

Apocynées. — Pervenche mineure (Vinca minor L.).

Gentianées. — Erythrée petite Centaurée — Herbe à la fièvre — (Erythæa Centaurium Pers.).

Convolvulacées. — Liseron des champs (Convolvulus arvensis L.), — Liseron des haies. Manchette de la Vierge — (C. sepium L.).

Cuscutacées. — Cuscute majeure (Cuscuta major C. Bauhin), Cuscute du Thym (C. epithymum Murray).

Borraginées. — Bourrache officinale (Borrago officinalis L.); Consoude officinale (symphytum officinale L.), Consoude tubéreuse (S. tuberosum L.); Buglosse d'Italie. — Langue de Bœuf - (Anchusa italica L.); Grémil officinal (Lithospermum officinale L.), Grémil des champs (L. Arvense L.) ; Vipérine vulgaire (Echium vulgare L.); Pulmonaire officinale (Pulmonaria officinale L.) ; Myosotis des marais (Myosotis palustris With.), Myosotis des bois (M. silvatica Hoffm.), Myosotis intermédiaire (M. intermédia Pers.), Myosotis raide (M. stricta Linck.), Myosotis versicolore (M. versicolor Pers.), Myosotis hérissé (M. hispida Schlect) ; Cynoglosse rayé (Cynoglossum pictum Sil.), Cynoglosse officinal (C. officinale L.).

Solanées. — Lyciet de Barbarie (Lycium barbarum L.) ; Morelle Douce-amère — Vigne de Judée — (Solanum Dulcamara L.), Morelle noire, — Tue-Chien — (S. nigrum L.); Datura Stramoine — Pomme épineuse — (Datura Stramonium L.). Jusquiame noire — Potelée — (Hyoscyamus niger L.).

Verbascées. — Molène Thapsus — Bouillon blanc — (Verbascum Thapsus L.), Molène Blattaire (V. Blattaria L.), Molène noire (V. Nigrum L.).

Scrofularinées. — Scrofulaire noueuse (Scrofularia nodosa L.), Scrofulaire aquatique (S. aquatica L.); Muflier rubicond (Anthirrhum orontium L.) ; Anarrhinum à feuilles de Pâquerette (Anarrhinum bellidifolium Desf.) ; Linaire bâtarde (Linaria supuria L.), Linaire élatine — Velvote — (L. élatine Desf.), Linaire vulgaire (L. vulgaris Mœnch.), Linaire de Pellicier (L. Pellisseriana D. C.), Linaire striée (L. striata DC.), Linaire mineure (L. minor Desf.); Véronique en épi (Veronica spicata L.), Véronique officinale (V. officinalis L.), Véronique petit-Chêne — Fausse-Germandrée — (V. Chamædrys L.), Véronique à écussons (V. scutellata L.), Véro-

nique Beccabonga — Salade de Chouette — (V. Beccabunga
L.), Véronique Mouron — Mouron d'eau — (V. Anagallis L.),
Véronique à feuilles de Serpolet (V. serpyllifolia L.), Véroni-
que du printemps (V. verna L.), Véronique des champs (V.
arvensis L.), Véronique à feuilles de Thym (V. acinifolia L.),
Véronique à feuilles de Lierre (V. hederæfolia L.), Véronique
agreste (V. agrestis L.) ; Digitale jaune (Digitalis lutea L.),
Digitale pourpre (D. purpurea L.) ; Euphraise officinale —
Casse-lunettes — (Euphrasia officinalis L.), Euphraise des bois
(E. nemorosa Pers.) ; Rhinanthe crête-de-Coq — Cociste —
(Rhinantus crista-Galli L.) ; Pédiculaire des bois (Pedicularis
silvatica L.) ; Mélampyre des prés (Melampyrum pratense L.),
Mélampyre à crêtes (M. cristatum L.).

Orobanchées. — Orobanche Rave (Orobanche Rapum
Thuill.), Orobanche rouge (O. rubens Wallr.), Orobanche
sanglante (O. cruenta Bertol.), Orobanche du Thym (O. epithymum DC.), Orobanche de l'Armoise (O. Artemisiæ Vauch.),
Orobanche de l'Ajonc nain (O. Ulicis Desmoulins) ; Lathrée
écailleuse (Lathræa squamaria L.), Lathrée clandestine (L.
clandestina L.).

Labiées. — Menthe pouliot (Mentha pulegium L.), Menthe
des champs (M. arvensis L.), Menthe à feuilles rondes.
— Beaume sauvage — (M. rotundifolia L.), Menthe silvestre
(M. silvestris L.), Menthe aquatique — Menthe rouge — (M.
aquatica L.) ; Lycope d'Europe — Pied-de-Loup — (Lycopus
europæus L.) ; Origan vulgaire — Marjolaine sauvage — (Ori-
ganum vulgare L.) ; Thym Serpolet (Thymus serpyllum L.) ;
Calament officinal (Calamintha officinalis Mœnch.), Calament clinopode — Pied-de-lit — (C. Clinopodium Benth.),
Calament à grandes fleurs (C. grandiflora Mœnch.) ; Sauge
sclarée. — Toute-bonne — (Salvia sclaræa L.), Sauge des
prés (S. pratensis L.) ; Népéta Cataire — Herbe-aux-Chats —
(Nepeta cataria L.) ; Glechoma faux-Lierre — Courroie de
Saint-Jean — (Glechoma hederacea L.) ; Lamier Galéobdo-
lon — Ortie jaune — (Lamium Galeobdolon Crantz.), Lamier
pourpre (L. purpureum L.), Lamier blanc (L. album L.) ;
Lamier tacheté — Ortie rouge — (L. maculatum L.), Lamier
amplexicaule (L. amplexicaule L.) ; Galéopsis tétrahit —
Ortie royale — (Galeopsis tetrahit L.), Galéopsis ladanum (G.

ladanum L.); Epiaire annuelle (Stachys annua L.), Epiaire
des marais — Ortie morte — (E. palustris L.), Epiaire des
bois — Ortie puante — (S. silvatica L.); Bétoine officinale
(Betonica officinalis L.); Ballote fétide (Ballota fœtida Lam.);
Marrube vulgaire (Marrubium vulgare L.); Brunelle vulgaire
— Charbonnière — (Brunella vulgaris L.); Bugle rampante
(Ajuga reptans L.); Germandrée scorodoine — Sauge des
bois — Teucrium scorodonia L.), Germandrée Botryde (T.
Botrys L.), Germandrée petit-Chêne — Chênette — (T. Cha-
mædrys L.).

Verbénacées. — Verveine officinale (Verbena officinalis L.).

Plantaginées. — Plantain des sables (Plantago arenaria W.
et K.), Plantain majeur (P. major L.), Plantain moyen —
Langue d'Agneau — (P. media L.), Plantain lancéolé —
Herbe à cinq côtes — (P. lanceolata L.), Plantain à carène
(P. carinata Schrad.).

Plombaginées. — Arméria faux-Plantain (Armeria Planta-
ginée Willd.).

Globariées. — Globulaire vulgaire (Globularia vulgaris L.).

Amaranthacées. — Amaranthe Blite (Amaranthus Blitum L.),
Amaranthe verte (A. viridis L.).

Salsolacées. — Arroche hastée (Atriplex hastata L.); Bette
vulgaire (Beta vulgaris L.); Chénepode bon-Henri — Épi-
nard sauvage — (Chenopodium bonus-Henricus L.).

Polygonées. — Rumex petite-Oseille — Oseille de Brebis
(Rumex Acetosella L.), Rumex Oseille-Surette (Rumex Ace-
tosa L.), Rumex élégant (R. pulcher L.), Rumex à feuilles
obtuses — Patience sauvage — (R. obtusifolius DC.), Rumex
congloméré (R. conglomeratus Murr.); Renouée des oiseaux
(Polygonum aviculare L.), Renouée amphibie (P. amphi-
bium L.), Renouée Poivre d'eau — Herbe de Saint-Inno-
cent — (P. Hydropiper L.), Renouée Persicaire — Pied
rouge — (P. Persicaria L.).

Aristolochiées. — Aristoloche Clématite — Sarrasine —
(Aristolochia Clematitis L.).

Euphorbiacées. — Euphorbe doux (Euphorbia dulcis L.),
Euphorbe d'Irlande (E. hyberna L.), Euphorbe des bois
(E. silvatica L.), Euphorbe réveille-matin (E. helioscopia L.),
Euphorbe poilu (E. pilosa. L.), Euphorbe verruqueux (E. ver-

rucosa L.); Mercuriale vivace — Chou de Chien — (Mercurialis perennis L.), Mercuriale annuelle (M. annua L.); Buis toujours vert (Buxus sempervirens L.).

Urticées. — Ortie dioïque (Urtica dioica L.), Ortie brûlante (U. urens L.), Pariétaire officinale (Parietaria officinalis DC.).

Alismacées. — Alisma Plantain — Plantain d'eau — (Alisma Plantago L.); Sagittaire à feuilles en flèches — Fléchière — (Sagittaria sagittæfolia L.).

Colchicacées. — Colchique d'automne (Colchicum autumnale L.).

Liliacées. — Tulipe sauvage (Tulipa silvestris L.); Fritillaire Pintade — Coccigrole — (Fritillaria Meleagris L.); Scille à deux feuilles (Scilla bifolia L.), Scille d'automne (S. Autumnalis L.), Scille Lis-Jacinthe (S. Lilio-Hyacinthus L.); Ornithogale en ombelle — Dame de onze heures — (Ornithogalum umbellatum L.); Ail des vignes (Allium vineale L.), Ail des Ours — Ail des bois — (A. ursinum L.), Ail jaune (A. flavum L.); Phalangium à feuilles plates (Phalangium planifolium Pers.), Phalangium à fleurs de Lis (P. Liliago Schreb.), Phalangium rameux Herbe à l'Araignée — (P. ramosum Lam.); Asphodèle blanc — Bâton blanc (Asphodelus albus Willd.); Parisette à 4 feuilles — Raisin de Renard — (Paris quadrifolia L.); Polygonatum vulgaire — Sceau de Salomon — (Polygonatum vulgare Desf.); Muguet de mai — Lis des vallées — (Convallaria maialis L.); Asperge officinale (Asparagus officinalis L.); Fragon piquant — Petit-Houx — (Ruscus aculeatus L.).

Dioscorées. — Tamier commun — Herbe aux femmes battues. — (Tamus communis L.)

Iridées. — Iris faux-Acore — Flambe d'eau — (Iris pseudacorus L.).

Orchidées. — Narcisse faux-Narcisse. — Bonhomme. — (Narcissus pseudo-Narcissus L.); Epipactis à larges feuilles (Epipactis latifolia All.); Listera ovale (Listera ovata L. Br.); Sérapias langue — Helléborine — (Serapias lingua L.); Acéras homme-pendu (Aceras anthropophora R. Br.); Orchis guerrier (Orchis militaris L.); Orchis à 2 feuilles (O. bifolia L.), Orchis Punaise (O. coriophora L.). Orchis bouffon (O.

morio L.), Orchis mâle (O. mascula L.), Orchis tacheté (O. maculata L.), Ophrys Abeille (Ophrys abifera Huds.).

Aroidées. — Arum tacheté — Gouet, Pied-de-Veau — (Arum maculatum L.).

Typhacées. — Massette à larges feuilles — Roseau des étangs (Typha latifolia L.), Massette à feuilles étroites (T. augustifolia L.).

Joncées. — Jonc commun — Jonc à mèche — (Juncus communis E. Mey.), Jonc glauque — Jonc des jardiniers — (J. glaucus Ehrh.), Jonc couché (J. supinus Mœnch.), Jonc à fleurs obtuses (J. obtusiflorus Ehrh.), Jonc articulé (J. articulatus L.), Jonc des Crapauds (J. bufonius L.) ; Luzule du printemps (Luzula vernalis D. C.), Luzule élevée (L. maxima D. C.), Luzule des champs (L. campestris D. C.).

Cypéracées. — Souchet jaunâtre (Cyperus flavescens L.) ; Linaigrette à plusieurs épis — Jonc à duvet — (Triophorum polystachyon L.) ; Scirpe des bois (Scirpus silvaticus L.), Scirpe des lacs — Jonc des tonneliers — (S. lacustris L.), Scirpe sétacé (S. setaceus L.) ; Carex distique (Carex disticha Huds.), Carex Souchet (L. cyperoides L.), Carex des Renards (C. Vulpina L.), Carex muriqué (C. muricata L.), Carex vulgaire (C. vulgaris Fries.), Carex aigu (C. acuta L.), Carex de Haller (C. Halleriana Asso.), Carex à pilules (C. pilulifera L.), Carex tomenteux (C. tomentosa L.), Carex précoce (C. præcox Jacq.), Carex glauque (C. glauca Murr.), Carex pâle (C. pallescens L.), Carex maigre (C. silvatica Huds.), Carex faux—Panicum (C. panicea L.), Carex distant (C. distans L.).

Graminées. — Baldingéra faux-Roseau — Chiendent-ruban (Baldingera arundinacea Dumort); Flouve odorante (Anthoxanthum odoratum L.); Mibora du printemps (Mibora verna Adans.), Flouve rude (Phleum asperum Jacq.), Phléole des prés — Marsette — (Phleum pratensis L.); Phléole des sables (P. arenarium L.); Vulpin genouillé (Alopecurus geniculatus L.), Vulpin des prés — Vulpine — (A. pratensis L.), Vulpin des champs (A. agrestis L.) ; Sétaire verticilliée (Setaria verticillata P. B.); Sétaire glauque (S. glauca P. B.), Sétaire verte (S. viridis P. B.); Cynodon Dactyle — Chiendent — (Cynodon Dactylon Pers.); Andropogon Ischème (Andropogon Ischæmum L.); Calamagrostis Epigeios (Roth.); Agrostis jouet du vent (Agrostis spica-venti L.) Agrostis blanche (A. alba L.), Agrostis à soies (A. setacea Curt.), Agrostis des Chiens (A. canina L.); Canche blanchâtre (Aira canescens L.), Canche précoce (A. præcox L.), Canche caryophyllée (A. caryophyllea L.), Canche flexueuse (A. flexuosa L.), Canche gazonnante (A. cæspitosa L.); Avoine élevée — Fenasse — (Avena elatior L.), Avoine pubescente (A pubescens L.), Avoine des prés (A. pratensis L.); Houlque molle (Holcus mollis L.), Houlque laineuse (H. lanatus L.); Keulérie velue (V. Kœleria cristata pers.); Glycérie flottante — Herbe de la manne (Glyceria fluitans R. Br.); Paturin comprimé (Poa compressa L.) Paturin des forêts (P. nemoralis P.), Paturin des prés (P. pratensis L.), Paturin annuel (P. annua L.); Brise intermédiaire — Langue de femme — (Brisa media L.); Mélique penchée (Melica nutans L.); Dactyle aggloméré (Dactyle aggloméré (Dactylis glomerata L.); Cynosure à crêtes (Gynosorus cristatus L.); Danthonie tombante (Danthonia decombens D C.); Fétuque queue de Rat (Festuca myuros L.), Fétuque des bois (F. silvatica Vill.), Fétuque en spadice (F. spadicea L.), Fétuque rouge (F. rubra L.) Fétuque à feuilles de deux sortes (F. heterophylla Lam.), Fétuque des Moutons — Poil de Chien — (F. ovina. L.), Fétuque raide (F. rigida Kunth.); Brome dressé (Bromus erectus Huds.), Brome rude (B. asper Murr.), Brome des toits (B. tectorum L.), Brome stérile (B. stérilis L.), Brome faux Seigle (B. secalinus. L.), Brome mou (B. mollis L.), Brome géant (B. giganteus L.), Brome rameux (B. racemosus L.); Orge des Rats (Hordeum murinum L.); Chiendent rampant (Agropyrum repens P.B.), Chiendent des Chiens (A. caninum R. et S.); Ivraie enivrante (Lolium temulentum L.), Ivraie à fleurs nombreuses (L. multiflorum Lam.), Ivraie vivace — Raygrass — (L. perenne L.); Nard raide (Nardus stricta L.).

Cupressinées. — Genévrier commun (Juniperus communis L.).

Fougères. — Osmonde royale (Osmunda regalis L.); Cétérach officinal — Herbe à dorer — (Ceterach officinarum Willd.); Polystic Oréoptéris (Polystichum Oreopteris DC.), Polystic spinuleux (P. spinulosum DC.), Polystic Fougère mâle (P. Filix-mas Roth.), Polystic théliptéris (P. thelipteris L.); Cystoptéris fragile (Cystoptéris fragilis Bernh.); Asplénium Doradille noire — Capillaire noire — (Asplenium Adiantum-nigrum L.), Asplénium Trichomanes — Capillaire — (A. Trichomanes L.) Aspléniun Rue-de-muraille — Sauve-vie — (A. Ruta muraria L.), Asplénium de Haller (A. Halleri DC.); Athyrium Fougère femelle (Athyrium Filix-femina Roth.); Scolopendre officinale — Langue du Cerf — (Scolopendrium officinale Sw.); Ptéris aquiline — Fougère Aigle impériale — (Pteris aquilina L.).

Ophioglossées. — Ophioglosse vulgaire — Langue de Serpent — (Ophioglossum vulgatum L.); Botrychium Lunaire (Botrychium Lunaria Su.), Botrychium à feuilles de Matricaire (B. matricariæfolium A. Br.).

Marsiliacées. — Marsilia à 4 folioles (Marsilia quadrifolia L.); Pilulaire à globules (Pilularia globulifera L.).

Equisétacées. — Prèle des champs — Queue de Cheval — Queue de Rat — Asperelle — (Equisetum arvense L.), Prèle des marais (E. palustre L.), Prèle des bourbiers (E. limosum L.).

Lycopodiacées. — Lycopode inondé (Lycopodium inundatum L.), Lycopode en massue (L. clavatum L.).

∴

Ces 670 espèces de plantes vasculaires, formant 310 genres appartenant à 80 familles, constituent le fonds de la flore spéciale des contrées habitées par le Châtaignier. Au delà de cette zone s'étend celle du Hêtre, au-dessus de laquelle prospère la flore alpine.

Quand on a défriché une châtaigneraie, eût-elle même plusieurs siècles d'existence, le sol se couvre aussitôt de plantes différant des espèces qui l'occupaient auparavant et même de celles qui sont les plus communes dans le voisinage. Sans doute qu'elles proviennent de semences demeurées enfouies dans le sol depuis l'époque de la plantation des arbres, et qu'elles doivent à la terre qui les recouvrait la longévité de leur puissance germinative.

Mais pourquoi ces graines exhumées germent-elles aussi vite, en donnant naissance à des plantes si vigoureuses, qu'elles s'emparent de la place avant que d'autres espèces aient eu le temps de se développer ?... Pourquoi. C'est parce que la nature a soin, ici, d'appliquer elle-même la loi des alternances périodiques, loi qu'il faut observer et dont cette soudaine et nouvelle végétation démontre, d'une manière éclatante, la nécessité.

Cryptogames. — La flore cryptogamique mérite de fixer l'attention autant que celle des plantes vasculaires. Près de 400 espèces de Mousses, Sphaignes, Hépatiques et Lichens, et presque 200 sortes de Champignons pullulent dans les fraîches vallées et sur les terrains accidentés occupés par les châtaigneraies.

Nous ne donnerons point une momenclature de ces cryptogames, nous nous contenterons d'en citer incidemment quelques-uns des plus communs.

De moelleux tapis de *Mousses* s'étendent sous les Châtaigniers. Ils sont formés par les Hypnes bref, velouté, strié, crispé, éclatant, populaire, etc., le Metzerie, l'Hedwige cilié, l'Orthotric de Lyell, les Polytrics commun et pilifère, le Didymodon purpurin, le Trichostome blanchâtre, les Dicranes glauque et en balai, qui se mêlent aux *Hépatiques*, telles que les Jungermannes (Jungermannia dilatata L. et J. tamariseï L.), et à quelques *Lichens*. Parmi ceux-ci on remarque le Bréomycès des landes (Breomyces roseus Pers.) et les Cénomyce Cochenille qu'on rencontre surtout dans les terrains arides, découverts, au milieu des Bruyères formant des clairières dans les châtaigneraies.

.·.

Parmi les Mousses et les Fougères des bois, les plus délicats des *Champignons* éclosent en abondance. Ils ne sont pas les moins intéressants produits de la châtaigneraie, ils donnent lieu à une industrie rémunératrice, (conserve alimentaire de Champignons), et à un commerce florissant.

Nous passerons sous silence les mauvais, en nous réservant de faire connaître dans la quatrième partie, ceux qui attaquent le Châtaignier.

Citons, parmi les bons, l'*Oronge vraie*, ou Amanite des Césars (Amanita Cæsaræa Scop), souvent préféré à la Truffe,

— Agaric d'un goût exquis, dont les gourmets de Rome étaient si friands, et que Néron nommait l' « aliment des dieux » — ; la *Lépiote élevée* (Lepiota procera Scop.) ou Filleule, ou Grisette, ou Coulemelle ; la *Chanterelle comestible* (Cantharellus cibarius Fr.) ou Giraudelle ; le *Bolet comestible* ou Cèpe (Boletus edulis B.) et ses variétés : Bolet bronzé (B. æreus B.), Bolet orangé (B. auriantiacus B) et Bolet réticulé (B. reticulatus Fr.). La *Fistuline foie* ou Langue de Bœuf, ou Foie de Bœuf (Fistulina hepatica Huds.), qu'on trouve sur les vieux troncs de Châtaignier et de Chêne, est aussi comestible. On mange encore le terrible *Agaric couleur de miel* ou Armillaire de miel (Armillaria mellea Huds.), qui occasionne la maladie du Pourridié, et qu'on rencontre sur les vieilles souches.

Sur les troncs, sur l'écorce des grosses branches des Châtaigniers, croissent 1° les *Mousses* : Hypnum velutinum (L.), cupressiforme (L.) ; la Leskea sericea (Hedw.) ; le Bryum nutans (Schreb.) ; les Dicranum montanum (Hedw.) et scoparium (Hedw.) ; les Orthotrichum Bruchii (Wils.), crispum (Hew.), leiocarpum (Br. Sch.) et affine (Schrad.) 2° L'*Hépatique* Metzgeria furcata (N. ab. Es.) ; 3° Les *Lichens* suivants : Collema nigrescens (Ach.) ; Calicium curtum (Borr.), turbinatum (Pers.); pusillum (Flk.) et minutellum (Ach.); Sphærophorum coraloides (Pers.) ; Cladonia fimbriata (Hoffm.) et digitata (Hoffm.) ; Ramalina calicaris (Fr.) et fastigata (Ach.); Usnea barbata (Ach.) ; Evernia prunastri (Ach.) ; Parmelia scortea (Ach.) ; saxatilis (Ach.), exasperata (D N.) exasperula (Nyl.) et physodes (Ach.) ; Sticta pulmonacea (Ach.) et scrobiculata (Ach.) ; Nephromium lævigatum (Ach.) ; Solorina glomulifera (Del.) ; Physcia parietina (D N.), ciliaris (D C.), pulverulenta (Nyl.), stellaris (Fr.) et aipolia (Nyl.) ; Pannaria rubiginosa (Delise) et conoplea (Nyl.) ; Lecanora ferruginea (Nyl.), Lallavei (Nyl.), parisiensis (Nyl.), intumescens (Reben), et constans (Nyl.) ; Pertusaria communis (D C.) et sorediata (F.) ; Graphis scripta (Ach.) ; Lecidea symmictisa (Nyl.), parasema (Ach.) et disciformis (Fr.) ; Opeographa pulicaris (Nyl.) et astroidea (Ach.).

Les Opéographes, les Pertusaires, etc., sont des cryptogames de petites dimensions.

Principalement sur les branches et les rameaux on trouve les Lichens Usnea barbata (Ach.) et Evernia furfuracea (Mann.). Les Mousses Leucodon sciuroides (Schw.), Dicranum montanum (Hedw.), l'Hépatique Echinomitrion furcatum (Hübner.) et les Lichens Cetraria ulophylla (Desmaz.), Calicium curtum (Borr.), Cladonia squamosa (Hoffm.), C. ventricosa (Fn.), C. delicata (Fr.), C. macilenta (Hoffm.), C. attenuata (Fr.), Lecidea melæna (Nyl.) envahissent l'écorce des vieilles souches des Châtaigniers morts. Le Calicium trachelinum (Ach.) et la Lecidea subglomerella (Nyl). affectionnent particulièrement les cavités des vieux troncs.

Les mêmes Mousses et les mêmes Lichens ne végètent pas indistinctement sur les arbres jeunes ou vieux ; la plupart se succèdent sur l'écorce de Châtaignier au fur et à mesure que celui-ci grandit. Le jeune plant de sept à huit ans, qu'on ôte de la pépinière pour le mettre à demeure, présente déjà des écussons, des croûtes pulvérulentes ou granuleuses formées par les espèces infinies des genres *Variolaire*, *Verrucaire*, *Lécanore*, etc. Elles font place, plus tard, quand le Châtaignier s'est accru en grosseur, aux *Orthotrics*, aux *Psyscies*, aux *Ramalines*, etc., qui, lorsque l'écorce sera devenue plus rugueuse, disparaîtront à leur tour sous les *Hypnes* à rameaux couchés et sous les *Lobaires* et les *Parmélies* feuilles étalées qui forment, en s'entremêlant, de larges mosaïques à compartiments arrondis et diversement colorés.

« C'est ainsi que chaque tronc, même chaque branche, finit par offrir l'aspect de végétaux nains que les caprices du hasard n'ont point attachés à la place qu'ils occupent, puisque plusieurs d'entre eux diffèrent d'habitudes, de goûts et de sympathies. Les uns recherchent le mince épiderme des tendres tiges ; les autres, l'écorce ridée des troncs séculaires, ceux-ci prospèrent à l'exposition du nord ; ceux-là se plaisent à regarder en face les vents de l'ouest ou du midi. Tels qui se rencontrent sur le tissu ligneux n'adhèrent jamais à celui des feuilles qu'ils trouveraient trop peu substantiel et trop délicat. Enfin l'on en compte parmi eux qui sont des amis du grand jour ou des amis de l'obscu-

rité. Les *Pelligères canine et renversée*, les *Sticles à fossette
et à paquets*; la *Pannère conoplée*, choisissent pour habitation
le voisinage des racines; l'*Usnée fleurie* se suspend aux rameaux
élevés; la *Fistuline hépatique*, les *Polypores imbriqué* et *sul-
furin* sortent des cicatrices des vieux arbres; les *Calicium*, les
Lèpres, les *Mucédinées*, la *Patellaire à croûte verdâtre*, tapis-
sent les parois des troncs caverneux; la *Parmélie renflée*, la
Dothidée en forme de Mûre, les *Cénomyces entonnoir, écail-
leux, digité*, etc..., recouvrent la surface des souches à demi
pourries; enfin la *Pezize échinophile*, croît exclusivement sur
le brou de la Châtaigne (E. Lamy). »

*
* *

On ne saurait trop admirer la puissante fécondité de la
nature. Quoi de plus étonnant que la dissémination, la répartition, la croissance et la succession de ces humbles cryptogames dont la main de la Providence a fixé les invisibles
sporules aux lieux favorables à l'acte si mystérieux de leur
germination ?

Oh ! combien sont belles les châtaigneraies et que d'iné-
puisables sujets d'études scientifiques et philosophiques elles
renferment !..

QUATRIÈME PARTIE

Maladies du Châtaignier
Et leurs remèdes

Ces maladies se répartissent en plusieurs groupes :

1° Celles qui sont dues aux intempéries, à une exploitation défectueuse et aux défauts du bois.

2° Les maladies causées par les insectes.

3° Les maladies occasionnées par des végétaux parasites, généralement cryptogamiques.

4° Enfin les maladies nouvelles, actuellement à l'étude, attribuées à des causes diverses.

Parmi ces maladies, les unes atteignent l'arbre et ses différentes parties ; les autres, sont spéciales à la feuille, au fruit, au bois en grume, etc...

CHAPITRE XVI

MALADIES DUES AUX INTEMPÉRIES, A UNE EXPLOITATION DÉFECTUEUSE ET AUX DÉFAUTS DU BOIS.

Les vents violents, les ouragans, déracinent rarement les Châtaigniers, à moins qu'il ne survienne un fort cyclone, mais ils en rompent souvent les branches. Il faut se hâter de supprimer les aspérités des blessures : on pratique une section bien unie sur laquelle on passe un enduit fait, au moins, d'onguent de Saint-Fiacre.

La grêle meurtrit les rameaux : le mieux est alors de laisser agir la nature et de la seconder en cultivant et en fumant la châtaigneraie. Un élagage plus prononcé que d'habitude, fait à la saison voulue, aidera l'arbre à recouvrer sa vigueur coutumière.

Maladies causées par la sécheresse. — Les fortes chaleurs occasionnent la *brûlure*. C'est ce que nos paysans appellent « *coup de soleil* ». Ils croient que cet accident est généralement produit par une sorte de réverbération des rayons solaires occasionnée par des nuages, des collines ou des murs remplissant momentanément, sous l'effet de causes atmosphériques, le rôle de lentilles. Il est possible qu'ils aient raison, et ce qui nous invite encore à admettre leur manière de voir, c'est que les arbres frappés sont souvent situés au milieu d'autres qui restent complètement épargnés.

Le phénomène de la brûlure se produit pendant les plus chaudes journées de juin, juillet, août. Il affecte principalement les jeunes sujets ; quelquefois un côté seulement de l'arbre est atteint. Les feuilles se flétrissent rapidement, les extrémités herbacées des jeunes pousses deviennent molles et noires comme si elles avaient été cuites. Assez souvent l'arbre meurt jusqu'au tronc et la souche drageonne. Ordinairement il ne résulte qu'un arrêt de développement des branches charpentières et un retard dans la fructification. Parfois aussi le sommet des rameaux se dessèche totalement.

Quand l'arbre n'est que partiellement frappé, on peut essayer de remédier à la brûlure en rabotant les planches sur un œil au-dessous de la partie desséchée, quand il ne s'agit que de très petits sujets, car ce travail n'est point praticable sur de grands Châtaigniers. On se contente alors d'élaguer un peu plus que de coutume et l'on n'oublie point d'améliorer le sol par des façons intelligentes.

Les sécheresses prolongées font aussi périr les Châtaigniers situés sur des terrains peu profonds et relativement secs ; nous en avons vu plusieurs cas en 1893. L'arbre se dessèche peu à peu et finit par mourir si une pluie abondante ne vient le ranimer. Mais il arrive presque toujours que les racines reprennent peu à peu leurs fonctions et que de nombreux et vigoureux rejetons naissent sur le collet du tronc qui, une fois enlevé, est remplacé par une cépée touffue.

Le remède consisterait, ici, à irriguer les Châtaigniers, opération qui n'est possible que s'ils se trouvent en contrebas d'une forte source ou d'une pièce d'eau et qu'on puisse facilement établir des rigoles *ad hoc*.

Gélivure ou géliure. — « La *gélivure* ou *géliure* est une fente longitudinale qui va du centre à la périphérie de l'arbre, où elle se manifeste d'une manière visible sous forme d'un double bourrelet. La *géliure* se produit par les froids intenses, principalement au pied des arbres, et sur une longueur assez grande. (C. E. Bertrand.) »

La gélivure est plus fatale au Châtaignier qu'au Chêne. Celui-ci y est moins prédisposé parce que son bois n'est guère sujet à la *roulure*.

Nous nous souvenons du terrible et désastreux hiver de 1870-1871. En janvier, quand la neige couvrait la terre, durant les matinées bien ensoleillées, on entendait des craquements formidables sortir des Châtaigniers. C'étaient des arbres souvent gros et à forte écorce, qui se fendaient spontanément de bas en haut. Chose curieuse, les fentes, qui découvraient un peu de l'aubier, se produisaient sur le côté échauffé par les rayons du soleil, et au moment où ceux-ci étaient le plus intenses. Ces déchirures ne regardent jamais le nord, elles sont toujours sur la partie du tronc située en face du soleil. Les Châtaigniers en bordure sont plus exposés à la gélivure que ceux qui se trouvent derrière eux et auxquels ils servent d'écran.

La gélivure s'opère à la suite d'un froid prolongé dépassant 10 degrés au-dessous de zéro : la sève, en se congelant, met en liberté l'air qu'elle contient en dissolution. Quand il ne trouve pas d'issue la plus grande partie de cet air est chassée du centre vers la circonférence et il se comprime en s'emmagasinant entre l'écorce et l'aubier ; si les feux du soleil viennent à frapper le tronc de l'arbre avant qu'un dégel progressif soit survenu, ils dilatent l'air emprisonné qui fait bientôt éclater avec bruit l'écorce longitudinalement, en regard des rayons solaires.

On dit alors, vulgairement, que l'arbre est gelé bien qu'il continue à végéter longuement encore, mais, à partir de ce moment, il décline.

Le *bois gélif* ne peut être employé ni en charpente, ni en menuiserie; tout au plus peut-on en faire, quelquefois, des linteaux pour portes et fenêtres.

Roulure. — Pourriture sèche. — La maladie la plus commune au Châtaignier est la *roulure*. Elle est produite par la gelée, par les grands vents et par un élagage défectueux ou des mutilations.

« Un bois « se roule » lorsque, exposé à la gelée et aux injures de l'air, les diverses couches concentriques liqueuses dont il est formé se séparent les unes des autres, de manière à laisser entre chacune d'elles des lacunes plus ou moins considérables (Ed. Lamy). » — « La roulure peut également parvenir d'une torsion imprimée à l'arbre par les grands vents. Les arbres qui possèdent des ramifications très étendues : Châtaignier, Poirier, Pommier, etc., sont souvent roulés, leurs fibres sont contournées en hélice. (Dauzat et Dumont). » Aucun signe extérieur n'indique visiblement cet accident.

Le tronc d'un Châtaignier atteint de roulure ne tarde pas à être attaqué par la *pourriture sèche*, autre maladie qui a pour effet de transformer le bois en une poussière fine; l'arbre se creuse intérieurement; il arrive même souvent que son écorce, à peu près vide, paraît rester seule intermédiaire entre les branches et les racines.

La manière routinière d'élaguer les Châtaigniers et de leur laisser de gros tronçons favorise la roulure et la pourriture sèche. « Ceux qui laissent ces chicots ou moignons, prétendent qu'une coupure transversale, pratiquée trop près du tronc, constitue une plaie autour de laquelle l'écorce forme bourrelet établissant un petit bassin, ou réservoir, propre à retenir les eaux de pluie à la superficie du bois dénudé. Cela peut effectivement avoir lieu chez les arbres d'une certaine grosseur. D'ailleurs l'élagage quelle que soit la manière d'y procéder n'est jamais sans inconvénient ou danger, puisque la nature n'offre aucun moyen direct de recouvrir les larges blessures qu'il occasionne. (Ed. Lamy). » La section ne se recouvre guère quand la coupure a une grande dimension et qu'elle est ensuite négligée.

Mais, d'autre part, l'écorce ne profite point au sommet de ces sortes de moignons, elle ne peut boucher la plaie dont le bois reste à découvert exposé à toutes les intempéries. Les eaux pluviales, les insectes et les végétaux parasites l'attaquent et en hâtent la décomposition. La plaie augmente et la carie gagne finalement l'intérieur de l'arbre dont le bois se transforme en une poussière humeuse qui tombe au pied du Châtaignier.

Au début, un seul trou, paraissant peu important, se montrait en haut du tronc, puis, avec le temps, il s'est développé longitudinalement et a fini par gagner le bas de l'arbre.

La gelée est une des causes de la roulure ; les arbres plantés dans des endroits humides sont particulièrement sujets à cette maladie et à se creuser plus tôt que ceux qui croissent dans d'autres terrains. Il y a des variétés de Châtaigniers greffés qui ne se roulent guère, tels sont le Corrive, le Malâbre, etc. ; les Châtaigniers sauvages sont presque toujours indemnes.

Le bois roulé n'est pas bon pour l'ouvrage. Les troncs creux sont utilisés pour les ruches, pour les petites prises d'eau et des fontaines rustiques.

On peut éviter la roulure par une bonne taille, par le sulfatage des coupures au sulfate de fer, et en les recouvrant d'un enduit imperméable : goudron, etc. On l'atténue en bouchant les trous hermétiquement, en les mastiquant ; on l'éviterait en ne plantant que des espèces réfractaires à cette maladie. Peut-être trouvera-t-on des variétés d'élite se reproduisant par le semis plutôt que par la greffe, qui fourniront abondamment de bons fruits et du bois absolument sain. Cela augmenterait considérablement la beauté et la valeur de nos châtaigneraies, il n'y aurait plus d'arbres crevassés et nos profits seraient plus élevés.

Maladie de la greffe. — Lorsque la greffe s'opère sur un arbre trop âgé, elle en occasionne parfois la mort parce que le sujet ayant beaucoup plus de sève que s'il était jeune, son élagage provoque un engorgement séveux. Il y a surabondance de suc nourricier, il se forme alors un bourrelet proéminent à l'intersection de la greffe : on dit que l'arbre « se boute ». Ce dépôt séveux s'échauffe et la fermentation détruit la greffe. Il arrive souvent que des insectes attaquent cette corruption et y déposent leurs larves, circonstance qui est cause que des cultivateurs sont induits en erreur : ils attribuent, à tort, à la piqûre des insectes et à leurs vers cette maladie, sorte de chancre qu'ils désignent sous le nom de *Javard*, terme générique que le paysan limousin applique aux affections cancéreuses des arbres.

M. Charles Baltet, dans son *Art de greffer*, préconise le remède suivant :

« Lorsqu'il se manifeste, à la naissance de la greffe, un bourrelet proéminent au détriment de la libre circulation de la sève, nous cherchons à l'atténuer par quelques incisions longitudinales données au printemps, partant du bourrelet de la greffe pour se continuer sur le sujet. Le cambium dégorge par ces issues, dilate les couches génératrices et vient aider à leur accroissement. Les incisions sont produites par un simple coup de greffoir ; elles seront prolongées çà et là sur la tige, dans les endroits faibles, et renouvelées modérément dans le cours de la végétation, s'il y a lieu. »

Maladies produites par l'étêtage. — Une opération souvent funeste au Châtaignier est celle qui consiste à l'étêter, soit pour lui donner une forme nouvelle, soit même pour le greffer. Elle a fréquemment pour conséquence d'occasionner aussi le *Javard*.

Chaque rameau correspondant à des racines particulières, malgré sa suppression, celles-ci continuent à absorber et à transmettre à la tige la nourriture qu'il recevait. Cette sève ne pouvant, alors, se répartir dans les autres branches attendu qu'elles ont été également enlevées, se répandra en dehors ou bien formera des dépôts entre l'aubier et l'écorce ; si l'arbre pleure trop, le sol s'épuisera et le tronc décapité périra desséché, à moins que des rejetons nombreux n'éclosent et se développent rapidement ; si le suc nourricier, au lieu de s'épancher extérieurement, s'accumule entre les couches corticale et ligneuse, comme il n'a pas été élaboré complètement, les bourgeons naissants ne suffisant point, cette sève provoquera des accidents, (boursouflures, etc.), qui amèneront la fermentation putride ou la gangrène, et la mort du Châtaignier s'ensuivra.

.˙.

On évitera les maladies précédentes en ne greffant point des arbres trop âgés ni trop en sève ; en se gardant, le plus possible d'opérer un élagage immodéré ou un étêtage trop radical. On pratiquera graduellement, avec circonspection, en ménageant des tire-sève (voir art. : greffage, étêtage des vieux Châtaigniers).

Cadranure. — On entend par *cadranure* des fentes qui vont du centre du tronc à la circonférence.

Cette maladie se manifeste sur les arbres dépérissant ou qui

meurent ; elle coïncide toujours avec un commencement de
pourriture. Il n'y a pas d'autre remède que l'arrachage. Le
Châtaignier est moins sujet à la cadranure que le Chêne.

La cadranure est aussi un défaut des bois équarris, ou
écorcés, ou simplement en grume. Il se produit si on les
abandonne longtemps aux intempéries et, principalement, si
on les laisse exposés à l'air. On leur évitera la cadranure en
les faisant sécher à l'ombre, en les préservant de l'humidité
et des températures extrêmes.

CHAPITRE XVII

INSECTES ENNEMIS DU CHATAIGNIER

Les principaux insectes qui attaquent le Châtaignier et ses produits sont (1) :

1° **Coléoptères**: Le *Hanneton vulgaire*, la *Valgue hémiptère*, deux *Anobies ou Vrillettes*, l'*Attelabe curculionide*, le *Charançon des Châtaignes* et le *Grand Capricorne*.

2° **Lépidoptères** : Le *Bombyce neustrien*, le *Bombyce Cul-brun*, le *Bombyce Cul-doré*, le *Bombyce dissemblable* ou *Spongieuse*, le *Cossus gâte-bois*, la *Noctuelle des moissons*, la *Phalène défeuillante* et la *Phalène hyémale*.

3° **Microlépidoptère** : La *Carpocapse des Châtaignes*.

Un grand nombre d'autres insectes infiniment petits, pour la plupart invisibles à l'œil nu, occasionnent aussi des ravages. Nous ne nous attarderons point à en donner la description, ni même la nomenclature, cela nous serait impossible. On découvre toujours de nouvelles colonies, plus ou moins microbiennes, sur les racines et dans le corps des Châtaigniers qu'elles attaquent surtout lorsque ces arbres sont déjà atteints d'accidents morbides, vu que leur végétation commence à être paralysée par une cause matérielle quelconque.

I. — Insectes s'attaquant aux racines.

Hanneton vulgaire (*Melolontha vulgaris*, Linn.). — Le Châtaignier est peu attaqué par le *Hanneton vulgaire*, il semblerait même que cet insecte en déserte le voisinage, attendu que presque jamais on ne l'y trouve, ni sa larve, et que les

---

(1) Énumération faite d'après l'ordre scientifique.

prairies bordant les châtaigneraies n'ont guère à souffrir du Ver blanc. Cependant, d'après Maurice Girard, il y aurait un Hanneton spécial au Châtaignier, le *Melolontha hyppocastani* (Fabr.) (1), à corselet fauve (il est noir chez le Hanneton commun), plus tardif que le Hanneton ordinaire. Jusqu'à présent ce coléoptère a été très rare, du moins en Limousin. Nous ne l'avons jamais vu sur le Châtaignier, mais quelquefois seulement sur le Marronnier d'Inde auquel il nous paraît plutôt particulier. Le Marronnier d'Inde est aussi un des végétaux de prédilection du Hanneton vulgaire, autant de la larve que de l'insecte parfait.

Il faut ramasser les adultes. Mais ne pourrait-on point détruire le Hanneton en répandant sur les terrains envahis, les spores d'un champignon parasite, le *Botrytis tenella*, qui occasionne à la larve de l'insecte une maladie mortelle et contagieuse aussi pour toutes les sortes de Hannetons ? Ce remède est préparé au laboratoire de l'Institut Pasteur.

La Noctuelle des moissons (*Agrostis segotum*. Viener Verzeichniss) est un papillon nocturne brun de quatre centimètres environ de longueur, aux antennes effilées, aux ailes supérieures brunes ou fauves avec trois lignes transversales ondulées et des taches brun foncé, les ailes inférieures sont blanches. La femelle de ce lépidoptère effectue sa ponte au milieu de l'été et dépose ses œufs à terre. La chenille, qui atteint un développement de cinq centimètres, est lisse, luisante, d'un vert grisâtre, avec chaque anneau orné de plusieurs petites verrues noires surmontées d'un cil. Elle est connue communément sous le nom de *Ver gris*.

Le Ver gris, ayant des pattes très courtes, ne peut grimper sur les végétaux : il vit à la manière de la larve du Hanneton, (Ver blanc). Pendant le jour il dévore les Betteraves et ronge les racines des plantes. Il occasionne de grands dégâts dans les pépinières et dans les semis d'arbres fruitiers, et les jeunes Châtaigniers ne sont pas à l'abri de ses attaques.

Pour se métamorphoser, cette chenille se construit dans le

____

(1) *Catalogue raisonné des animaux utiles et nuisibles de la France,* par *Maurice Girard*. Paris, 1878, Hachette et Cie, éditeurs.

sol une petite loge qu'elle tapisse d'un peu de soie gris foncé. Les chrysalides se forment en terre. Pour étouffer celles-ci et empêcher l'éclosion des adultes, M. Maurice Girard recommande de tasser fortement le sol au pied des plants attaqués, ou bien de faire des arrosages avec une solution un peu forte de sulfo-carbonate de potasse, un petit essai préalable indiquera la dose qui ne peut nuire au végétal.

II. — Insectes s'attaquant au tronc pendant la végétation de l'arbre.

Le Grand Capricorne (*Cerambyx heros*, Scopoli). — Ce grand coléoptère noir et marron, aussi gros que la Lucane, mais aux formes plus gracieuses, est reconnaissable à ses belles antennes noueuses qui atteignent souvent et même dépassent la longueur du corps. L'insecte parfait paraît en juin et juillet, il vole le soir. On rencontre les femelles au bas des troncs de Chênes et de Châtaigniers : elles y déposent leurs œufs dans les interstices des écorces.

La larve éclot à cet endroit, y demeure un peu de temps et s'enfonce dans le bois où elle creuse une galerie sinueuse, dont elle agrandit le diamètre à mesure qu'elle grandit elle-même. Cette larve, appelée vulgairement « *Gros Ver du bois* », atteint 8 centimètres de longueur et une grosseur égale à celle du doigt. Elle est d'un blanc jaunâtre avec une tête brune très forte. Le Gros Ver du bois est privé de pattes, mais il a les sept anneaux médians munis, en dessous, de plaques cornées.

La larve du Grand Capricorne n'attaque Chêne et Châtaigniers que lorsqu'ils sont âgés et « sur le retour » mais c'est alors l'époque où ces arbres ont acquis toute leur croissance, le moment où leur bois a la plus grande valeur. L'état larvaire durant quatre années, pendant ce temps le Gros Ver du bois perfore en tous sens et rend impropre à tout service la partie de l'arbre où il s'est établi, partie qui est la meilleure et la plus belle. Alors le Châtaignier se carie et décline rapidement.

Toutes les métamorphoses de ce malfaisant et puissant insecte se font dans l'arbre même. Avant de se transformer en nymphe, la larve creuse une grande cavité ovoïde à proximité de la périphérie du tronc, elle se fait un vrai nid ingénieusement construit : il consiste en une coque de soie enduite de débris ligneux agglutinés.

On reconnaît extérieurement la présence des larves par les trous de l'écorce et par le bruit que font les mandibules du ver lorsqu'il creuse ses galeries.

Les *Pics verts* ne peuvent guère extraire cette larve qu'il nous est impossible aussi d'atteindre. Ce qu'il y a de mieux à faire c'est d'écraser l'insecte parfait, quand on le rencontre et surtout de respecter avec soins ses ennemis naturels, les grands *Ichneumoniens* : le *Pimple manifestateur*, le *Pimple tuberculé*, le *Pimple confus* et le *Pimple à massue*. Ils ont des tarières d'une longueur démesurée dont ils percent les larves xylophages dans les Chênes, les Châtaigniers, etc..

Le Cossus Gâte-bois (*Cossus Ligniperda*, Fabre), est un grand lépidoptère nocturne voisin des Bombyces et des Hépiales. Son corps lourd, ventru, velu, gris brun, atteint près de 9 centimètres de long ; le corselet, dont l'extrémité postérieure est jaunâtre, a, en dessus, une bande noire en fer à cheval. Ses ailes, gris cendré, chamarrées de petites lignes noires, sont disposées en toit quand le papillon est en repos, elles donnent à son vol trois pouces d'envergure.

La femelle pond, en juillet, sur les écorces des arbres, à la partie inférieure du tronc, environ un millier d'œufs qu'elle place par groupes de 12 à 16. Environ un mois plus tard les jeunes chenilles éclosent, se faufilent aussitôt dans les fissures de la couche corticale et s'empressent de pénétrer dans le bois.

Cette chenille, très grosse, un peu aplatie, glabre en dessus, aux flancs hérissés de poils raides, cuirassée d'écussons cornés, d'un rouge sanguin ou vineux sur le dos, d'un blanc sale en dessous, atteint à son complet développement presque un décimètre de longueur. Elle a les trois premiers anneaux garnis, chacun, d'une paire de pattes écailleuses fauves, et les cinq suivants portent dix fausses pattes. La tête, d'un noir brun, est pourvue de très fortes mandibules.

Le *Gâte-Bois* suce la sève et ronge le bois après l'avoir

amolli avec une liqueur brune huileuse, répandant une odeur âcre, fort puante, liquide, que l'insecte rend par la bouche.

Le *Cossus* attaque de préférence les Ormes, les Chênes, les Peupliers, les Saules et, à défaut de ces essences, il pénètre aussi dans les Châtaigniers âgés ou peu vigoureux, mais au bois sain. Il vit trois ans à l'état larvaire, creusant des galeries considérables toujours vers la base de l'arbre, ne pénétrant pas très avant pendant la première et la seconde année, mais sillonnant le tissu ligneux souvent jusqu'au cœur durant la troisième année.

Quand la chenille est parvenue à toute sa grosseur et qu'elle sent venir le moment de la métamorphose, elle se hâte de se rapprocher de l'écorce qu'elle troue de nouveau pour que le papillon trouve un chemin ouvert. Puis, en avril ou en mai, elle fabrique une coque composée de rognures de bois reliées par une soie brillante que le Cossus secrète et file lui-même, et il se transforme enfin en chrysalide. Presque toujours c'est dans l'endroit où elle a vécu, dans une galerie en rapport avec sa taille, que la chenille dispose sa coque, mais il arrive quelquefois qu'elle quitte sa demeure et s'enfonce dans la terre, au pied de l'arbre pour y opérer sa métamorphose en nymphe dans un cocon revêtu de sable.

La chrysalide est oblongue, cylindrique, convexe et rouge sur le dos ; sa tête est terminée en pointe obtuse et les anneaux de l'abdomen sont à leur partie supérieure ornés de deux rangées de dents épineuses. L'insecte parfait éclot au commencement de l'été, en juin et juillet, l'accouplement se réalise presque aussitôt et la ponte ne tarde guère.

.·.

Mais il est bien difficile de surprendre ces papillons sur le fait : la couleur grisâtre de leur corps occasionne qu'on les confond avec les écorces. Cependant il est prudent, dès l'époque de la ponte et le mois d'avril, d'examiner attentivement le tronc des arbres, de rechercher les œufs du Cossus et de détruire ses larves qu'on trouvera, les unes errantes, les autres occupées à s'introduire dans l'arbre. C'est sur les crevasses de la vieille écorce qu'il faut fixer davantage les recherches, car là se tiennent les très jeunes chenillettes, parfois ne venant que d'éclore, celles-ci ayant 3 millimètres de longueur, d'autres atteignant de 1 à 2 centimètres.

Les arbres souffrent beaucoup des blessures que leur font ces chenilles, qui vivent plusieurs domiciliées dans le même tronc ; le végétal s'affaiblit et d'autres insectes viennent compléter les ravages des premiers.

La présence du Gâte-bois est souvent décelée par la sève qui s'écoule du trou fraîchement fait, ou par les rognures et les détritus tombant des galeries. Comme les galeries du Cossus offrent cette particularité d'être toutes horizontales, le meilleur moyen de détruire ce redoutable ennemi de nos arbres est de découvrir son passage, d'y introduire un fil de fer souple et crochu avec lequel on extraira les larves, ou du moins, on les blessera mortellement. Ce moyen n'est pas nouveau, il date de la plus haute antiquité, les Grecs l'utilisaient, et, un peu plus tard. *Columelle* recommandait aux jardiniers latins l'emploi d'un stylet pour détruire sur les arbres fruitiers les vers et les insectes qui les rongent. D'ailleurs les Romains, qui étaient très friands des larves de Cossus, (nous ne pouvons concevoir le goût dépravé qui les portait à se délecter d'un plat aussi abominable), employaient des esclaves pour s'en procurer. Ceux-ci examinaient les troncs d'arbres, agrandissaient un peu, avec un outil très tranchant l'ouverture des galeries qu'ils exploraient ensuite à l'aide d'une longue aiguille en bronze ou d'une baguette de fer pointu, pour en retirer les insectes.

Il est bon aussi d'introduire dans les repaires des Cossus, des tampons de ouate imbibés d'un liquide insecticide (benzine, lysol, etc.), et de boucher ensuite les galeries avec du ciment, ou mieux encore à l'aide de chevilles en bois. Il faut toujours déchausser un peu le pied de l'arbre avant de procéder à la recherche des chenilles, après quoi on le rechaussera.

Le *Pic vert* est un bon indicateur des arbres attaqués par le Gâte-bois. Cet oiseau leur fait une chasse incessante et possède admirablement l'instinct de les découvrir. Protégeons ce précieux insectivore.

III. — Insectes s'attaquant aux feuilles.

Attelabe curculionide. — L'*Attelabe curculionide* (*attelabus curculionides*, Linn., synonyme de *Curculio Polydrosus micans*), est un petit coléoptère tétramère d'une couleur variable, tantôt brun rouge, tantôt noir bleu, le plus souvent rouge vermillon sombre ; la tête est allongée, les élytres sont striées en long, les pattes noires ; il a un aspect poussiéreux et 0 m. 006 à 0 m. 008 de taille (1). Il appartient à la famille des *Rhynchites* de la tribu des *Charançons* ou *Porte-becs*.

Les Charançons proprement dits dévorent les graines des légumineuses et des céréales, les Rhynchites et les Attelabes attaquent les bourgeons, les fruits, les graines, l'intérieur des tiges herbacées, et développent parfois des galles ou excroissances à la surface de celles-ci.

Leurs larves, privées de pattes, vivent quelquefois à découvert sur les feuilles, mais le plus souvent cachées dans celles-ci, qui ont été d'avance roulées par l'insecte parfait pour y préparer sa ponte.

L'Attelabe curculionide s'attaque de préférence au Chêne et au Hêtre, mais il n'épargne point le Châtaignier. A la fin de mai et en juin, les femelles pondent des œufs jaunes, transparents de la grosseur d'une graine de pavot ; elles les déposent un par un au bout des feuilles nouvelles qui entourent les chatons après avoir incisé celles-là symétriquement jusqu'à la nervure médiane en enroulant, en forme de cigare la partie où elles ont mis l'œuf. L'œuf se trouve ainsi renfermé dans une sorte d'étui très régulier, chaque rameau à fruit a plusieurs de ces réceptacles et l'arbre en porte une énorme quantité. Ce Rhynchite compromet la vigueur du végétal en détruisant ses feuilles.

En 1890, une invasion d'Attelabes curculionides causa des dégâts considérables dans la Haute-Vienne et particulièrement dans quelques communes des cantons d'Ambazac et de Saint-Sulpice-Laurière où les bois attaqués ne donnèrent pas

---

(1) Le *Rhynchite Cigareur* de la Vigne est beaucoup plus petit et a une couleur vert doré.

le vingtième de leur récolte moyenne. Heureusement que, peu à peu, depuis cette époque, ces insectes ont disparu presque entièrement de la contrée.

Pour conjurer le mal. on ne peut songer à émonder les arbres des milliers de rouleaux contenant les œufs. Le soufrage et les diverses insufflations cupriques, faciles quand il s'agit de la Vigne, sont inapplicables au Châtaignier ; il est impossible aussi de secouer les gros arbres pour en faire tomber les insectes engourdis et les recueillir sur des toiles...

Devant l'imperfection des moyens dont nous disposons, il n'y a qu'à protéger les petits oiseaux; qu'à faciliter la multiplication de ces ennemis naturels des insectes, qu'à sévir impitoyablement contre les dénicheurs.

La présence du *Hanneton* est excessivement rare sur les feuilles du Châtaignier, il en est presque de même des chenilles : Ce n'est que lorsqu'il y a invasion, « épidémie », de celles-ci, que quelques-unes attaquent cet arbre. et encore ne s'y décident-elles que lorsqu'elles ont fini de dévorer le feuillage des autres espèces fruitières et forestières. Autrement ce n'est que par hasard qu'on rencontre sur le Châtaignier des spécimens de larves et de papillons appartenant aux genres de lépidoptères les plus communs, ailleurs, et les plus nuisibles aux forêts et aux vergers.

Tels sont le *Bombyce neustrien*, le *Bombyce cul-brun*, le *Bombyce cul-doré*, le *Bombyce dissemblable*, la *Phalène défeuillante* et la *Phalène hyémale*.

Il faut s'appliquer à leur extermination, car leur multiplication devient chaque année plus menaçante. C'est pourquoi nous croyons utile, afin de mieux les signaler à l'attention du cultivateur, de faire ici la description complète de ces ravageurs en indiquant les meilleurs moyens pour les combattre.

Le Bombyce neustrien. — (*Bombyx neustria*, Linn.), est connu sous le nom vulgaire de *Livrée*, parce que sa chenille est bariolée de diverses couleurs. Elle est rayée en long de bleu, de brun, de noir et de blanc ; la tête est bleu ardoisé avec deux taches noires ; les flancs sont hérissés de houppes de poils roussâtres ; le cocon, blanc, assez soyeux, poudré d'une matière solide jaune, est tissé en juin ; l'insecte le fixe indifféremment sous des feuilles ou sous une branche. Le papillon, d'environ trois centimètres d'envergure, apparaît en juillet ; il est jaune roux, il a deux moirures brun fauve sur les ailes antérieures. La femelle pond près de 500 œufs qu'elle dispose à côté les uns des autres en une sorte de bague ou bracelet autour d'un même rameau. Protégés par un vernis, ces œufs passent l'hiver et les chenilles éclosent au printemps. Aussitôt nées, elles se mettent à brouter les feuilles des tendres bourgeons. Elles vivent en commun et se construisent un refuge englobant, dans des fils de soie, un bouquet de feuilles qui leur serviront aussi de nourriture. Ces chenilles sortent souvent en procession de leur repaire : elles se réunissent la nuit et le matin sur les troncs d'arbres et à l'aisselle des branches, puis elles retournent dans leur abri qu'elles n'abandonnent, enfin, que pour aller faire chacune isolément son cocon.

Le Bombyce Cul-brun (*Liparis Chysorrhea*, Linn.) porte ce nom en raison de la touffe de poils bruns que la femelle possède à l'anneau terminal de son abdomen. Avec ces poils elle fait un feutre pour recouvrir ses œufs, de couleur rose, pondus en juillet, en petits tas de dix à douze, fixés sous les feuilles qui restent adhérentes au rameau.

Ce papillon, qui n'est guère plus grand que le précédent, est blanc satiné, avec la partie postérieure du corps brune. La chenille est brun noir avec six rangées de tubercules de même couleur terminés chacun par une touffe de longs poils roux ; son dos a deux files de taches blanches perlées de rouge. L'anneau où est attachée la dernière paire de fausses pattes, et le suivant, portent chacun, en dessous, un petit mamelon rouge, charnu, érectile, rentrant dans la peau ou en sortant au gré de l'insecte.

Les petites chenilles éclosent en août et septembre, passent ensemble l'hiver dans leur nid formé de feuilles, enveloppées de soie, (ce nid est divisé en autant de loges qu'il y

a d'habitants); elles se réveillent au printemps et se dispersent sur l'arbre qu'elles dévorent, puis chacune se change en
nymphe dans une feuille légèrement enroulée autour de la
chrysalide qui se trouve ainsi cachée et abritée.

Cette espèce est très nuisible à tous les arbres fruitiers, à
ceux de jardin, d'avenue et des lisières des bois.

Le Bombyce Cul-doré (*Liparis Auriflua*, Fabr.) est un
type voisin du précédent, ses mœurs sont analogues à celles
du Cul-brun, excepté qu'il n'exerce ses déprédations que
dans les bois, aux dépens des arbres forestiers. L'insecte
parfait a trois centimètres d'envergure. C'est un *papillon
crépusculaire* blanc comme neige, avec un point noir à la
base des ailes supérieures et le bout de l'abdomen jaune
d'or. Il paraît en juin et sa femelle pond aussitôt deux cents
à trois cents œufs au revers d'une feuille; elle s'empresse de
les recouvrir de poils qu'elle s'arrache à l'anus. En juillet et
en août naissent les chenilles. Elles sont brun foncé, très
velues, avec une double raie dorsale rouge vif placée entre
deux rangées de tubercules blancs, comme farineux, portant
chacun une touffe de poils blanchâtres; en outre il y a des
verrues latérales rouges, couronnées de poils ferrugineux.
Elles vivent en commun et passent l'hiver dans un nid, très
apparent et luisant, appelé *bourse*, formé d'une large toile
filée par ces insectes. Cette toile, entremêlée de quelques
feuilles, reste fixée à l'arbre. Aussitôt la belle saison revenue,
les chenilles se séparent et se répandent sur l'arbre pour le
ravager.

Le Bombyce dissemblable ou Bombyce disparate (*Bombyx dispar*, Linn.) est ainsi nommé pour rappeler la dissem-
blance des papillons des deux sexes. On appelle aussi ce
lépidoptère **Zig-zag**, à cause des dessins ondulés de ses ailes;
on le nomme encore **Spongieuse**.

Le mâle a le corps mince, les antennes pectinées, les ailes
supérieures grises traversées par des lignes sinueuses très
obscures, et les inférieures brunes avec le bord plus foncé.
La femelle, doublement plus grande que le mâle, a les ailes
d'un blanc jaunâtre également ornées de traits noirs en zig-
zag, quelques taches brunes bordent ses ailes antérieures; son

corps est épais et porte au bout du ventre des **touffes de** poils roux; elle a plus de 7 centimètres de taille.

Ce lépidoptère apparaît en juillet-août, il opère **sa ponte** presque aussitôt en amas aplatis, ovales, qu'il dépose sur les troncs et qu'il colle souvent aussi sur les traverses des palissades, derrière les treillages, partout où ils peuvent être abrités de la pluie. Comme le Cul-brun, le Bombyce dissemblable couvre ses œufs (au nombre de 500 à 600) d'une espèce de matelas soyeux de poils roussâtres agglomérés qu'on prendrait, à sa couleur, pour un morceau d'amadou (1). En mai, naissent les chenilles qui, a leur complet développement, ont une longueur de 6 à 7 centimètres. Elles sont noirâtres avec un réseau de fines lignes gris pâle ; elles ont cinq paires de verrues dorsales bleues sur les cinq premiers anneaux, et six paires rouge sang sur les autres; ces verrues sont toutes couronnées par une houppe de longs poils roux très venimeux.

Ces chenilles, très grandes, sont fort voraces; quelques douzaines suffisent pour dépouiller un arbre de toute sa verdure. La métamorphose se fait en été : la chenille choisit alors une crevasse d'écorce, ou un coin entre des pierres, où elle se change en nymphe après s'être entourée d'un léger réseau de soie grise; parfois même le cocon fait absolument défaut et la chrysalide, très poilue, d'un brun noirâtre, est simplement suspendue par la queue.

**

Les *Phalènes* sont des lépidoptères dont les larves détruisent les jeunes bourgeons et les feuillles des arbres. Ces chenilles, longues et cylindriques, n'ont que dix pattes : six d'écailleuses et quatre fausses pattes au bout de l'abdomen, il en résulte que le milieu de leur corps manquant de sup-

---

(1) Mais ces deux lépidoptères diffèrent en ce que le Cul-brun n'effectue sa ponte que sous les feuilles, tandis que le Bombyce dissemblable pond toujours sur le bois, sur la tige ou vers la bifurcation des branches, quelquefois même sur les pierres des murailles. Le Cul-brun paraît un mois plus tôt que le Disparate et ses chenilles hybernent, au lieu que celles de la Spongieuse n'éclosent qu'au printemps.

port, elles se relèvent en boucle ou en compas. Cette particularité les a fait nommer *Arpenteuses* ou *Géomètres*. Parfois, fixées sur leurs deux pattes anales, elles restent immobiles, droites ou arquées pendant des heures entières, ressemblant à de petites brindilles sans feuilles. Souvent aussi elles se suspendent ou se laissent tomber au bout d'un fil.

Les plus redoutables de ces ravageurs sont les *Papillons de l'hiver* dont les femelles ne volent point, car elles n'ont que des ailes rudimentaires ou nulles; les mâles volent et tiennent en général leurs ailes étalées à plat, au repos.

Citons la *Phalène défeuillante* et la *Phalène hyémale*.

Phalène défeuillante ou Hybernie défeuillante (*Hybernia defoliaria*, Albin). — Les insectes parfaits paraissent au milieu de l'automne. La femelle, de 0 m. 14 de longueur, dépourvue d'ailes, brun noirâtre avec bande jaune entre le quatrième et le cinquième anneau, court le soir, comme un coléoptère, grimpe aux arbres et pond sur les bourgeons des œufs qui passent l'hiver.

Les chenilles, de couleur grisâtre, et rayées de chaque côté d'une bande longitudinale jaune, éclosent au printemps en même temps que les bourgeons, et commencent aussitôt leur œuvre destructrice.

La Phalène Hyémale (*Cheïmatobia brumata*, Linn) est un papillon de 0 m. 012 de long et de 0 m. 033 d'envergure, aux ailes supérieures d'un gris vineux pointillé de brun et rayées, en travers, de bandes assez foncées. Les ailes antérieures sont plus claires, elles ont de fines lignes brunes élipsoïdes concentriques.

Il se montre le soir, dans les bois, en novembre et même en décembre. Pendant ce temps-là, la femelle court le long du tronc pour monter pondre ses œufs au plus haut de l'arbre, à la base des bourgeons. Cette femelle aux pattes mouchetées de noir et de blanc, est de même longueur que le mâle, mais elle n'a que des moignons d'ailes trop courtes pour lui permettre de voler; elle ressemble plus à une araignée qu'à un papillon.

Les chenilles naissent au printemps, elles atteignent toute leur grosseur au mois de mai ; elles sont lisses, glabres d'un vert noirâtre avec des lignes longitudinales blanches ou jaunes. A peine écloses, elles entrent dans les bourgeons non ouverts dont elles font leur première nourriture, puis elles passent aux feuilles, dont pendant trois mois elles dépouillent l'arbre sans relâche. (Elles dévorent les feuilles après les avoir accolées par des fils de soie enchevêtrés).

En août, les chenilles de l'*Hybernie défeuillante* et de la *Phalène hyémale* s'enfoncent dans le sol pour s'y transformer en chrysalides, et, de là, en insectes parfaits.

Les entomologistes recommandent d'entraver la ponte des femelles en engluant, en automne, la base des arbres avec une couche de goudron de houille pour empêcher les insectes de monter déposer leurs œufs sur les bourgeons ; il préconisent aussi ce même enduit contre les chenilles processionnaires. Un autre moyen, moins efficace, consiste à secouer les branches des arbres infestés pour faire tomber les chenilles et les écraser. On dit aussi de poser des quinquets, ou des lanternes, à terre sur des toiles, afin de recueillir, le matin, les femelles qui ont été attirées durant la nuit par ces lumières.

Voilà de quoi faire ! surtout quand il s'agit des milliers de pieds d'une forêt. Ces remèdes, déjà coûteux et minutieux pour une pépinière, deviennent inapplicables dans un massif.

C'est surtout pour combattre et arrêter les ravages des Bombyces, des Liparis et autres chenilles qu'a été faite la loi sur l'échenillage, (Loi du 26 ventôse, an IV, 15 mars 1796), et que des arrêtés préfectoraux viennent, chaque année, dès le début de l'hiver, ordonner la destruction des œufs et larves de lépidoptères.

Cette loi et ces arrêtés, déjà insuffisants aux yeux des savants, qui ont à cœur l'anéantissement des ravageurs et la protection des auxiliaires, sont en général très mal exécutés et, par suite, les insectes nuisibles pullulent de plus en plus. Cependant la peine de sacrifier quelques journées d'hiver à la recherche et à l'extermination des chenilles et œufs de papillons serait compensée mille fois par les récoltes ou revenus préservés.

Il faut rechercher autant que possible, écraser (et mieux encore goudronner au pinceau) les amas d'œufs du Bombyce dissemblable et les bagues du Bombyce Livrée. On doit, en décembre ou janvier, par les temps froids, brumeux (et non par les jours de soleil ni au début du printemps, car les chenilles seraient sorties en parties), alors que les feuilles sont tombées et qu'on aperçoit facilement les nids, couper les rameaux où ils se trouvent ; il faut ramasser et brûler avec soin les toiles ou les bourses-refuges des Bombyces Cul-brun et Cul-doré.

« Un moyen employé avec succès consiste à faire un vaste cornet en fil de fer, à large ouverture que l'on fixe au bout d'une perche, on met dans le cornet deux ou trois feuilles de papier froissé et quelques gros morceaux de papier gris, on met le feu avec une allumette au papier de dessous, et l'on porte au moyen de la perche le cornet sous les branches infestées ; la fumée épaisse que fait en brûlant le papier gris, asphyxie les chenilles qui se laissent tomber dans le cornet. Il est bon de faire cette opération le matin, alors que les chenilles sont encore engourdies par la fraîcheur de la nuit. On en détruit ainsi des milliers en une heure (*J. Pizetta*). »

Un échenillage consciencieusement fait et renouvelé chaque année par les cultivateurs finirait par réduire considérablement l'immense armée des ravageurs :

« Leurs déprédations annuelles et constantes forment un véritable impôt régulier prélevé sur nos richesses, agricoles et industrielles, impôt dont la population des campagnes ne cherche malheureusement pas assez à s'exonérer tant elle est habituée à le payer. Et cependant aucun impôt n'est moins profitable à qui que ce soit (*E. de la Blanchère*). »

Si cette armée continue à s'accroître chaque année, comme on le constate, elle n'épargnera rien, et les Châtaigniers, déjà si menacés d'autre part, finiront aussi par être sa proie.

En ajoutant à la pratique régulière de l'échenillage celle de moyens prophylactiques *ad hoc* appliqués tous les ans avec intelligence et persévérance, et, en protégeant les

Ichneumons, les *Braconiens*, certains diptères parasites et les coléoptères destructeurs (tels que les *Carabes*, les *Calosomes* qui sont des exterminateurs acharnés des chenilles et autres malfaisantes larves), on combattra les ravageurs. Mais c'est surtout en facilitant la multiplication des oiseaux à bec fin, et de tous ceux qui portent des chenilles à leurs petits, qu'on activera la destruction des insectes nuisibles.

Dans les oiseaux, citons parmi nos auxiliaires les plus méconnus et injustement traqués, le *Merle noir*, grand insectivore, l'*Engoulevent* qui se nourrit exclusivement de papillons nocturnes : Bombyciens, Noctuelles, Phalènes, Pyrales, Teignes, etc.. Les *Coucous* sont aussi d'utiles échenilleurs, ils consomment une énorme quantité de chenilles velues des Bombyces disparates, Cul-doré, etc. N'oublions pas l'*Effraie* ou *Chouette des clochers* (Strix flammea, Linn.), vivant parfois dans les colombiers sans épouvanter les Pigeons, ni leur nuire, et qui, en outre des Mulots et Campagnols, mange beaucoup de Hannetons et de Bombyciens nocturnes.

IV. — Insectes s'attaquant aux bois abattus.

Parmi les produits ligneux du Châtaignier, les bois ouvrés de charpente et de menuiserie ne sont pas sujets à la vermoulure, il n'y a guère que les bois exposés au mauvais temps : palissades, pieux de clôture, tuteurs, surtout si l'écorce n'a pas été enlevée, qui soient parfois attaqués par la *Valgue hémiptère* et par les *Anobies* ou *rillettes*. Et encore, ces insectes ne touchent-ils qu'à l'aubier qu'ils maltraitent beaucoup moins, même, que celui de tout autre essence.

La Valgue hémiptère (*Valgus hemipterus*, Linn.) est un coléoptère dont la larve est nuisible, dans les terrains secs, aux bois coupés et fixés en terre pour servir de supports, de tuteurs, etc.

L'insecte parfait, de presque un centimètre de long, aux élytres aplaties et striées de fins sillons, est de couleur noir tacheté de gris ; il paraît au printemps. L'abdomen de la femelle se termine par une tarière dure et pointue qu'elle enfonce, pour pondre, dans la partie fichée en terre des piquets, échalas, etc. Le nombre des larves et leurs ravages sont en rapport direct avec la grosseur et la profondeur du bois enterré. Pendant cinq mois elles minent souterrainement pieux, tuteurs, etc. puis, en octobre, elles se changent en nymphes dans leurs galeries intra-ligneuses, d'où l'insecte parfait sortira à la fin de l'hiver.

Pour préserver les bois de ce parasite il faut plonger dans un bain de goudron de houille bouillant, ou tout au moins carboniser superficiellement, la portion destinée à être enfoncée dans la terre. Le trempage dans l'acide sulfurique à 66°, ou le séjour, pendant douze heures, dans une solution concentrée de sulfate de cuivre, seront encore plus efficaces.

Les Anobies ou Vrillettes sont de petits coléoptères dont les femelles font, pour la ponte de leurs œufs, des trous qui semblent percés avec une fine vrille, dans les bois des parquets, des portes, des meubles, des pièces de charpente, etc... Les larves appelées *Vers de bois*, s'y développent et trahissent leur présence par de petits tas de fine vermoulure semblable à de la farine jaunâtre, ou plutôt imitant la poudre de Lycopode. La menuiserie et les meubles en Chêne, Noyer, Cerisier, etc. sont particulièrement ravagés par les Vrillettes qui respectent les ouvrages en bois de Châtaignier, excepté toutefois les poteaux, tuteurs, treillages et cercles de tonneaux. Cependant elles n'attaquent guère, ici, que les produits ligneux auxquels on a laissé l'écorce, et ne font de mal qu'à l'aubier, et encore leur activité destructrice ne s'y montre pas bien intense.

Les Vrillettes dont nous avons constaté quelquefois la présence sur les objets en bois de Châtaignier que nous venons de désigner sont :

1° **La Vrillette opiniâtre** (*Anobium pertinax*, Lin.). L'insecte parfait, très petit (à peine 0 m. 003 de taille), est marron clair à reflets très vifs.

2° **La Vrillette à mosaïque** (*Anobium tessellatum*, Fabr.). C'est la plus grosse des Vrillettes : l'insecte parfait, d'un noir velouté un peu chiné de jaunâtre, atteint 0 m. 006 de longueur.

Les Anobies adultes simulent la mort avec ténacité quand on les touche. « On les appelle encore *Horloges de la mort,* à cause des coups secs qu'ils frappent la nuit contre le bois: ce sont des appels des mâles et des femelles. (Maurice Girard). » Ils éclosent en mai et font leur ponte quelques semaines plus tard.

Il faut tuer les adultes quand on les rencontre avant qu'ils aient fait leur ponte, et surtout n'employer que des tuteurs en Châtaignier parfaitement écorcés.

V. — Insectes s'attaquant au fruit.

Le Charançon des Châtaignes (*Balaninus elephas*, Schœnherr.) est un petit coléoptère tétramère, de 0 m. 005 de longueur, qui paraît vers la fin de juin. Il appartient à la tribu des *Curculioniens*, famille des *Balanins*. Cet insecte, d'un aspect bossu particulier, d'une couleur brun sale avec reflets verdâtres, a les pattes renflées et possède un bec recourbé très grêle et très long.

Au commencement d'août, il attaque les Châtaignes, à peine formées, par la base à travers la cupule ou hérisson alors excessivement tendre : Il y fore un trou avec son bec, puis introduit un œuf dans l'intérieur du fruit. Dix jours après éclot une larve sans pattes, sorte de petit ver blanc à tête rousse qui ronge la Châtaigne.

Au moment de la chute du fruit, la larve le quitte après avoir percé un trou rond dans la coque; le ver s'enfonce aussitôt dans le sol pour s'y transformer en nymphe y passer l'hiver et se métamorphoser en insecte parfait au retour de l'été.

La Carpocapse des Châtaignes (*Carpocapsa splendana*, Hübner) est un microlépidoptère de la tribu des *Pyrales*.

Les Carpocapses sont des chenilles vulgairement désignées sous le nom de *Vers de fruits*. Elles vivent, en effet, à l'intérieur des fruits qu'elles percent de galeries et souillent de leurs déjections. L'insecte parfait est un papillon nocturne aux ailes supérieures d'un gris foncé avec un œil marron au bout ; les ailes inférieures d'un gris clair jaunâtre. Il éclot en juin dans les châtaigneraies et dans les maisons où l'on fait provision de Châtaignes: il s'envole aussitôt vers les bois et va déposer ses œufs sur les fleurs de Châtaignier.

La larve, d'un blanc sale, a huit paires de fausses pattes et la tête brune; elle atteint la longueur d'un centimètre environ. Cette chenille sort des Châtaignes quand elles sont tombées de l'arbre; elle entre alors dans la terre ou bien se réfugie dans les fentes des vieilles écorces. Là, elle s'enferme dans une coque faite de débris amalgamés de feuilles sèches où elle passe l'hiver. Au printemps elle se transforme en chrysalide. Mais beaucoup de larves de cette Pyrale hibernent aussi et opèrent toutes leurs métamorphoses dans les greniers, caves, celliers et magasins où l'on a conservé des Châtaignes. On recommande de ramasser les fruits véreux, de les écraser ou de les brûler, malheureusement cette précaution ne suffit point, car il arrive souvent que l'insecte a déjà abandonné la Châtaigne avant qu'on ait procédé au triage.

Nous sommes désarmés contre les insectes. Nous ne pouvons guère compter pour les exterminer que sur les oiseaux becsfins (*Fauvettes*, *Rubiettes*, *Rouges-gorges*, *Rossignols*, *Mésanges*, *Roitelets*, etc.). Ces gentilles créatures sont vraiment les infatigables gardes champêtres de nos récoltes et de nos bois. Il est urgent de multiplier les sociétés scolaires pour la protection des oiseaux utiles et la destruction des insectes nuisibles (1).

____

(1) A ce sujet nous avons publié plusieurs articles de propagande notamment une brochure intitulée: « *Bienfaits des Sociétés protectrices des animaux et conservatrices des oiseaux utiles* ». Tulle, imprimerie, Mazeyrie, août 1899.

CHAPITRE XVIII

MALADIES CRYPTOGAMIQUES NETTEMENT DÉTERMINÉES

Un grand nombre de Mousses, d'Hépatiques, de Lichens, et même de Fougères, se développent à la surface des troncs et des principales branches du Châtaignier. Ce ne sont pas, précisément, de vrais parasites, mais ces végétations ont l'inconvénient d'empêcher l'air d'arriver, de circuler à travers les interstices de l'écorce et de passer entre les méats de son parenchyme ; elles retiennent l'humidité et servent de refuge aux insectes. Il importe de détruire le plus possible ces Mousses, etc., quand on fait l'élagage.

Plusieurs Champignons, et certains sont microscopiques, attaquent le Châtaignier et en occasionnent souvent la mort. Les uns envahissent la souche et les racines, les autres assaillent le tronc et les rameaux, d'autres détruisent les feuilles et le fruit.

Dans ce chapitre nous traitons des maladies sur lesquelles les savants sont d'accord. Nous réservons le dix-neuvième chapitre à celles dont les causes continuent à être discutées et qui sont toujours à l'étude.

I. — **Cryptogames attaquant les racines et le tronc.**

Maladie dite « Pourridié ». — Cette maladie produit le décollement de l'écorce. Elle détruit l'arbre par le pied ; elle désorganise les racines, la souche, les couches cambiales et le liber.

Elle est occasionnée par un Champignon Basidiomycète, de la famille des *Agaricinées*: l'*Agaric couleur de miel* (*Agaricus melleus* Fl. Dan.), synonyme de *Armillaire de miel* (*Armilaria mellea* Quelet, — du latin armilla: bracelet, à cause de l'anneau du pied.)

L'*Agaricus melleus* est comestible. C'est un cryptogame au pied lisse, brun, strié en haut. Son chapeau charnu, au sommet convexe et un peu obtus, est de couleur jaune de miel plus ou moins foncé, roux ou brun, lavé quelquefois d'olivâtre; il est hérissé d'écailles noirâtres, parfois fugaces ; il a de 0 m. 06 à 0 m. 12 de diamètre; à la face inférieure, il est garni de lames blanches, rayonnantes autour du pied et tapissées par des basides ovoïdes donnant naissance à des spores incolores.

Avant le complet développement du Champignon, les lames hyménophores sont masquées par une membrane mince rattachant le haut du pied au bord du chapeau. Mais ne pouvant suivre l'accroissement de celui-ci, ce « voile » se déchire irrégulièrement et forme une collerette ou anneau fixé à la partie supérieure du pied.

L'Agaricus melleus est très commun. Il apparaît, en automne, dans les vergers, dans les forêts d'essences feuillues et dans celles des bois résineux, par bouquets au pied des arbres vivants qu'il attaque et sur la souche des arbres morts ou exploités. C'est donc à la fois un parasite et un saprophyte.

Les spores germent sur le sol en octobre et novembre ; tantôt vivant d'abord aux dépens des débris végétaux, puis attaquant directement les racines superficielles; tantôt se développant à la base même du tronc, d'où le mycélium du Champignon s'épanouit en lames feutrées (souvent en forme de ruban, d'éventail, etc.) sous l'écorce, à la place du cambium qu'il a détruit : ce sont les *rhizomorphes sous-corticaux* (Rhizomorpha subcorticalis Roth).

Le mycélium se présente aussi en filaments déliés appelés *rhizomorphes souterrains* (Rhizomorpha subterranea Roth), sortes de cordons brunâtres qui s'enfoncent dans le sol, s'enchevêtrent et s'agglomèrent autour des racines qu'ils pénètrent et tuent (1).

----

(1) Roth considérait le *Rhizomopha subcorticalis* et le *Rhilomorpha subterranea* comme étant les deux formes principales d'un Champignon particulier qu'il nomma *Rhizomorpha fragilis*. En réalité, les rhizomorphes ne sont que les formes spéciales au mycélium de certaines espèces de Champignons.

Le mycélium de l'Agaricus melleus exerce une funeste action chimique sur la matière ligneuse qu'il dissout aussi bien vivante que morte. Les arbres abattus, les troncs, poutres, etc., non abrités et abandonnés longtemps sur un sol contaminé deviennent la proie du terrible cryptogame.

Si le rhizomorphe, en s'étendant souterrainement autour du Châtaignier attaqué rencontre les racines de Châtaigniers sains, il s'y implante et de là envahit peu à peu aussi le système radiculaire des arbres voisins qui, au bout de quelques années, meurent à leur tour.

Une blessure occasionnée par le soc de la charrue, mutilant ou mettant à découvert une grosse racine, favorise l'infection d'un arbre par l'Agaricus melleus.

À l'état jeune, les plaques et cordons générateurs de l'Agaric couleur de miel sont phosphorescents dans l'obscurité, particularité qui est cause que les paysans appellent ce mycélium « *arzen rio* » (vif argent), ils le désignent encore sous le nom de *soucarel*.

Quand un Châtaignier est gravement atteint du Pourridié, ses feuilles jaunissent de bonne heure, sèchent et tombent ; les fruits deviennent chaque année plus rares, plus petits et finissent par ne point mûrir ; les extrémités des rameaux se dessèchent et l'arbre meurt. Trois à huit ans suffisent au Pourridié pour produire ce malheureux résultat Ce n'est pas tout, la contagion se transmet, par les racines, aux autres Châtaigniers du massif et même aux arbres voisins, de familles différentes. Les Ormes, Charmes, Noyers, Pommiers, etc., sont encore plus sujets à cette maladie que le Châtaignier qui, pourtant, est souvent attaqué par le terrible parasite. L'Agaricus melleus sévit également sur les arbres plantés dans le sol le plus riche comme sur ceux qui sont venus dans la terre la plus pauvre, et peu importe au Champignon que le terrain soit sec ou humide. C'est dans les plantations en massif qu'il exerce ses plus grands ravages ; c'est là où les arbres sont trop serrés et où ils manquent d'espace et d'air que le fléau s'installe en maître absolu et détruit tout impunément.

Pour arrêter le mal, pour le cantonner, le circonscrire et,

finalement, le faire disparaître, on doit employer rigoureusement les mesures prophylactiques suivantes :

Il faut arracher les arbres malades, extirper avec soin toutes les petites racines et leurs moindres débris, puis les brûler avec les grosses racines et écobuer le sol. Il est nécessaire d'attendre plusieurs années avant de replanter à la même place un Châtaignier ou un autre arbre : on renouvelera préalablement l'humus par une forte fumure.

Le Polyporus sulphureus (Fries), Polypore soufré, synonyme de Boletus sulphureus (Bull.), est un Basidiomycète de la famille des *Polyporées* (de *polyps*, nombreux, et *poros*, pore).

Ce Champignon a un chapeau sessile, de 0 m. 08 à 0 m. 15 de diamètre, en forme de demi-cercle, d'une couleur jaune soufre devenant plus foncée en vieillissant. Souvent il y a plusieurs chapeaux superposés les uns sur les autres, imbriqués et fixés au support par une large base. Ses tissus intérieurs sont d'un blanc pur, d'abord tendres et charnus ils durcissent ensuite ; ses tubes hyménophores, aux pores jaunes, petits et arrondis, produisent des spores ovoïdes à parois minces et incolores.

Le Polyporus sulphureus attaque un grand nombre d'arbres. Sa présence sur le Châtaignier provient de lésions faites aux branches et au tronc par des émondages mal pratiqués et sur lesquels a germé quelqu'une de ses spores. Son mycélium n'occasionne la mort de l'arbre qu'au bout d'un temps assez long, il pénètre dans les tissus du bois qu'il corrode et transforme en pourriture rouge. La décomposition gagne jusqu'à la surface du tronc et entre dans l'écorce qui se dessèche et dont jaillit le Champignon adulte que nous venons de décrire. Celui-ci présente parfois l'aspect de petites consoles irrégulières, curieusement disposées autour du fût de l'arbre.

En achevant de se décomposer sous l'action du Polyporus sulphureus, le bois devient de plus en plus léger, perd de son volume, se crevasse en tous sens en offrant des vides occupés par le mycélium du parasite ; finalement, le végétal tombe en poussière.

Les chapeaux du Polyporus sulphureus tombent en septembre et ses spores achèvent de se disséminer en attendant de rencontrer un milieu favorable à leur germination. Il suffit, pour cela, qu'elles viennent à tomber sur une plaie humide : fraîche cassure occasionnée par le vent, coupure d'élagage ou fissures profondes de l'écorce allant jusqu'au vieux bois. Ces spores s'installent dans la blessure et l'œuvre de destruction commence.

L'infection se produisant en automne, on attendra au printemps pour la combattre.

On coupera le rameau atteint avec une portion de la partie encore saine. Si le mal est sur le tronc, on tranchera dans le vif les points attaqués.

On aura soin de faire cette opération par un temps sec et chaud et de recouvrir la plaie avec du coaltar ou de l'onguent de Saint-Fiacre. Mais, avant de mettre l'enduit, il serait utile de mouiller la blessure avec une solution de sulfate de fer à 50 p. 100, additionné d'un p. 100 d'acide sulfurique. On empêchera aussi la pénétration de nouvelles spores en badigeonnant les entailles avec une solution lysolée à la dose de 5 pour 100, soit 50 grammes de lysol par litre d'eau. Si, sur une surface ainsi lavée, on répandait une couche de lysol en poudre, on isolerait complètement la plaie et il serait inutile de mastiquer ensuite.

II. — Maladie des taillis : Javard des Châtaigniers.

Quand les taillis sont coupés trop tard et sans ménagements, quand les sections sont mal faites, les souches pleurent abondamment, s'échauffent et meurent. Parfois elles paraissent émettre de vigoureux drageons quand, tout à coup, les jeunes pousses s'altèrent et brunissent, leur écorce se crevasse par petites plaques sèches qui mettent le bois à nu. Il arrive alors que la cépée périt, tantôt entièrement, tantôt en partie, mais en ce dernier cas elle ne parvient jamais à recouvrer sa vigueur ni sa fécondité premières.

C'est une *Sphæriacée* : le *Diplodina Castaneæ*, découvert et étudié par MM. PRILLIEUX et DELACROIX, qui occasionne presque spécialement aux Châtaigniers en taillis la maladie désignée vulgairement sous le nom de *Javard*.

Cette affection apparaît sur les jeunes pousses dont elle commence à attaquer l'écorce à la hauteur de 0 m. 50 à un mètre au-dessus de la souche mère. Le Javard débute par une tache brune qui se déprime, puis se dessèche et se crevasse en petites plaques. Ces plaques tombent en laissant à nu l'aubier qui présente par suite une plaie analogue à celle du chancre du Pommier, quoique moins profonde. Mais le bois est altéré au point que les ouvriers ne peuvent refendre les perches attaquées.

Le Diplodina Castaneæ forme des pycnides globuleuses, noires, dans l'écorce des jeunes jets. Les conceptacles de ce Champignon parasite sont le plus souvent groupés. Ils se développent en décomposant çà et là les tissus corticaux qui finissent par se rompre sous la poussée des Bactéries et celles-ci se répandent alors au dehors en fines spores fusoïdes partagées par une cloison médiane.

Cette affection ralentit la végétation à tel point que la poussée d'un an n'atteint pas la moitié de celle de l'année précédente ; et c'est à peine si le bois de Châtaignier a profité de quelques centimètres durant l'année qui se termine par l'exploitation. Si la maladie persiste, les coupes se succèdent de plus en plus réduites. Presque un cinquième des tiges meurent dans l'intervalle qui sépare deux exploitations successives, et, outre ce déchet, il y a beaucoup de rebut, les carrassonniers ne pouvant utiliser tous les bois atteints, quelles que soient leurs dimensions.

Le Javard occasionne donc un préjudice considérable. En moyenne il réduit de moitié la valeur des coupes.

∴

On lit dans le *Compte rendu de la Session générale des Agriculteurs de France*, cinquième fascicule, année 1900, page 338, séance du 29 juin, une communication de M. Croquevieille préconisant l'emploi du sulfate de fer contre le Javard :

« On doit répandre sur le sol, au-dessous des branches, c'est-à-dire sur une surface égale et même supérieure à celle qui est couverte par l'ombre de l'arbre malade, une quantité de sulfate de fer calculée à raison de 100 grammes au moins par mètre carré. Il est très utile d'enterrer le sulfate de fer par un labour ; mais surtout, pour que l'efficacité de l'application se produise, on doit agir pendant la saison humide. »

M. Croquevieille recommande de procéder en même temps, à l'aspersion des écorces avec une solution concentrée à 10 p. 0/0 du même sel. Ce mouillage, d'après cet agriculteur, doit encore être renouvelé et appliqué aux feuilles en cours de végétation.

Nous croyons que *ce traitement*, d'abord très dispendieux, *est absolument impraticable*. On pourrait tout au plus l'appliquer à un très petit taillis, et encore doutons-nous de l'efficacité du sulfate de fer contre les Bactéries.

Quelqu'un a vanté l'emploi d'une couche de un à deux millimètres de sulfate de cuivre neige enterré dans un rayon de un mètre au moins du tronc de l'arbre malade. Il est possible que ce remède donne de bons résultats, mais il est trop coûteux vu la grande quantité de sel nécessaire.

Il est évident que les excès de froid, de chaleur et d'humidité exercent toujours une fâcheuse influence sur les souches et les prédisposent particulièrement au Javard, surtout si les taillis sont mal exploités, car il ne faut confier les coupes qu'à des ouvriers habiles et consciencieux.

En attendant que des années plus saines succèdent aux périodes pluvieuses et si variables qui nous appauvrissent, il conviendrait : 1° d'aseptiser les coupures, résultant de l'abatage des bois, par un soufrage, un sulfatage ou un lysolage ; 2° de recouvrir ensuite ces mêmes coupures avec une légère couche d'enduit anticryptogamique isolateur, tel que le goudron de houille.

III. — Maladie des feuilles : Jaunisse.

Avant 1880, on n'avait guère vu les feuilles du Châtaignier attaquées par aucun cryptogame pendant qu'elles sont vivantes, c'est-à-dire attachées à l'arbre. Malheureusement, depuis cette époque, plusieurs parasites se sont montrés sur cet organe et ont occasionné une maladie funeste, compromettant parfois la récolte de la Châtaigne, notamment en 1888, dans les Cévennes et le Périgord, et, en 1903, dans le Haut-Limousin.

Cette maladie porte le nom de *Jaunisse*. Elle est causée par des Champignons microscopiques, de la famille des *Sphæriacées* qui se développent en se remplaçant successivement sur les feuilles du Châtaignier.

1° **Le Cylindrosporium castanicolum** (Berl.) (1) attaque les feuilles vertes en dessous; il forme des taches ou macules jaunes, puis brunes ensuite. Les filaments de son mycélium s'enchevêtrent dans les cellules du parenchyme, les disloquent les séparent, les désorganisent et donnent naissance à un stroma dont la poussée finit par crever l'épiderme inférieur de la feuille. Par cette trouée sortent de petits groupes de papilles cylindriques et cloisonnées qui germent facilement et occasionnent de nouvelles taches sur les feuilles.

2° **Le Phyllosticta maculiformis** (Sacc.) ne tarde pas à supplanter le premier cryptogame, car il forme ses spermogonies dans le stroma même du Cylindrosporium Castanicolum, au-dessous de la couche prolifère de celui ci.

Les conceptacles sphéroïdes et ponctiformes du Phyllosticta maculiformis, en se développant, s'avancent vers l'extérieur; ils finissent par rompre et expulser les cylindres à spores du parasite précédent dont ils occupent la place sous l'aspect de petits groupes noirs. Ces conceptacles laissent échapper alors leurs fines spores incolores appelées *spermaties*.

C'est au moment que le Phyllosticta maculiformis apparaît extérieurement que meurent et tombent les feuilles du Châtaignier. On est alors en août, septembre, octobre au plus tard et les arbres sont vite dépouillés complètement. Il en résulte parfois l'avortement général des fruits. Mais si, par suite de cette maladie, la récolte n'est pas entièrement nulle chez les sujets atteints, elle est compromise. Et même, dans les cas les moins graves, non seulement le rendement diminue de moitié, mais les Châtaignes sont de qualité bien infé-

---

(1) Cette Bactérie a été particulièrement étudiée par M. *Berlèse*, savant italien. Le Cylindrosporium castanicolum a fait, en Calabre et en Toscane, pendant certaines années, de grands dégâts en occasionnant la Jaunisse aux feuilles du Châtaignier, maladie connue, en Italie, sous les noms de *Seccume del Castagno* — sécheresse des Châtaigniers — et de *Lampo*.

rieure. Quelques variétés de Châtaigniers seraient moins sujettes que d'autres à cette affection.

Chose vraiment curieuse, d'après le savant M. *Prillieux*, un troisième parasite, le Sphærella maculiformis (Auersw.) se développerait pendant l'hiver sur les feuilles tombées et dans les conceptacles vides du Phyllosticta maculiformis. Mais le mal est fait depuis longtemps quand survient cette dernière Bactérie.

.·.

La Jaunisse atteint de préférence les arbres situés dans les bas-fonds, le long des cours d'eau et dans les terrains à sous-sol argileux. C'est durant les années humides, pluvieuses, que cette maladie est à redouter, surtout quand un temps calme est très chaud succède brusquement et alternativement à de fortes rosées ou à de froids et épais brouillards.

Les Bactéries n'attaquent point les feuilles quand les saisons se suivent et s'écoulent dans des conditions atmosphériques normales.

On a préconisé un traitement préventif au sulfate de cuivre comme pour le Mildiou de la Vigne. Il est probable que cela peu détruire les Champignons auteurs du mal, mais ce n'est point pratique. Il faudrait, pour appliquer la bouillie bordelaise aux Châtaigniers, des appareils énormes à forte projection, tels qu'une pompe à incendie à laquelle on adapterait une lance spéciale. Un personnel nombreux serait nécessaire. Et même, s'entendrait-on entre cultivateurs, se syndiquerait-on à ce sujet, nous nous demandons si le prix du temps et les dépenses exigées par une telle opération, seraient compensés par la plus-value de la récolte.

IV. — Maladies de la Châtaigne.

Outre la gelée que subit la Châtaigne lorsqu'on la laisse exposée au froid, ce fruit est sujet à trois maladies :

1° A une moisissure jaune occasionnée par le *Pseudocommis vitis* (Debray). Ce Champignon parasite est un *Myxomycète* qui, durant les années humides surtout, se développe sur la Châtaigne, avant qu'elle soit mûre, pendant qu'elle est sur l'arbre. On remarque de petites taches noires sur le tan des fruits attaqués, mais dont l'amande restera indemne à condition qu'on ne récolte la Châtaigne que complètement mûre et qu'on la laisse ensuite exposée à l'air sous un abri couvert. Et, mieux encore, il conviendrait de la faire sécher immédiatement. Si les fruits contaminés sont cueillis avant maturité, si on ne les fait point « s'essorer », le Pseudocommis vitis se développe, traverse l'enveloppe intérieure et envahit les cotylédons qui sont vite décomposés et deviennent tout jaunes; ils ont un goût et une odeur détestables, et la Châtaigne n'est plus bonne à rien.

2° A la **moisissure bleue**, (grise d'abord et bientôt bleue . Elle est due au *Penicillium glaucum* (Link). Champignon *Oomycète*, de l'ordre des *Mucédinées*, (ou Mucorinées), et de la famille des *Périsporiacées*, qui se développe sur les corps d'origine organique (végétaux ou animaux), placés dans une atmosphère humide. Il trouve dans la Châtaigne verte ou sèche, un milieu favorable à sa végétation, puisqu'il peut y puiser les mêmes éléments qu'il emprunte au pain et au fromage. Le mycélium de ce cryptogame pénètre les tissus du fruit et les désorganise rapidement; il donne naissance à des spores externes bleues, disposées en chaînettes groupées en pinceau.

3° A la **moisissure noire** produite par l'*Aspergillus niger* (V. Tgh.), aux spores recouvrant un renflement sphérique. Ce parasite est aussi une *Périsporiacée* qui, de même que la précédente, s'accommode aux milieux les plus divers. Ce micro-organisme digère vite l'albumen des Châtaignes oubliées en tas humides ou dans des lieux privés d'air. Sa végétation s'effectue avec rapidité et d'une façon régulière. Au bout de quelques jours la moisissure prend, sur toute sa surface, une teinte noire due à la formation des conidies. Les fruits subissent ainsi une véritable fermentation putride, ou « échauffement » qui leur fait perdre une grande partie de leur poids; le tan et la peau deviennent aussi tout noirs. Quand on écrase les Châtaignes moisies, il s'en échappe une odeur des plus désagréables.

Il y a des années où les Châtaignes sont particulièrement atteintes par le Penicillium glaucum et l'Aspergillus niger, qui sévissent alors avec une grande intensité sans qu'on puisse bien connaître toutes les causes de cette propagation extraordinaire, causes dont la principale nous semble être l'humidité extérieure. Comme les spores ou conidies des moi. sissures sont excessivement ténues et qu'elles se trouvent en suspension dans l'air, il est rationnel et prudent de ne pas conserver les fruits dans des locaux précédemment occupés par des Châtaignes gâtées, et où il y aurait eu de vieux cuirs (chaussures ou harnais), du fromage pourri, du Blé ou des farines moisies.

Soumettre les Châtaignes vertes à la dessiccation, tenir les fruits dans un endroit sain et bien aéré, les remuer fréquemment, sont les meilleures précautions à prendre pour éviter ces maladies.

CHAPITRE XIX

MALADIES NOUVELLES DUES A DES CAUSES DIVERSES : MAL DE L'ENCRE OU « PIED NOIR » ; MALADIE DUE A L'ÉPUISEMENT DU SOL.

I. — Historique, documents et commentaires.

Depuis 1871, l'attention des agriculteurs et des savants est fixée sur une nouvelle maladie qui détruit les Châtaigniers. En Bretagne, dans les Cévennes, en Auvergne, en Périgord, en Limousin, etc., des plantations naguère florissantes, dont on était loin de prévoir la fin prochaine, périclitent rapidement et meurent souvent sans que rien de visible indique où est le siège de l'affection qui les a frappées.

Le sommet des branches commence à se dessécher, la tête dépérit et la base succombe à son tour.

Quelques arbres mettent plusieurs années pour mourir, d'autres, et non des moins vigoureux, périssent en quelques mois.

On reconnaît qu'ils sont atteints aux signes extérieurs suivants : Les feuilles passent du vert brillant au vert glauque ; elles cessent de croître, jaunissent et tombent dès le mois d'août ; les fruits ne mûrissent point et restent adhérents à la cupule, même après la chute de celle-ci ; les racines deviennent molles, spongieuses et cassantes, elles montrent une section noirâtre ou violet foncé veiné de noir, laissant suinter un liquide très astringent, à forte odeur empyreumatique analogue à celle de l'esprit de bois, liquide dont le tanin fait de l'encre avec le fer que contient le sol ; les petites racines sont flétries, ont le parenchyme cortical tout plissé et non adhérent, elles manquent de résistance et ne paraissent jamais accompagnées de mycélium blanchâtre, analogue à des débris de fines toiles d'Araignée. Ce mycélium développe une faible odeur d'Oronge frais, il entoure plus ou moins l'extrémité des radicelles des Châtaigniers sains, tandis que les radicelles des arbres malades sont parcourues par des filaments mycéliens, de couleur foncée, s'étendant fort loin sur les racines, en traversant l'écorce et pénétrant jusque dans les rayons médullaires.

Les racines des Châtaigniers sains sont bien pleines, nerveuses, souples et relativement élastiques. Quand on les coupe elles présentent, immédiatement, des sections d'un blanc jaunâtre presque mat.

L'examen microscopique accentue encore ces différences.

Chez les arbres qui restent longtemps malades avant de succomber, des plaques noires apparaissent souvent sur leur tronc et même sur les branches ; elles forment des chancres qui s'ouvrent surtout dans le bas et d'où suinte un liquide analogue à celui que nous avons constaté dans les racines. Ce flux, vraie « suppuration morbide » répand une odeur d'alcool, de cellier ; il noircit à l'air, il tache le pied du Châtaignier. Cette forme extérieure a fait donner à la maladie les noms de « *mal de l'encre* » et de « *pied noir* », tandis qu'on l'appelle encore, mais improprement, « *jaunisse* » (1) chez les sujets qui meurent sans présenter ces derniers symptômes.

L'arbre, une fois mort, est vite décomposé par les insectes. L'écorce se détache, les branches desséchées tombent au moindre souffle du vent ; bientôt il ne reste plus qu'une sorte de squelette végétal ressemblant à un immense perchoir. La maladie sévit sur tous les terrains, mais avec beaucoup plus d'intensité et de rapidité, dans les sols humides, compacts ou imperméables que dans les terres sèches, sableuses ou caillouteuses. Sa marche est ascendante, c'est-à-dire qu'elle atteint d'abord les arbres situés au bord du ruisseau, dans la plaine ou dans la vallée, avant de gagner ceux de la colline et de la montagne.

---

(1) Il ne faut point confondre avec la maladie que nous avons décrite à a p age 227 et qui, seule, est la vraie *jaunisse*.

Les Châtaigniers greffés sont plus fréquemment attaqués
que les autres, il y a même des variétés particulièrement sensibles à la maladie : la Verte, la Hâtive noire, la Hâtive
rousse, la Corrive, etc., sont attaquées de préférence. Jusqu'ici
le Châtaignier d'Amérique, (*C. americana*), a paru réfrac-
taire au mal. Les taillis sont peu atteints.

La maladie attaque indistinctement les Châtaigniers de
tous âges, quelle que soit leur vigueur apparente. Elle les
atteint isolément aussi, mais alors elle attaque préférablement
ceux qui sont dans la partie la plus humide de la châtaigneraie (massif ou bordure). Nous avons maintes fois observé personnellement les faits que nous venons d'exposer, et nous
devons ajouter que ce n'est pas sans étonnement que nous
avons vu des arbres magnifiques, paraissant indemnes, être
frappés comme subitement par le fléau au lendemain de leur
floraison et perdre, en quelques semaines, leur belle frondaison sans montrer aucune plaie extérieure. Des arbres isolés,
jeunes, à peine âgés de 80 ans, en plein rapport, nous ont
offert ce lamentable spectacle. Cependant nous ne pouvons,
ici, accuser les feux du soleil, attendu que ces Châtaigniers
se trouvaient à mi-côte, sur le penchant de collines boisées
jusqu'à leur sommet, exposées au nord-est, bordées de vastes prairies .. Et puis les échantillons de racines d'arbres
sains et d'arbres malades, que nous avons prélevés, offraient
tous les caractères distinctifs que nous venons d'exposer (1).

Beaucoup de cultivateurs frappés de voir les Châtaigniers
commencer à dépérir par la cime, et remarquant que les
arbres des plaines, des vallées, des endroits les plus humi-

---

(1) Les prises de terre et de racines ont toujours été faites dans des
conditions identiques afin d'obtenir les données comparatives les plus
exactes entre arbres sains et arbres malades. Les sujets, de même grandeur, de même âge, de même variété, étaient dans le même massif ou
sur la même bordure et plantés dans des terrains de même nature. Les
échantillons ont été prélevés à des distances de 4 à 5 mètres du pied de
chaque Châtaignier et dans la même orientation. (Nous avons adressé
plusieurs échantillons à M. le docteur *Delacroix*, chef du Laboratoire de
Pathologie Végétale, à Paris. Ceux-ci provenaient des bois de Chabrignac,
près Juillac (Corrèze).

des sont les premiers atteints, accusèrent certains brouillards d'en être les fauteurs et crurent à une *malaria*, à une *peste végétale*.

Toutes les suppositions, même les plus originales, ont eu leur vogue et le champ des hypothèses n'est peut-être pas clos encore :

M. ALBERT DUVAL présenta, en mai 1898, à la *Société des Agriculteurs de France*, un mémoire où il concluait que cette maladie pouvait bien être attribuée à de petits insectes aptères, espèces de Pucerons presque microscopiques dont il avait constaté la présence dans les ramilles des arbres malades. L'opinion de M. Duval fut réfutée comme l'ont été également celle de bons cultivateurs etc., qui croyaient que ce mal était dû aux suites du froid de l'hiver de 1879-1880, ou à l'Agaricus melleus, au Phyllosticta maculiformis, ou à des brouillards, des gelées, des coups de soleil, etc...

Eh bien ! les conclusions de cet agronome distingué nous parurent alors assez dignes de considération. Elles ont même une certaine analogie avec les réflexions qu'elles nous suggérèrent :

Le règne minéral contient des poisons pour le **végétal** aussi bien que pour l'animal, mais le règne végétal en fournit aussi de toutes sortes contre le règne animal : les sucs de certaines plantes tuent l'homme et la bête, aussi rapidement que le venin du reptile ou de l'insecte le plus **dangereux**. Pourquoi la contre-partie, la réciproque n'existerait-elle point? pourquoi n'y aurait-il pas des insectes, non remarqués, jusqu'à ce jour, dont la piqûre déposerait dans l'organe de la plante, racine, bourgeon ou fleur, un venin capable de provoquer la décomposition de la sève de l'arbre et de créer, par suite, le germe d'une sorte de septicémie végétale ???.....

Comme on le voit, on a pu, tant le mal est étrange, risquer de s'aventurer en des conjectures de plus en plus hasardeuses, conjectures qui, pourtant, ne sont pas toujours à dédaigner, car elles provoquent parfois des études dont peut sortir la vérité.

Ainsi tout concourt à la destruction de nos vieilles châtaigneraies : après la dévastation des massifs au profit des usiniers, les maladies viennent détruire ce que la hache du bûcheron avide a épargné. Des parasites envahissent les feuilles, d'autres les tiges, les plus terribles s'attaquent aux racines. L'œuvre de destruction est secondée par l'ignorance et l'incurie du paysan : il n'a pas assez soin de ses Châtaigniers, ne sait point les cultiver, les laisse mourir d'épuisement et tomber de décrépitude ; il n'emploie jamais de moyens prophylactiques et, seule, la maladie de l'encre ou du pied noir a anéanti actuellement plus de 10.000 hectares de châtaigneraies.

Il a fallu rien moins que l'apparition de ce nouveau fléau et celui des usines à tanin pour décider les économistes et les savants à s'occuper enfin d'un arbre de première utilité. Ils sont bien rares, en effet, ceux qui y ont pensé, depuis l'époque des Turgot et des Parmentier (1). Nous ne comprenons point cet oubli et ce dédain pour le Châtaignier, dont la disparition serait un véritable désastre, surtout pour de nombreuses régions.

Depuis plus d'un demi-siècle, depuis que, par suite de l'ouverture des voies de communication et de la facilité progressive des moyens de transport, les bois et les fruits ont commencé à acquérir une grande valeur, les pouvoirs publics et les autorités sociales auraient dû tourner leurs yeux et diriger constamment leurs efforts vers l'amélioration et l'exploitation rationnelle de nos richesses agricoles, et donner, en même temps, au paysan, cet enseignement technique qui, même de nos jours lui fait défaut. Le plus souvent l'homme des champs est complètement dépourvu de toute instruction professionnelle.

Nous aurions évité, très probablement, la *crise du Châtaignier* et beaucoup d'autres mécomptes aussi. En place d'espérances déçues, de ressources perdues, nous profiterions

---

(1) Le Châtaignier a été négligé au point qu'il n'existerait pas encore d'analyse chimique complète de ses feuilles, alors que nous avons pu nous procurer celles des feuilles d'autres essences et même de végétaux d'intérêt fort secondaire. Nous ne sommes malheureusement pas outillé pour pouvoir procéder nous-même à des analyses de cet ordre et de cette importance.

maintenant des biens qui résulteraient de cette application de l'une des plus élémentaires lois de prévoyance économique et de solidarité sociale...

Mais revenons à cette malheureuse maladie de l'encre, à l'étude de ses formes et à la recherche de sa curabilité.

∴

M. Planchon, professeur de botanique à la Faculté de médecine de Montpellier, est le premier qui a eu l'occasion d'étudier cette maladie, parce qu'il fut nommé expert dans un procès intenté par des propriétaires à l'administration des mines de plomb de Vialas (Lozère). Ces cultivateurs attribuaient la cause du mal à l'altération des eaux de la Luech, qui, souillée de débris minéraux, traversait les châtaigneraies primitivement attaquées.

L'éminent botaniste constata que la mort des arbres était due à la décomposition des racines qu'il crut occasionnée par le mycélium de l'*Agaricus melleus*, et dans le mémoire qu'il présenta, en été 1878, à l'*Académie des sciences*, il proposa, pour circonscrire le foyer de la contagion, des moyens prophylactiques analogues à ceux que nous donnons plus loin.

En 1876, et durant les années suivantes, la maladie fit son apparition simultanément dans plusieurs départements, et ce fléau, prenant des proportions de plus en plus considérables, finit enfin par attirer l'attention du Gouvernement. Plusieurs savants ont été successivement chargés d'en rechercher l'origine et de trouver les remèdes.

MM. Maxime Cornu, Louis Crié, Ch. Naudin, G. Delacroix, Louis Mangin, etc., ont accompli de laborieuses et fructueuses missions à ce sujet. Ils ont publié des rapports intéressants et des mémoires très documentés ; mais, si peu d'entre eux sont arrivés à des conclusions définitives, il est juste de reconnaître que les recherches de tous ont été des plus utiles. Nous signalerons dans ce chapitre des observations et des découvertes qui ne laissent plus de doute sur les principales causes de la maladie ; nous indiquerons aussi les meilleurs moyens d'y remédier.

L'examen, au microscope, des racines de Châtaignier

malade, montre toutes sortes d'altérations et diverses végétations cryptogamiques de couleurs foncées, qu'on ne rencontre point dans les organes des arbres sains.

L'étude du flux qui découle des blessures cancéreuses
divulgue la présence de diverses colonies microbiennes déter-
minant une fermentation alcoolique (Eudomyces Lagerheimeii et Saccharomyces Ludwigii), à laquelle succède la fermentation acétique (due ou Leucanostoc Acetobacterium
Lagerheimeii). Outre ces Bactéries, il s'y développe des végétaux appartenant aux genres Oïdium, Torula, et autres Hypo-
mycètes, et des Ascomycètes.

Ces micro-organismes décomposent la cellulose du bois en
une sorte de tanin qui donne une réaction bleue avec les
sels de fer.

Ensuite, divers dépôts gommeux ou gélatineux créés aussi
par des parasites : Phyllosticta maculiformis, Agaricus mellens
Polyporus sulphureus, etc., envahissent : les uns, l'intérieur,
les autres, l'extérieur du bois, tronc et branches, et préci-
pitent la marche de la maladie et la ruine de l'arbre.

Les savants s'accordent pour regarder ces Schizomycètes,
ou Bactériacées, et ces végétations comme n'ayant point
occasionné la maladie de l'encre.

Le regretté Maxime Cornu fit, dès 1884, une intéressante
communication à la *Société Nationale d'Agriculture de France*
sur la « Maladie des Châtaigniers ». Il concluait que la présence des cryptogames constatés sur les arbres atteints, était
la conséquence et non la cause de leur état morbide...

Dans la séance du 1ᵉʳ mars 1899, de la même et haute
« Académie d'Agriculture », il a été donné lecture d'une note
de M. Ch. Naudin confirmant les conclusions de Max. Cornu,
note d'où il résulte que tous les cryptogames, que tous les
microbes pathogènes, que tous les insectes phytophages
qu'on accuse d'être la cause de cette maladie, n'ont d'autre
rôle que d'achever la destruction des organismes affaiblis ou
mourants par suite d'une nutrition insuffisante.

M. Louis Crié, de la Faculté des sciences de Rennes, établit dans ses nombreux rapports (1) que les Bactéries, que

---

(1) 1894. Rapport sur la maladie des Châtaigniers en Bretagne.
1895. Rapport sur la maladie des Châtaigniers dans les Cévennes.

les Mycètes, Ascomycètes et Champignons divers, pas plus que les froids de certains hivers, ni les fortes chaleurs, n'ont occasionné le dépérissement, l' « étisie » des Châtaigniers. D'après ce professeur, si l'on connait tous les symptômes de la maladie, son origine reste encore à découvrir.

Nous ne partageons pas l'opinion de M. Crié quand il méconnaît le rôle des **mycorhizes** et l'influence fâcheuse de l'enlèvement des feuilles ; et nous sommes complètement en désaccord avec lui, (M. Crié est aussi en opposition avec M. Ch. Naudin), lorsqu'il avance, en parlant du dépérissement des arbres, que « c'est une étrange illusion de vouloir le reporter à l'aridité du sol (1). »

L'illusion n'est pas étrange, au contraire, elle est bien naturelle, nous en établirons plus loin les raisons. Cependant nous ne croyons pas que cette aridité, cet appauvrissement du sol, soit la seule, l'unique cause ayant engendré le fléau. Non ! nous ne l'admettons que pour une, car il y en a plusieurs, et peut-être, encore, en reste-t-il à trouver.

Voyons d'abord les mycorhizes.

Mycorhizes — En 1883, l'Italien, G. GIBELLI et, en 1885, l'Allemand B. FRANK découvrirent que le Châtaignier et d'autres arbres forestiers s'alimentent, dans le sol, par des organes particuliers appelés *mycorhizes*.

Chaque mycorhize est formée d'une extrémité de radicelle dépourvue de poils absorbants et revêtue de filaments mycéliens auxquels elle est intimement et constamment associée. Il en résulte un nouvel exemple de symbiose par pénétration constituant un milieu complexe hétérogène formé par les tissus radiculaires et ceux du mycélium.

Les études de Gibelli et de Frank ont été continuées récemment par deux savants français, M. le Dr G. DELA-

1898. Rapport sur la maladie des Châtaigniers dans la Marche, le Limousin, l'Auvergne, le Rouergue et le Périgord.

1898. Rapport sur la maladie des Châtaigniers dans les Pyrénées, les Pays-Basques, l'Espagne et le Portugal.

1900. Rapport sur l'étisie des Châtaigniers du domaine de Keryolet (Finistère).

(1) L'*Etisie des Châtaigniers du domaine de Keryolet* — Rapport à M. le Préfet du Finistère par M. **Louis Crié**, en 1900.

CROIX, chef du Laboratoire de Pathologie végétale, au Ministère de l'Agriculture, et M. Louis MANGIN, professeur de cryptogamie au Muséum d'Histoire naturelle.

Il nous paraît utile de donner une description complète des mycorhizes et de leurs modifications. Le lecteur pourra mieux se rendre compte du rôle de ces organes et des maladies nouvelles qui résultent de leur altération.

.·.

Dans une *mycorhize normale*, la coiffe se développe sans s'exfolier jamais, mais ses cellules flétries, aplaties et partiellement déchirées par la traction consécutive à l'allongement des radicelles, recouvrent la surface radiculaire envahie par le mycélium : La couche mycélienne est extérieure, elle forme un manteau étroitement appliqué sur des radicelles, mais non en contact immédiat avec les cellules de l'assise pilifère avec lesquels ses filaments ne s'anastomosent qu'après avoir traversé les débris de la coiffe :

« Le manteau mycélien de la mycorhize forme un pseudo-parenchyme assez compact d'où se détachent, en dehors, dans la partie externe, qui est floconneuse, des hyphes qui se dispersent dans l'humus et vont puiser les matériaux nutritifs. En dedans du manteau mycélien, les filaments s'insinuent entre les cellules de la coiffe et. arrivés contre l'assise pilifère, ils se transforment en lames élégamment ramifiées, en digitations ou en éventails qui, d'une part, recouvrent la paroi externe des cellules pilifères et, d'autre part, s'insinuent entre les directions radiales de ces dernières....

« A ce type de mycorhizes normales appartiennent un certain nombre de formes qui, chez une seule et même espèce de cupulifères, peuvent être distinguées par la structure ou la nature des mycéliums, par la forme et la grandeur des digitations.

« Toutes présentent ce caractère commun d'avoir deux appareils d'absorption extérieurs à la racine proprement dite, le premier, constitué par les filaments mycéliens floconneux qui se détachent de la surface externe de la mycorhize pour se disperser dans l'humus, le second, constitué par les plaquettes mycéliennes disposées en éventail entre les cellules corticales externes.

« Il résulte de cette disposition, qui est constante chez les racines jeunes observées au début de la végétation et pendant tout l'été, que les matériaux nutritifs ne peuvent être directement puisés dans le sol par les cellules pilifères ; ce sont les filaments externes de la mycorhize qui les absorbent dans l'humus pour les transmettre au revêtement, celui-ci, à son tour, les conduit dans les lames intercellulaires digitées ou en éventail, d'où ils passent dans les cellules pilifères.

« Quand la mycorhize vieillit, les manchons mycéliens deviennent bruns ou noirs, puis des amas de substance réfringente, de nature gommeuse, se déposent dans les cellules latérales persistantes de la coiffe : la présence de ces dépôts diminue peu à peu la perméabilité des tissus, l'activité de la radicelle s'épuise et elle meurt en devenant la proie de nombreux para·sites ou saphrodites (1). »

Tel est l'exposé très net, de M. L. Mangin.

Voici, sur le même sujet, celui de M. G. Delacroix :

« Les ramifications ultimes des radicelles sont disposées en grappes régulières dans le Châtaignier. Le plus souvent ces ramifications se raccourcissent en se renflant un peu à partir de leur surface d'insertion, et on peut se rendre compte facilement au microscope que ces renflements sont recouverts d'un manchon de fibrilles très ténues, finement anastomosées entre elles, d'un jaune pâle, manchon qui empiète plus ou moins haut sur l'axe d'où proviennent les renflements terminaux. On voit s'en détacher de place en place de fins cordonnets, de même couleur ou un peu plus foncée que le manchon, formés de filaments cloisonnés, accolés les uns aux autres d'une façon assez lâche. Ces cordonnets se collectent parfois en un amas jaune entourant les radicelles et que son volume rend bien visible à l'œil nu.

« C'est là le Champignon que je rencontre le plus fréquemment sur les mycorhizes de Châtaignier. On y trouve souvent associés d'autres filaments mycéliens d'apparence différente :

« 1° Des filaments noirs ou brun foncé, cloisonnés, non cohérents en cordons. Ils sont tantôt lisses, tortueux, courant le long des extrémités radicellaires, en s'anastomosant latéralement de place en place par de courts rameaux ; tantôt couverts de fines aspérités très rapprochées, pouvant former sur les radicelles de petits amas noirs visibles à l'œil, et, en tout cas, semblant toujours extérieurs à la radicelle.

« Il est douteux que ces filaments noirs appartiennent à la

---

(1) *Observations anatomiques sur les mycorhizes* par *Louis Mangin*, (Mémoire publié par la *Société de Biologie* dans le volume jubilaire édité à l'occasion de son cinquantenaire).

même espèce fongique que celle qui donne les cordonnets jaune
clair. Et, bien que Gibelli considère les filaments noirs hérissés
comme la forme âgée des filaments lisses, je n'oserais être à ce
sujet aussi affirmatif.

« 2° Des filaments d'un jaune un peu brunâtre, cloisonnés,
présentant de place en place des boucles.

« Ces mycéliums sont souvent combinés dans des proportions
variées selon les localités.

« Je ne saurais, non plus, dire actuellement à quelles espèces
on doit rapporter ces différents mycéliums (1). »

Ces modifications des mycorhizes ont été également remar-
quées par M. L. Mangin qui note sous la qualification de
« *fausses mycorhizes* » :

« On observe fréquemment, sur les mycorhizes mortes, plus
rarement sur les mycorhizes vivantes, un mycélium à filaments
bruns ou noirs qui constitue, à la surface du revêtement

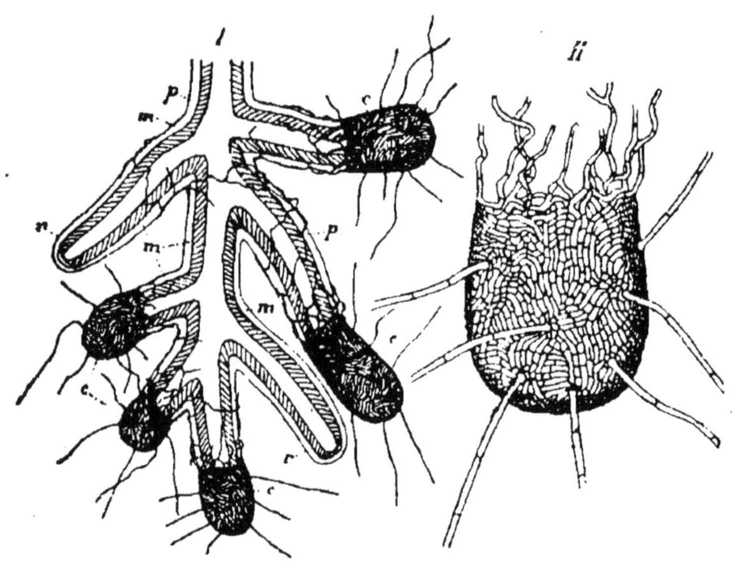

Fig. 10.

I. Touffe de radicelles de Châtaignier couverte de fausses mycorhizes ;
m, revêtement mycélien; *p*, assise pilifère; *r*, mycorhizes normales ;
c, fausses mycorhizes. — II. Fausse mycorhise très grossie.

---

(1) *La maladie des Châtaigniers en France*, par le docteur **G. Delacroix**, maître de conférences à l'Institut agronomique, chef du laboratoire de pathologie végétale, (extrait du Bulletin de la *Société Mycologi-
que de France*, t. XIII, p. 242).

mycélien, un réseau à mailles plus ou moins larges dont la trame se continue avec une lame brune de pseudo-parenchyme qui coiffe les mycorhizes normales, comme un dé à coudre coiffe le doigt (fig. 10, I, c) ; ces capuchons sont rarement assez longs pour couvrir les radicelles entièrement, le plus souvent ils sont localisés à l'extrémité de celles-ci sur une longueur assez faible.

« De la surface du capuchon ainsi disposée (fig. 10,II), se détachent en tous sens un certain nombre de filaments bruns, qui se continuent avec un mycélium floconneux noir extrêmement abondant au milieu des radicelles. Sous l'influence de la pression, ce capuchon se déchire ou se détache de la radicelle, laissant voir, sous la surface qu'il recouvrait plus ou moins étroitement, la mycorhize normale ; le mycélium de l'espèce qui forme ces capuchons n'est pas déterminable, car on n'aperçoit pas de fructifications, il ne contracte avec la mycorhize d'autre adhérence que celle du réseau s'échappant des bords du capuchon et cette adhérence est toujours faible. Gibelli avait déjà figuré cette forme sur les radicelles du Châtaignier, mais elle n'est pas spéciale à cette espèce, car je l'ai rencontrée chez toutes les cupulifères et dans les stations les plus variées : Forêt de Haye, aux environs de Nancy, forêts de Compiègne, de Chantilly, châtaigneraies de l'Ardèche, etc. Elle représente un des types nombreux de saprophytes qu'on a souvent confondus avec les véritables mycorhizes ; je la désignerai sous le nom de *fausse mycorhize*.

« On peut rapprocher de cette forme qui est extrêmement répandue, des modifications plus rares dans lesquelles les mycéliums adventifs peuvent être distingués par la structure des hyphes et surtout par les réactions microchimiques de leurs membranes. »

*
* *

Comme on vient de le voir, le rôle physiologique des mycorhizes est de procéder à la nutrition des plantes humicoles.

« Les filaments mycéliens des mycorhizes sont des organes d'absorption ; ils remplacent les poils absorbants des radicelles le plus souvent absents.

« Leur présence est liée à celle de l'humus dans le sol.

« Beaucoup de plantes à chlorophylle comme les Cupulifères et les Conifères de nos forêts, sont si bien adaptées au mode de nutrition par les composés humiques, grâce à la présence d'un Champignon, qu'ils ne se développent pas normalement comme je l'ai moi-même montré, sur des sols privés d'humus et cela même si on leur donne les aliments végétaux convenables, à l'état de combinaison minérale : ils restent souffreteux, ils peuvent même périr. On doit dès lors considérer toutes ces plantes comme des « humicoles » obligatoires (Dr Delacroix). »

II. — Maladie due à l'épuisement du sol.

Ainsi, les mycorhizes sont des organes indispensables à l'existence des végétaux précités et ceux-ci ne peuvent vivre sans humus. D'où, conclusion naturelle : *Il est absolument nécessaire de conserver l'humus au sol, sans quoi l'équilibre de la végétation est détruit et l'existence de l'arbre compromise.*

On a toujours extrait de la châtaigneraie, depuis l'époque reculée de sa plantation, feuilles, bois, fruits et litière coupée, sans rien restituer au sol. A la fin, vient le moment où celui-ci est épuisé, où les racines d'un arbre ont beau s'allonger et fouiller, elles ne trouvent rien si ce n'est les autres racines du Châtaignier voisin en quête aussi de nourriture. En outre, les arbres sont généralement trop rapprochés les uns des autres, ils manquent d'air et des principes vivifiants que doit leur procurer l'atmosphère.

L'usure des matières végétales, humifères ou organiques que contenait la terre, l'épuisement du sol, est une des principales causes de la maladie, car si l'arbre « meurt de faim » il est évidemment frappé de déchéance, fatalement il doit disparaître à moins qu'il ne soit secouru assez tôt.

Plusieurs agronomes distingués sont de notre avis.

M. Charles Le Gendre écrivait, en 1899, dans la *Revue scientifique du Limousin* (1).

« Le principe de l'alternance des cultures et de la restitution à la terre des éléments de fertilité que les récoltes successives lui enlèvent, n'a jamais été observé dans l'exploitation des châtaigneraies. Depuis des siècles, ces châtaigneraies ont été livrées sans trêve ni merci à ce qu'on a appelé la culture vampire ; depuis des siècles, elles occupent le même terrain. Il n'est donc pas étonnant qu'elles soient envahies par des parasites.

« Le plus sûr moyen de prévenir les désastres dont cette

---

(1) N° du 15 juillet 1899, page 111.

importante branche de l'agriculture est menacée serait de créer de toutes pièces des châtaigneraies nouvelles sur des terres neuves, conformément à la loi de l'alternance. »

Déjà, en août 1898, dans la même revue, M. Le Gendre avait donné les conseils suivants pour remédier à la maladie :

« Arracher les arbres ne présentant aucun espoir de guérison ;
« Débarrasser des branches malades les arbres paraissant en état de résister à l'envahissement des agents de désorganisation ;
« Rendre le sol perméable par le labourage des châtaigneraies ;
« S'abstenir d'enlever les feuilles tombées et les laisser pourrir sur place.
« Planter les Châtaigniers en bordure à une distance suffisante pour qu'ils jouissent constamment des bienfaisants effets des rayons solaires. »

Ces conseils sont aussi ceux donnés par le Dr Delacroix. Il recommande l'exploitation immédiate des Châtaigniers dont la carie n'a pas encore envahi le collet, un bon élagage de ceux qui ne commencent qu'à être atteints, et l'enfouissement des feuilles à la charrue pour maintenir l'humus. (D'après les expériences de M. F. Henry, les feuilles sèches, déjà riches en humus, se fortifient en azote, en emmagasinant celui qui est dans l'air.) En outre, pour assurer l'avenir des plantations nouvelles, le distingué directeur du Laboratoire de Pathologie végétale prescrit les précautions suivantes :

« Au moment de la mise en place définitive, enfouir soigneusement les racines dans un mélange de feuilles décomposées et de terre meuble, prise au contact des racines superficielles d'un Châtaignier adulte et en aussi bon état de végétation que possible.
« Par ce moyen, on apporte à l'arbre une première réserve d'humus et de la terre renfermant des mycorhizes ; cela permet d'espérer l'ensemencement ultérieur des extrémités des radicelles, si le fait n'existe pas déjà. »

Il conseille aussi d'utiliser dans le même but les terres riches en humus et celles d'origine tourbeuse.

Dans notre propriété nous n'avons pas de Châtaigniers malades, c'est pourquoi nous ne pouvons parler d'expériences personnelles que, heureusement, il ne nous a pas été nécessaire de pratiquer. Mais nous avons vu quelques cultivateurs du Bas-Limousin exécuter partiellement les prescriptions précédentes et en être satisfaits. Il y en a qui ont complètement guéri, en s'y prenant à temps, des châtaigneraies sérieusement compromises et dont le sol était épuisé.

Après élagage et nettoyage des arbres, ces intelligents agriculteurs ont incorporé au sol, par des labours, des composts faits avec des feuilles, des terreaux et un peu de scories de déphosphoration. Continué chaque année, ce traitement n'a été suspendu provisoirement que lorsque les Châtaigniers ont eu recouvré toute leur vigueur.

Il faut avoir soin de n'employer ici, qu'avec circonspection, les amendements et engrais calcaires, ou du moins par trop calcaires : Leur excès est nuisible au Châtaignier qui ne peut vivre dans les terrains contenant plus de 3 p. 0/0 de chaux. C'est une des raisons pour lesquelles cet arbre cesse de prospérer et meurt dans celles des terres du Haut-Limousin, qui, depuis quelques années, sont soumises à des chaulages importants et successifs.

Si le Châtaignier redoute les sols calcaires, il absorbe néanmoins une grande quantité de chaux, ainsi que le prouve l'analyse chimique des cendres de son bois, de ses fruits, etc. (M. Mangin a trouvé dans les mycorhizes un ciment de pectate de chaux).

L'acide phosphorique est indispensable pour donner au fruit toutes les bonnes qualités requises, or nous avons constaté, ainsi que la plupart des agronomes compétents sur ce sujet, MM. les professeurs départementaux, P. Gillin, E. Rigaux, etc.) que les sols des châtaigneraies sont ordinairement très pauvres de cet élément, sans lequel la matière azotée du bois et du fruit ne peut se former.

Pour remédier à l'appauvrissement du sol, pour empêcher le dépérissement des Châtaigniers menacés d'inanition, pour leur donner assez les éléments nutritifs qui leur manquent et qui leur sont indispensables pour produire de bonnes récoltes, pour fournir à ces arbres les moyens de pousser de nouvelles et vigoureuses radicelles, et aussi pour les mettre en état de « combattivité », ou plutôt de résistance aux parasites et aux intempéries, il ne suffit point de se contenter d'introduire de l'humus et de le conserver, il faut encore ajouter du phosphore et même de l'azote, si le terrain en a besoin.

Il est bon d'employer par hectare, la première année, 200 à 400 kilos de scories à 18 p. 0/0 d'acide phosphorique, et moitié moins les années suivantes. Les scories de déphosphoration ont, en outre, l'avantage de fournir assez de chaux pour cette culture, car elles en renferment 40 à 50 p. 0/0. Il n'y a pas lieu d'ajouter de la potasse parce que les pays granitiques en contiennent ordinairement une quantité suffisante, mais une soixantaine environ de kilos de nitrate de soude ou de sulfate d'ammoniaque produiront le meilleur effet.

Pourquoi, ne sèmerait-on pas ensuite, après deux labours croisés, des Vesces ou des Lupins, ou même du Trèfle, en choisissant les variétés convenant au terrain? Selon le cas, on pourrait y faire pâturer le bétail, puis on enterrerait les plantes comme engrais vert. On renouvellerait ces opérations toutes les fois que cela serait rationnel pour entretenir l'humus en quantité suffisante dans la châtaigneraie. Ce procédé, très pratique, est préconisé dans les Cévennes par le distingué professeur départemental d'agriculture de la Lozère ; il donne aux cultivateurs, qui l'ont employé, des résultats excellents, au-dessus de toutes prévisions.

La maladie due à l'épuisement du sol, n'ayant aucun caractère épidémique, sera donc enrayée par des soins culturaux.

Mal de l'encre proprement dit. — Mycelophagus Castaneæ (*Mangin*). — La maladie due à l'épuisement du sol et celle de l'encre proprement dite sont deux affections distinctes que M. G. Delacroix confond, à tort, en une seule se rapprochant davantage de la première que de la seconde, bien qu'il ait entrevu le parasitisme de Champignons destructeurs des mycorhizes.

La vraie maladie de l'encre est contagieuse. Le savant docteur en décrit les caractères extérieurs, mais il n'admet point la contagion, et cela à cause de la théorie qu'il émet au sujet des mycorhizes.

D'après cette théorie, qui a ses partisans, le mycélium

constitutif de la mycorhize normale intervertirait son rôle et deviendrait parasite du Châtaignier quand le sol vient à manquer d'humus ; l'amoindrissement progressif du système mycorhizien et l'évolution insensible de la symbiose vers le parasitisme marcheraient de front.

« Il ne me paraît nullement téméraire, dit-il, de supposer que c'est la disparition progressive de cet humus qui détermine les phénomènes du parasitisme dont nous avons parlé. Les Champignons des mycorhizes paraissent adaptés à ce mode de nutrition spécial qui consiste à assimiler certaines substances azotées, à en transmettre par osmose une portion aux cellules des radicelles, enfin à recevoir de celles-ci, en échange, quelques principes hydrocarbonés élaborés par les organes chlorophylliens de l'arbre. Que le sol cesse de fournir l'aliment approprié, l'organe absorbant perd sa raison d'être ; mais le mycélium est déjà dans la racine au contact des cellules vivantes, et ce qu'il ne peut trouver dans le sol, il l'emprunte à son hôte, il devient en un mot parasite... »

Toujours, d'après M. Delacroix, la contagion n'a rien à voir dans ce cas, puisque précisément le Châtaignier sain renferme lui-même dans ses racines « le Champignon ou plutôt les Champignons parasites. » Mais, dans le Châtaignier sain, ces organismes vivent en bonne intelligence avec celui-ci, lui rendent des services, en reçoivent de lui. Quand l'arbre est malade, le bon accord cesse : Les Champignons, qui dans l'état de santé de l'arbre vont et s'étendent pour le besoin des échanges nutritifs jusqu'aux éléments du parenchyme vivant des radicelles, en cas de maladie remontent plus haut sur l'écorce et pénètrent plus profondément la tige ; n'ayant plus d'humus à dévorer, ils cessent d'emprunter au sol, deviennent alors tout à fait parasites de la plante dont ils étaient d'abord les associés.

En somme, la *symbiose proprement dite*, ou harmonique, disparaîtrait pour faire place à la *symbiose disharmonique* ou *antibiose*, ou parasitisme, puisque l'un des associés (Champignon) vivrait désormais aux dépens de l'autre (arbre) et le ferait périr.

Antérieurement à cette théorie, HARTIG avait émis une opinion plus radicale, car il considérait le mycélium mycorhizien comme un parasite permanent des radicelles. Cette opinion n'a pas été acceptée depuis les recherches de Frank. Et l'hypothèse de M. Delacroix, tout ingénieuse qu'elle soit, tombe depuis les récents travaux de M. Louis Mangin; elle ne résiste pas à l'examen des faits: La mort des Châtaigniers est due simplement à l'inanition, mal qui frappe plutôt les arbres âgés et les atteint presque toujours isolément. Quant à la vraie maladie de nature parasitaire, elle a une tout autre allure que la précédente: elle se rencontre dans les sols les plus variés, les plus pauvres comme les plus riches (voir page 232, nos observations qui conservent toute leur valeur); elle est épidémique (1) et s'étend comme une tache phylloxérique, ce qui lui a valu dans certaines régions le nom de **Phylloxéra**; elle attaque indistinctement tous les arbres, vieux ou jeunes, et les détruit quels que soient les soins de culture dont on les entoure.

M. L. Mangin a découvert que le siège de cette affection est dans les racines : elle est occasionnée par un Champignon Oomycète qu'il désigne sous le nom de *Mycelophagus Castaneæ*, (Mycélophage du Châtaignier). Ce micro-orga-

---

(1) M. Crié est absolument convaincu du caractère contagieux du mal de l'encre. Les précautions qu'il édicte à ce sujet, pour être peu pratiques et très minutieuses, ne sont pas moins rationnelles : « Pour conserver nombre d'années encore les Châtaigniers qui s'en vont, que faudrait-il faire? Il faudrait enduire les plaies noirâtres de l'écorce des arbres malades d'huile de carbolineum, il faudrait bêcher la terre au pied des arbres pour aérer les racines. Les Châtaigniers qui ne verdissent pas, qui sont tout à fait morts doivent être abattus.

« Le danger qu'il faut éviter c'est d'abattre les arbres sans les déraciner. L'expérience a pu nous éclairer et nous montrer que les racines et les souches des Châtaigniers morts doivent être enlevées avec soin. Il ne faut pas laisser ces parties de l'arbre se pourrir et se désagréger dans le sol.

« Ce qui serait très utile aussi, c'est que l'on brûlât les racines et les souches contaminées en dehors du domaine, que l'on désinfectât avec des cendres de bois la terre des fosses qui renfermaient les racines et les souches et qu'on labourât, à plusieurs reprises, la terre en laquelle on plantera de nouvelles essences. On ne saurait être trop précautionné, et **je considère avant tout l'avenir des plantations d'arbres que l'on fera dans cette partie du domaine où sévit actuellement la maladie des Châtaigniers.** (*L'Étisie des Châtaigniers du domaine de Keryolet.* Rapport à M. le Préfet du Finistère par M. **Louis Crié**, en 1900). »

nisme parasite détruit les mycorhizes au fur et à mesure de leur apparition ; il provoque une nécrose progressive des racines qui se propage jusqu'à la base du tronc.

.*.

Pour mieux connaître les caractères intérieurs de cette maladie, examinons comment M. L. Mangin a été conduit à en déterminer la cause.

En étudiant les mycorhizes, il en trouva dont le mycélium normal constitutif était parcouru par un autre mycélium surnuméraire ou adventif, qui lui parut être un parasite *destructeur de mycorhizes*.

« Ce mycélium, écrit l'éminent professeur, est formé par des filaments extrêmement fins, de nature cellulosique, qui rampent à la surface des mycorhizes normales (fig. 11, I, *m'*), et envoient, dans la profondeur du manteau mycélien, des rameaux nombreux, flexueux, qui arrivent au contact des cellules de la coiffe. Quand les mycorhizes sont assez jeunes, les cellules de cette région n'ayant pas encore formé de dépôts gommeux importants, sont rapidement traversées et le mycélium cellulosique

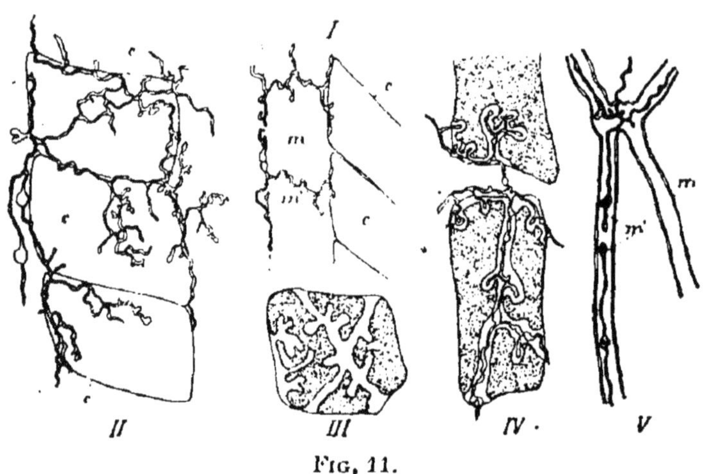

FIG. 11.

I. Fragment de la surface d'une mycorhize ; *m*, manteau mycélien ; *c*, cellules pilifères ; *m'*, mycélium adventif (Châtaignier). — II. Cellules pilifères *c*, envahies par le mycélium. (Mélèze). — III. Cellule remplie de gomme creusée de cavités formées par le mycélium adventif. — IV. Cellules gommeuses montrant le mycélium au milieu des galeries dans les amas de gomme. — V. Mycélium de la mycorhize *m*, renfermant le mycélium adventif *m'*.

(fig. 11,II) pénètre dans l'assise pilifère en perforant les cellules et s'insinue même dans les tissus plus profonds jusqu'au cœur de la racine ; il forme à de nombreux rameaux flexueux et variqueux qui n'ont rien de commun avec les digitations intercellulaires. Quand les cellules de la coiffe ont déjà formé des amas gommeux qui les remplissent entièrement et se développent graduellement de l'extérieur vers l'intérieur dans les couches corticales, la pénétration du mycélium est retardée, mais elle se produit toujours ; on voit alors (fig. 11, III et IV) que les masses gommeuses qui remplissent les cellules corticales ou les cellules de la coiffe sont creusées de galeries irrégulièrement ramifiées, occupées par le mycélium adventif ; ce dernier pénètre même (fig. 11, V, m') dans l'intérieur du mycélium floconneux de la mycorhize, et il s'étend ainsi à l'intérieur des hyphes, sur une grande étendue. Tous ces faits rapprochés de la décomposition graduelle des tissus dans lesquels cette forme mycélienne évolue, indiquent que nous avons affaire à un véritable parasite. Je l'ai rencontré sur les radicelles de Mélèzes de la forêt de Compiègne, assez rarement à la vérité, mais, par contre, il s'est montré très fréquemment sur les radicelles des Châtaigniers malades dans quelques régions de l'Ardèche. Il me paraît constituer, parmi les nombreuses formes mycéliennes que j'ai vues, un parasite réellement redoutable. »

Notre infatigable savant ne s'arrêta point là : il recommença ses investigations, les renouvela à différentes époques durant l'année et parvint enfin à découvrir les fructifications du parasite, à déterminer nettement tous les caractères de celui-ci, et, le 16 février 1903, il communiqua à l'Académie des sciences le résultat de ses recherches.

M. Louis Mangin reconnaît à la maladie de l'encre proprement dite tous les caractères que nous avons observés, voici ceux du terrible Champignon auteur du fléau.

« Le parasite cause de cette destruction, est un Champignon à mycélium délicat dont l'observation a été rendue possible malgré son extrême ténuité, à cause de la présence de la cellulose dans sa membrane, fait assez rare parmi les nombreuses espèces qui pullulent dans le sol. Son mycélium est constitué par de très fins filaments ayant 1 μ à 2 μ de diamètre (1), parfois

---

(1) Le signe μ (*mu*, lettre de l'alphabet grec) est un abréviatif usité dans le calcul infinitésimal ; il signifie un **micron**, mesure dont la valeur est $\dfrac{1}{1.000}$ de millimètre.

renflés en certains points et atteignant alors 3 μ à 4 μ ; il est très irrégulièrement cloisonné.

« Ce parasite est le plus souvent entièrement immergé dans les mycorhizes, dispersant ses filaments très finement contournés dans le revêtement mycélien de celles-ci ou dans le tissu plus ou moins décomposé de la radicelle ; il végète rarement à l'état de liberté dans le sol, ses filaments passent d'une mycorhize à la suivante au moyen de rameaux divariqués de faible longueur. Toutefois, il peut s'étendre à une grande distance d'un massif de mycorhizes à un autre, mais il emprunte alors pour cheminer un support ou un canal, constitué par les rhizomorphes d'autres espèces. Là, il s'anastomose avec le mycélium des rhizomorphes ou se loge dans l'espace tubulaire qu'ils déterminent, parfois même il pénètre dans les filaments mycéliens à l'intérieur desquels il s'allonge.

« C'est seulement dans ces rhizomorphes qu'il fructifie, assez rarement à la vérité, puisque j'ai vu les fructifications trois fois en quatre ans : Aulas (Gard), Saint-Pierreville (Ardèche).

« Les fructifications, se présentent sous l'aspect de masses renflées plus ou moins régulièrement à l'extrémité des rameaux latéraux et ayant 6 μ à 8 μ de large : ce sont là des formes jeunes. Dans d'autres rhizomorphes, les fructifications ont l'aspect de vésicules à parois minces, terminant toujours des rameaux, et ayant 20 μ de diamètre et renfermant une spore sphérique à membrane tantôt mince, tantôt épaisse ayant toutes les réactions de la callose. Sous cette forme, les fructifications sont identiques aux oospores des Péronosporées.

« Ainsi défini par son mycélium cellulosique très délicat, qui rappelle celui des Mucorinées, par ses fructifications semblables à celles des Péronosporées, le parasite qui détruit les mycorhizes des Châtaigniers me paraît constituer un genre nouveau dans le groupe des Oomycètes ; je le désignerai sous le nom de **Mycœlophagus Castaneæ** (Mangin).

« Je l'ai rencontré dans les régions les plus variées où la maladie du Châtaignier exerce ses ravages : Plos, Aubenas, (Ardèche), Aulas (Gard), Lannemezan (Hautes-Pyrénées), Vallée de la Nive (Basses-Pyrénées), dans le Morbihan, etc.. Dans les racines d'arbres sains des mêmes régions il fait toujours défaut... »

Le mal de l'encre suit parfois une marche foudroyante, mais ordinairement son évolution est lente et dure deux ou trois ans, rarement plus.

On ne peut détruire le parasite qu'au moyen de substances gazeuses. Le sulfure de carbone a donné les meilleurs résultats. M. Mangin en préconise l'usage, mais il estime que cette matière ne peut être utilisée que dans les sols meubles. On l'emploie à l'aide d'un pal injecteur qu'on enfonce de 0 m. 40 à 0 m. 50 à la limite des taches et par coups distants de 50 centimètres environ.

Mais ce traitement a de nombreux inconvénients : il n'est pas sans présenter quelque danger pour la santé de l'arbre ; dans la plupart des châtaigneraies on ne peut réaliser la sulfuration à cause de la nature rocheuse du sol qui rend impossible la pénétration des vapeurs toxiques. En outre, le sulfure de carbone coûte cher et souvent le faible rendement des Châtaigniers ne couvrirait pas les frais destinés à les protéger.

Il est si fâcheux que le procédé de destruction du Mycelophagus Castaneæ soit tellement dispendieux et malaisé à employer, que M. Mangin, lui-même, le considère comme un de ces remèdes *in extremis* dont on ne doit se servir que dans les cas désespérés. Il n'y a lieu de l'appliquer que dans les terrains meubles et profonds nourrissant les variétés les plus productives et les plus recherchées pour l'exportation. Dans la plupart des cas la seule chose à recommander c'est de circonscrire les foyers d'infection en arrachant résolument les arbres malades et même ceux qui se trouvent dans un certain périmètre. On extraira les racines, qu'on brûlera sur place, pour supprimer toute contamination par le sol:

III. — Greffage sur espéces exotiques.

Pour tâcher encore de remédier aux maladies du Châtaignier, nous allons expérimenter le greffage des variétés indigènes sur les espèces exotiques d'Amérique et du Japon.

Il ne serait pas extraordinaire que celles-ci soient plus réfractaires au mal que le *Castanea vulgaris*, et qu'à l'instar de ce qui se passe pour la Vigne, nous obtenions de bons résultats, surtout en employant comme porte-greffes, le *C. Americana* (Swet).

Dans le but d'être fixé, et de pouvoir renseigner les cultivateurs, nous sommes à même de constituer une pépinière d'études sous le haut patronage des grandes sociétés d'agriculture et d'horticulture, des savants et des notabilités qui s'intéressent au bien public.

A ce sujet, nous avons fait, en avril 1904, à la Sorbonne, au *Congrès des Sociétés savantes*, une communication en réponse à la douzième question du programme — Sciences — (1). Nous donnons, en appendice (V. pages 270), ce mémoire admis à l'impression par le COMITÉ DES TRAVAUX HISTORIQUES ET SCIENTIFIQUES, mémoire dans lequel nous insistons sur la nécessité d'essayer la culture comparative de diverses sortes d'arbres fruitiers et forestiers, en vue de leur amélioration, notamment des principales espèces des genres *Castanea* et *Juglans*. Nous étudierons leur aptitude au terrain, à la greffe, au climat, à l'altitude, et leur degré de résistance aux maladies.

Seulement, ces expériences exigeront une longue période de dix à quinze ans au moins de soins minutieux, et d'observations attentives et précises, avant de pouvoir établir s'il y a lieu de substituer, comme porte-greffes, le Châtaignier exotique au Châtaignier commun.

En attendant la solution pratique que nous espérons tirer de nos essais, il convient de s'appliquer à cultiver, à soigner, à exploiter les châtaigneraies comme nous l'indiquons dans les chapitres précédents et dans les conclusions suivantes.

____

(1) *Journal officiel* du 8 avril 1904, page 2218.

CONCLUSIONS

Nos conclusions sont conformes à celles de feu *Edouard Lamy de Lachapelle, Félix Vidalin*, etc., et de nos meilleurs agronomes limousins : MM. le Dr *Escorne, P. Gillin, J.-B. Martin, P. Mazeaud, J. Nanot, du Teilhet de Lamothe, de Salrandy, Vintéjoux*, etc. ; à celles des savants les plus compétents sur la matière : MM. *Bouquet de la Grye, Adolphe Carnot, E. Cacheux, J. de Lagorsse, Ch. Le Gendre, Albert Le Play, L. Mangin, Edmond Perrier, E. R. Poubelle J. Ruau, Ed. Teisserenc de Bort, Albert Viger*, etc., et des agriculteurs qui ont répondu à notre minutieuse enquête. Elles sont corroborées par vingt-cinq années de pratique culturale et d'observations personnelles. Appuyées par l'Histoire (V. p. 256), elles sont justifiées par les faits et les besoins actuels. Enfin, les nécessités de l'avenir motivent encore nos conclusions.

I. — Exploitation méthodique du Châtaignier.

1° Cas où il est avantageux d'abattre les bois de Châtaigniers. — Documents historiques. — Il y a avantage à abattre les Châtaigniers qui sont situés à proximité d'une exploitation rurale et qui reposent sur des terrains faciles à fertiliser ou à convertir en prairies.

La meilleure des améliorations consisterait donc à irriguer, si c'était possible et peu coûteux, ou à remplacer les bois arrachés par des céréales ou par des plantes fourragères, à condition cependant que le rendement net des nouvelles récoltes et l'intérêt des fonds capitalisés par la vente du bois, forment ensemble un revenu annuel bien supérieur à celui donné précédemment par la châtaigneraie. Malgré cela, un bon agriculteur achèvera de compenser la réduction de ses châtaigneraies en améliorant les bois conservés ou en en faisant de nouveaux, s'il a des terrains disponibles et qu'il soit avantageux d'y mettre des Châtaigniers.

Il y a lieu d'abattre et de renouveler dans un autre terrain, les châtaigneraies que la vieillesse et la vétusté commencent à rendre presque improductives :

« Il ne faut pas néanmoins oublier que si le surmenage dans les espèces animales et la surproduction dans les espèces végétales aboutissent rapidement à l'épuisement et à la mort du sujet, il n'y a pas de soins et de précautions qui puissent perpétuer la durée des êtres comme des arbres et que fatalement, après un temps déterminé, la production diminuant en quantité et en qualité, présage de la mort prochaine du sujet.

» Il faut délaisser les habitudes pratiquées autour de nous par la routine ou par la paresse, qui consistent à vouloir éterniser l'arbre caduc. On voit à tout instant des châtaigneraies qui occupent depuis des siècles le même terrain, où chaque arbre tombé de vétusté a été remplacé par quelque maigre rejeton poussé sur l'écorce de la souche vermoulue, ou par de jeunes arbres plantés nouvellement à l'ombre des anciens. Ces sujets donnent au début l'illusion d'une végétation passable, mais cessent bientôt de donner fruits et bois, et périssent rapidement.

» Quand une plantation est à son déclin, que les fruits deviennent rares et petits ; il est inutile de la conserver en partie, il faut l'arracher entièrement. Les vieux arbres sont comme les trop vieilles Vaches qui ne donnent plus que de rares et chétifs produits et dont la viande perd, chaque jour de sa valeur, de même les vieux arbres donnent des fruits de plus en plus rares et petits et leur bois vermoulu perd toute sa valeur ; tandis que si on les arrache à temps, ils peuvent fournir du bon bois... (Dr Escorne). »

Quand le Châtaignier a de 70 à 90 ans d'âge, il convient de l'exploiter comme bois d'œuvre ou pour la fabrication des extraits tanniques. Cependant il arrive souvent que cet arbre continue à croître et qu'il reste vigoureux et très prolifique longtemps après avoir atteint sa centième année.

.

Sous la Féodalité, les récoltes qui ne résultaient point du travail annuel et dont les produits ne pouvaient être assimilés à ceux provenant de l'industrie, ne subissaient pas l'impôt de la dîme. Les Châtaigniers étaient dans ce cas.

Ces arbres arrachés, le sol défriché et cultivé était considéré alors comme *terre novale*, c'est-à-dire nouvellement mise en valeur. A partir de cette mise en culture, les dîmes des terres novales revenaient au curé de la paroisse où elles étaient situées. Il y eut jadis de longs procès à ce sujet, le seigneur contestant parfois ce droit d'impôt au prêtre.

Au commencement du XVIII° siècle, FRANÇOIS-MARIE, *marquis d'Hautefort, de Pompadour* et Sarcelles, comte de Montignac, vicomte de Ségur, de Thenon, de Juillac, de Treignac, de la Mothe, etc., lieutenant général des armées du roi, l'un des plus grands propriétaires et des plus puissants seigneurs de France, attaqua le curé de Juillac devant le Parlement de Bordeaux. Le curé ne céda point, le procès dura plus de vingt ans et fut complètement perdu par le richissime et redoutable marquis (1).

Nous avons trouvé dans nos archives de famille une pièce originale concernant cette affaire, c'est la consulte d'un grand avocat de l'époque. Cet écrit nous fixe sur un point de droit féodal excessivement intéressant; il nous renseigne aussi sur l'agriculture d'autrefois. Ayant communiqué cette pièce, avec d'autres, à notre savant compatriote et ami, *M. J. du Teilhet de Lamothe*, pour documenter la seconde partie d'un ouvrage d'une haute valeur historique (dont il vient de publier le

------

(1) Le « grand hiver de 1709 » fut particulièrement néfaste aux Châtaigniers du Limousin. La plupart de ces arbres gelèrent : « On entendait, disent les chroniques du temps, leur écorce se fendre avec un bruit pareil à celui de détonations d'artillerie. » Par suite, beaucoup de châtaigneraies durent être défrichées et leur sol fut livré à la culture. Un sieur *Gouyon*, riche bourgeois de Juillac, ayant alors transformé un bois de Châtaigniers en Vigne, Messire *Hervy*, curé de l'endroit, la considéra comme terre novale et en revendiqua la dîme. Ce fut l'origine de cette querelle dont les détails sont indiqués dans l'ouvrage ci-dessous désigné, (pages 341, 377, 403, 405 et 427). — Il y avait aussi, à la même époque, à Juillac, une autre famille du nom de *Charvay*, ou Cherveix, de *Gouyon*, dont le chef était notaire, et dont les descendants, toujours notaires, sont représentés aujourd'hui, notamment, par M. FRANÇOIS GOUYON, artiste distingué, auteur de l'eau-forte qui orne cet ouvrage.

premier volume) (1), nous avons prié ce vaillant érudit de nous donner son opinion. La voici :

« L'agriculture ancienne était fondée sur la jachère, quand une terre se refusait à porter de nouvelles récoltes en Seigle, Avoine, etc., on la laissait inculte pendant un nombre d'années considérables ; le terme de 7 à 8 ans était encore usité, il y a 40 à 50 ans dans les environs de Lubersac et de Pompadour, il pouvait être supérieur jadis, et la surface en culture était moins considérable relativement. Souvent on tirait parti de ces jachères en les plantant de Châtaigniers et ceux-ci occupaient le terrain pendant 90 ou 100 années. Puis, quand le produit en Châtaignes baissait, on défonçait la plantation et l'on remettait le bois en culture à céréales. C'était donc un assolement absolument rationnel et avantageux qu'on a eu tort d'abandonner en ce qui concerne le Châtaignier et ses abondants et précieux produits.

« M. *Beaune*, avocat de Bordeaux, était, en 1720, une des gloires du barreau, il jouissait d'une immense réputation et d'*Hoziers* donne son anoblissement comme et à titre d'avocat.

« Or il dit dans sa consultation du 22 mars 1720 que, dans le cas où des terres étaient assolées de cette sorte, elles n'étaient pas novales, parce que novale signifie une terre ouverte par la charrue pour la première fois, mais qu'il était difficile de faire la preuve d'une culture pouvant remonter à un siècle, par exemple, et que, faute de ce, la Cour les considérait comme novales et en attribuait la dîme au curé. Il n'est donc pas étonnant qu'antérieurement à la Révolution, les plantations en châtaigneraies aient acquis une importance de plus en plus grandissante, puisque, outre qu'en opérant ainsi on faisait de bonne agriculture pour l'époque, on se soustrayait à l'impôt de la dîme.

« Aujourd'hui il faut revenir au Châtaignier, trop coupé en Limousin, parce que le Limousin veut qu'un tiers de sa surface soit boisée, parce que la main-d'œuvre est rare et chère et la culture arbustive désirable, mais cette culture exige un assolement à long terme pour en tirer tout le profit possible. »

Nous sommes de cet avis. Un assolement à long terme ne peut être que très salutaire aux essences forestières et fruitières. Il permet à la flore des Microbes utiles à chaque genre de plantes de se reconstituer, de rétablir l'équilibre qui lui

---

(1) J. DU TEILHET DE LAMOTHE : « *Correspondance de François-Marie d'Hautefort et de Marie-Françoise de Pompadour*, marquis et marquise de Pompadour, avec *MM. Maîtres, Pierre et François de Bigorie*, leurs agents d'affaires en Limousin. » 1 vol. in-8, Lamertin éditeur à Bruxelles, 1905.

est nécessaire pour vaincre l'armée des Bactéries nuisibles et assurer l'harmonie de la végétation. N'avons-nous pas l'exemple de la Vigne qui, replantée dans les terrains vinicoles. qu'elle n'occupait plus depuis trente ans, y pousse maintenant avec une vigueur nouvelle nous donnant à espérer que bientôt, peut-être, on pourra tenter avec succès la culture directe des anciens cépages français ?

Seulement, sous l'Ancien Régime, à côté de l'application judicieuse de cet assolement, il y eut de nombreux excès. Beaucoup de propriétaires des pays favorables à la culture du Châtaignier, crurent avantageux de transformer même leurs meilleures terres en châtaigneraies qui, naturellement, y prospèrent admirablement et donnèrent, presque sans interruption, une continuité de beaux produits sur lesquels le fisc ne pouvait exercer aucune prise. C'est à cette époque, sans doute, qu'elles produisirent les bois dont on fit de si belles charpentes.

Turgot, *Parmentier* et d'autres économistes s'élevèrent contre ces plantations abusives, contraires à une bonne agriculture et la Révolution y mit fin en abolissant les lois féodales.

Il serait donc déraisonnable de créer des châtaigneraies dans des champs même de qualité moyenne. Si pareille chose se généralisait, elle aurait des conséquences désastreuses. Il faut une mesure à tout ; un juste équilibre est nécessaire, même en agriculture : Ne voyons-nous pas, aujourd'hui, les mauvais résultats de la surproduction du vin ? Aussi les terres qui peuvent produire, d'une manière satisfaisante, des céréales ou d'autres récoltes, ne doivent pas être changées en châtaigneraies.

Consacrons à celles-ci les terrains peu propres à toute autre culture, et réservons les sols de première qualité pour y semer du grain, des fourrages, etc..

2ᵉ Cas où il est préjudiciable de détruire les Châtaigneraies. — Mais si le sol ne remplit pas les conditions exceptionnelles que nous venons d'énoncer et si la châtaigneraie n'a point périclité, il est tout à fait dangereux de déboiser.

Procéder alors à l'arrachage de Châtaigniers en bon rapport, c'est priver la ferme de ressources précieuses pour hériter de terres peu fertiles, ne pouvant produire qu'à force de fumier et donnant, sous forme de champs, un revenu infiniment moindre que sous celle de bois. N'arrive-t-il pas souvent, par suite, au cultivateur imprudent, de posséder un surcroît de terres exposées à devenir incultes parce qu'il se trouvera dans l'impossibilité matérielle de pouvoir les travailler faute d'engrais et de bras ?

Voici d'ailleurs les considérations qu'*Edouard Lamy* ajoute comme suite aux détails numériques que nous avons exposés à l'article: Revenus des châtaigneraies autrefois (V. p. 157 à 163).

« La destruction de ma châtaigneraie m'a profité, puisque des calculs précis ont mis en relief une bonification de 11 fr. 45 dans mon revenu, mais, si, loin de circonscrire la signification de ce résultat dans les limites d'un fait partiel, on cherchait à lui donner un sens plus étendu, il deviendrait alors véritablement une *amorce séductrice et trompeuse*.

« Dérivant de chiffres consciencieusement posés, on ne peut contester sa réalité ; mais je nierais son efficacité, même sa sincérité, sous ce point de vue que, si j'avais réalisé ma coupe de Châtaigniers sur les divers points de ma propriété susceptibles d'être ouverts par la charrue, j'aurais bien peut-être momentanément reproduit, dans chaque lieu, une bonification égale à celle dont j'ai parlé ; mais, par suite d'un surcroît de terres superflu, qui serait bientôt resté en jachère, j'aurais préjudicié d'une manière grave à mes intérêts, ayant remplacé par des champs arides et à peu près improductifs des châtaigneraies dont les récoltes abondantes et gratuites enrichissaient annuellement et les colons et moi même.

« J'ai eu mille fois raison de qualifier d'*amorce séductrice* le résultat que mes calculs ont fait ressortir, puisque l'espérance d'un gain semblable séduit beaucoup de propriétaires. L'appât d'une somme d'argent dont la réalisation peut devenir presque immédiate les porte à mettre impitoyablement la hache au pied de tout Châtaignier qui leur promet quelques mètres de planches et un certain nombre de stères de bois à brûler: Leur conduite serait généralement inexcusable si elle ne s'expliquait par l'état de gêne habituel de la plupart d'entre eux. Sous le poids de besoins urgents, dont la satisfaction ne saurait guère s'ajourner, ils prennent aveuglément toutes les ressources qui leur tombent sous la main, sans préoccupation de l'avenir, sans se douter que, en opérant, comme je l'ai dit, ils imitent le malheureux débiteur qui croirait améliorer sa position en empruntant chez le banquier pour payer ses dettes. »

Hélas, que dirait le bon M. Lamy, s'il était encore en ce monde? Si, soixante ans après avoir écrit ces lignes si vraies, si éloquentes, il voyait le luxe qui règne de nos jours, jusque dans la plus humble des chaumières, et les besoins nouveaux que les plus modestes cultivateurs mêmes se sont créés ? L'agriculture et le commerce se sont bien bien développés depuis, il est vrai, mais les bénéfices supplémentaires qui résultent de leur essor sont dépassés par les dépenses qu'exige la satisfaction des vanités nouvelles et des appétits du jour...

Ces dépenses frivoles ont occasionné la destruction de bien des châtaigneraies, destructions qui ont amené la ruine de la plupart des domaines où elles se sont exécutées; elles ont déjà eu pour conséquence, outre les effets désastreux du déboisement, l'abaissement, l'avilissement de la valeur de la propriété foncière, en Limousin et ailleurs. On conduit ses Châtaigniers, et les meilleurs, à l'usine à tanin, on les vend à bas prix, et l'argent qu'on en retire ne suffit pas ; on emprunte encore chez le ?... « banquier », et cela plus que jamais... Et, plus tard, quand le cultivateur, inconséquent ou trop ambitieux, a tout dévoré, quand il n'a plus rien, il lui arrive, aigri par ses propres sottises, d'être jaloux et de « vouloir du mal » à l'agriculteur économe, sage, intelligent et travailleur, dont les cultures sont bien conduites, dont la maison est bien tenue, dont les affaires prospèrent.

*
* *

Quand les Romains envahirent les Gaules, ils furent saisis d'admiration, de respect et de crainte devant la majesté des antiques forêts de notre pays, et *César* dut, lui-même, s'armer d'une hache pour encourager ses soldats.

L'exemple de César a porté ses fruits, la hache ne s'est plus reposée et, aujourd'hui, les coups de soleil sont plus à craindre que l'ombre des grands arbres...

Pourtant il était indispensable de reculer les forêts, il fallait nécessairement cultiver le sol, multiplier et varier les produits, afin de faire face aux besoins de la société. Aussi sommes-nous loin de désapprouver les défrichements justifiés par le développement de la population et de la civilisation. Ce que nous blâmons dans le déboisement, c'est l'excès, c'est l'abus, c'est cette âpre cupidité de l'homme qui le pousse à rompre toutes les harmonies, à tout détruire pour rester seul avec son orgueil, son impuissance et ses déceptions.

L'expérience nous montre les funestes conséquences de l'égoïsme et de l'imprévoyance. Aujourd'hui, le cultivateur devrait être assez éclairé pour comprendre le préjudice qu'il cause, à lui-même et au pays, en détruisant sans discernement bois et forêts. L'exploitation excessive des arbres et la pâture transforment les surfaces déboisées en maigres bruyères, quand la pierre aride et le roc nu ne succèdent point aux frais gazons des sous-bois humides et odorants. Les cimes découronnées, les plateaux dénudés et improductifs, sont voués au ruissellement et au ravinement qui produisent des effets désastreux par les torrents et les inondations en résultant, et ruinent les pâturages et les plaines cultivées.

Or le Châtaignier est une des essences forestières les plus utiles aussi par la bonne influence qu'il exerce sur l'assainissement du climat, sur le régime des eaux, sur la température du sol, sur l'action des vents et, par suite, sur la fécondité même des terres environnantes.

3° Cas où il faut créer de nouvelles Châtaigneraies. — Nous avons démontré les conséquences déplorables de la réduction des châtaigneraies. Leur destruction étant le plus souvent fatale au cultivateur, il est donc nécessaire d'en créer de nouvelles chaque fois qu'on pourra le faire sans diminuer les cultures essentielles.

Dans les départements du Centre, la Châtaigne et la prairie sont les principaux éléments de la prospérité de la ferme. Plus le sol d'un domaine est pauvre, plus son propriétaire a intérêt d'y multiplier et d'y soigner le Châtaignier qui croît assez vigoureusement même dans les terrains les plus maigres et les plus mal exposés : « Sans recevoir beaucoup ni de la terre, ni des hommes, il nous donne des trésors que nous recueillons sans fatigue et sans frais. (Ed. L.) »

Ses fruits comblent le déficit des grains ; ses feuilles remplacent la litière de paille ; son bois fournit des poutres, des planches, du chauffage, etc. ; les arbres sur le déclin alimentent l'industrie des extraits ; et ne doit-on pas à la Châtaigne les gros bénéfices qu'on réalise sur les Porcs ? etc.

Le propriétaire qui possède des étendues de pays dépassant les besoins de son exploitation et pour lesquels il n'a pas de moyens d'amélioration suffisants et dont il ne retire que des revenus insignifiants, presque nuls, doit y entretenir des Châtaigniers. Augmenter la production de la Châtaigne et en améliorer la qualité par soins intelligents, éclaircissement des massifs trop serrés, sélection et greffage, tel doit être son désir et l'une de ses occupations en vue de reconquérir le marché d'exportation.

Aux bois, aux futaies, aux taillis de cette essence sont destinés encore tous les autres terrains qui, à cause de leurs pentes trop rapides ou de leurs inégalités profondes, ne permettent pas le passage de la charrue, ou ne peuvent être ensemencés fructueusement en céréales. On doit affecter au Châtaignier les sols qu'on ne peut transformer en prairies, et même en pacages passables, et les landes demeurées incultes pour des causes quelconques.

Il est certain, qu'en pratiquant ainsi, la valeur du fonds quintuplera en moins de trente années et qu'il résultera de toutes sortes d'avantages favorables au progrès.

II. — Intervention de l'État.

En principe, nous ne conseillons pas de solliciter sans cesse l'État, c'est s'amollir, s'asservir, se déviriliser, que tout lui demander ; il faut compter sur soi-même et faire, le plus souvent possible, acte de sage et courageuse initiative.

Mais il y a des cas où il appartient à l'État d'encourager cette initiative, et où le producteur doit, sans fausse honte, bénéficier des largesses qui lui sont offertes. Après tout, les contribuables ne payent le Gouvernement que pour lui fournir les moyens de sauvegarder leurs intérêts, il est donc juste qu'il s'en occupe toutes les fois que l'occasion s'en présente ; or, elle existe, malheureusement pour le Châtaignier.

Création de pépinières. — Pourquoi l'État ne suivrait-il point l'exemple du gouvernement italien qui, en dix ans, a fourni gratuitement trois millions de jeunes Châtaigniers

ayant permis de replanter trente mille hectares de pays
dénudés ?

Ce que l'Italie a fait doit être pratiqué en France, et c'est
d'autant plus facile à établir chez nous que l'administration
des Eaux et Forêts a déjà des pépinières fournissant des plants
aux communes et aux particuliers. On assolerait une partie
de ces pépinières en Châtaigniers et l'on pourrait distribuer
aussi des plants greffés. Plusieurs départements ont demandé
de pareilles installations qui nous semblent peu coûteuses et
faciles à créer, surtout dans les localités possédant des communaux : rien ne serait plus aisé que d'affecter une partie de
ces terrains à de telles pépinières, sous la direction et le con-
trôle éclairé des agents forestiers.

Primes. — Pour encourager la replantation, il conviendrait
d'attribuer des primes aux cultivateurs reconstituant leurs
châtaigneraies. Ces récompenses sont motivées autant que
celles qu'on décerne annuellement pour la culture du Lin et
du Chanvre, la sériciculture, l'élevage du bétail, etc.

Un membre compétent et distingué du Corps législatif,
M. J. RUAU (1), député de la Haute-Garonne, rapporteur du
budget de l'Agriculture en 1903, a conseillé, pour inciter les
propriétaires à replanter les Châtaigniers, de créer des primes, mises à la charges des usines. Pour cela on chargerait
d'un léger impôt les extraits tanniques.

Il s'agit d'intérêts considérables pour la Corse et beaucoup
de départements du Centre et du Midi. Le devoir de l'État
est encore de créer des prix sérieux, — comme on a fait pour
la Vigne, — en faveur des chercheurs et des savants qui
trouveront des remèdes de plus en plus sûrs et pratiques, et
des moyens préventifs peu coûteux et faciles à appliquer
contre les maladies du Châtaignier.

**Application au Châtaignier de la loi sur le défrichement
des biens des particuliers.** — Pour enrayer le déboisement
à outrance des massifs de Châtaigniers, il faudrait prendre
des mesures de protection en appliquant à cette essence la

____

(1) Ministre de l'Agriculture, ayant succédé à M. L. Mougeot, en janvier 1905.

loi sur le défrichement des biens des particuliers, (Code forestier, loi du 18 juin 1859, art. 219 à 226), dont les motifs sont exposés dans l'article 229, ainsi conçu :

« L'opposition au défrichement ne peut être formée que pour les bois dont la conservation est reconnue nécessaire :

« 1° Au maintien des terres sur les montagnes ou sur les pentes ;

« 2° A la défense du sol contre les érosions et les envahissements des fleuves, rivières ou torrents ;

« 3° A l'existence des sources et cours d'eau ;

« 4° A la protection des dunes et côtes contre les érosions de la mer et l'envahissement des sables ;

« 5° A la défense du territoire dans la partie de la zone frontière qui sera déterminée par un règlement d'administration publique. »

A notre point de vue, il nous paraît nécessaire d'ajouter à cet article un septième paragraphe ayant trait à la protection du bois d'œuvre, à la sauvegarde des récoltes fruitières et à une exploitation rationnelle.

En étendant ces prescriptions aux châtaigneraies, on ferait simplement revivre une sage mesure de l'ancienne législation qui protégeait le Châtaignier ainsi que le prouve le document suivant dont l'original est en notre possession :

« **Aujourd'hui** quinzième *du mois d'avril 1762 est comparu*
« *au Greffe de la Maîtrise particulière du Limousin, établie*
« *en la Ville de Brive*, mr le Moyne Bourgeois habitant de
« Lubersac *lequel pour se confirmer à la disposition de l'Or-*
« *donnance des Eaux et Forêts du mois d'août 1669 et à cel-*
« *les des articles V. et VII de l'Arrêt du Conseil du*
« *21 septembre 1700. Nous a déclaré qu'il entend faire cou-*
« *per la quantité de Cent chênes ou châtaigniers ou fayans*
« *à luy appartenant lesdits bois de l'âge prescrit par lad.*
« *ordonnance et situés paroisse de Lubersac et Bennaye du*
« *Ressort de lad. Maîtrise et éloignés de cinq lieües de la*
« *rivière de vozerre et de trente lieües de la Mer. De la quelle*
« *Déclaration, qui ne pourra avoir lieu que pendant un an*
« *seulement. Nous soussigné Greffier de lad. Maîtrise avons*
« *donné et donnons Acte au dit Sr le Moyne à condition tou-*
« *tes fois de ne pouvoir faire abattre, sous quelque prétexte*
« *que ce soit, aucun desd. bois que dans six mois, à compter*

« *de ce jour et sous peines portées par lesdites Ordonnances*
« *et Arrêt. Fait an Greffe de lad. Maîtrise les jours et an que*
« *dessus.*

« GUIZIER

« Pour avis aux Gardes. »

Notons la précaution de n'autoriser l'abatage qu'à l'époque convenable : le propriétaire ne pût commencer l'opération que six mois après le 15 avril, il lui était défendu de couper ses arbres avant le 15 octobre et il n'avait ensuite qu'un semestre pour procéder à cette exploitation.

Environ cent quarante articles du Code forestier, compris entre l'article 1er et l'article 216, inclus, sont en rapport avec les textes de l'ancien droit, notamment de l'*Ordonnance du 16 avril 1569;* seulement, pourquoi a-t-on omis, dans la nouvelle loi, ce qui avait trait, jadis, à la protection du Châtaignier? Pourquoi n'applique-t-on point à cette essence les utiles prescriptions concernant le défrichement des bois des particuliers : Aujourd'hui, que nous avons à notre disposition le *Crédit agricole* et les *Warrants*, il devrait être, moins qu'autrefois, permis de déboiser à tort et à travers : Il faudrait que la loi s'oppose à la destruction de toute châtaigneraie dont les arbres, de belle venue, n'ont pas atteint encore leur rendement annuel maximum et ne présentent aucun caractère de déclin.

Ainsi conçue, l'interdiction de déboiser n'est que temporaire, elle ne constitue pas une atteinte aux droits du propriétaire, mais elle modifie la forme de la jouissance autant pour le bénéfice particulier du cultivateur que dans l'intérêt général.

III. — Devoir des autorités sociales.

Conférences. —La conférence est un puissant moyen d'instruction et de propagande. Elle est supérieure à l'écrit: Il est évident que la parole animée, vibrante et chaude du conférencier convaincu, instruit et éloquent, est autrement suggestive que la lettre morne et glacée de l'imprimé monotone. Les objections qui surgissent au cours d'une conférence, les réflexions que se communiquent les assistants, aident ceux-ci à comprendre l'exposé et à en retenir plus facilement les principales idées. D'autre part, l'illettré ne peut être instruit que par le discours verbal. Et, s'il arrive souvent que la lecture est stérile, jamais la conférence ne l'est, même faite devant un auditoire restreint, car il y a toujours quelques personnes qui en adoptent les conclusions, les mettent en pratique et les répandent par la conversation et l'exemple.

Voilà pourquoi les éducateurs, les hommes politiques, les politiciens, les agronomes, les économistes, etc., font partout des conférences (1).

Or il y a un genre de conférences particulièrement intéressant pour l'homme des champs, c'est celui qui consiste à traiter des questions agricoles, tout en les commentant. On étudie, avec lui, les bons et les mauvais côtés des choses, on en discute les causes et les effets, on en établit les inconvénients et les avantages, et, finalement, on trouve des conclusions pratiques.

Les autorités sociales, principalement les bons agriculteurs, les administrateurs soucieux de leurs devoirs, les instituteurs, etc., en un mot, toutes les personnes éclairées, bienfaisantes, de bonne volonté, multiplieront les conférences et y consacreront une large place à la question du Châtaignier.

Fête des arbres. — Les fêtes druidiques, celles de la Révolution, de 1848, etc., nous montrent le rôle de l'arbre dans notre histoire et l'importance que nos pères y attachaient. Majesté somptueuse et douce, puissance bienfaisante, vie et fécondité, charité et générosité, perpétuité de la famille, patrie et liberté, l'arbre personnifie tout ce qu'il y a d'indispensable, d'utile, de meilleur et de beau; il en est l'expression matérielle et poétique; il naît, il vit, il meurt pour n'accomplir qu'une seule mission : le bien.

Aussi, de tous temps et partout, les peuples ont voué à

---

(1) Les Ministères de l'Instruction publique, de l'Agriculture, et de la Guerre, font les plus louables efforts pour vulgariser les conférences éducatives et instructives. Ils ont institué des récompenses spéciales pour encourager MM. les conférenciers.

l'arbre un culte sincère qui, de nos jours, est particulièrement célébré à l'étranger : en Amérique, en Asie, en Allemagne, en Espagne, en Italie, en Suède, en Suisse, etc...

La fête des arbres (Arbor day), est très populaire aux États-Unis, où elle a lieu, chaque année, à la même époque. Nul écolier, garçon ou fille, aucun étudiant ne manque alors de planter son arbre. Récemment, cette fête s'est passée, avec éclat, à Barcelone, à Madrid, à Burgos et dans de nombreuses localités espagnoles (1).

Même chez nos alliés, les Russes, la fête des arbres est sérieusement pratiquée, ainsi que nous l'apprend M. *René* Leblanc, Inspecteur général de l'Instruction publique. Dans son Rapport sur l'instruction primaire en Russie, l'éminent et vénéré maître constate les heureux effets de cette charmante et suggestive coutume.

Mais c'est en Italie où cette institution revêt tous les caractères d'une fête vraiment nationale. Célébrée à la fin de mars, elle donne lieu à d'importantes cérémonies pendant lesquelles de jeunes arbres sont plantés par des enfants, des soldats et des gens de toutes conditions. A Rome, la fête est magnifique, le roi, sa famille et les ministres y assistent en grande pompe, ils prononcent des discours de circonstance et distribuent des récompenses aux meilleurs arboriculteurs.

Depuis 1902, dans les Vosges, le Jura, la Savoie, etc., sous les auspices de la *Société forestière française des Amis des Arbres*, on recommence à faire la fête de l'arbre. Mais il serait urgent que cette coutume se généralise et qu'un décret la rende obligatoire. Ce jour-là, chacun planterait un arbre, appartenant, de préférence, à l'essence la plus utile de la région : là, le Chêne ; ailleurs, le Sapin ; ici, le Noyer ou le Châtaignier, etc.

Quelle belle fête humanitaire et morale on instituerait à la ville et surtout au village ! Non seulement on apprendrait à connaître, à aimer, à cultiver, à respecter l'arbre, mais on

(1) *Cronica de la fiesta de l'Arbol en España.* — Imprenta de la casa provincial de Caudad, Barcelona. 1903, Brochure in 4°, de 60 pages.

concourrait aussi, (car le motif se prête, mieux que tout autre, à la conciliation), à l'apaisement des haines engendrées par les passions politiques.

Pour ces multiples raisons nous souhaitons que l' « Abor day » soit institué en France. Il contribuera à rétablir et à maintenir, chez nous, l'équilibre économique en même temps que la concorde, l'union et la fraternité.

APPENDICE

I. — **Extrait des comptes rendus**

du

Congrès des sociétés savantes en 1901. Sciences.

(Pages 112, 113 et 114).

Jardins d'essais scolaires (1). — *Création de pépinières, à différentes altitudes, pour l'étude comparative et l'amélioration de diverses sortes d'arbres fruitiers et forestiers, notamment des principales espèces des genres* CASTANEA *et* JUGLANS, par M. J.-B. LAVIALLE, membre de la Société nationale d'horticulture de France.

Aux États-Unis, il y a de vastes jardins d'essais et des pépinières dont la plus grande partie dépend de l'Office des plantations industrielles du département de l'Agriculture, de Washington. Ces importants établissements botaniques s'occupent de l'acclimatement, de la sélection et de la vulgarisation des plantes économiques, etc.

En Angleterre, le jardin de Kew et ses succursales des colonies britanniques, remplissent le même objet auprès des agriculteurs de la métropole et des colons surtout.

En Allemagne, le jardin botanique de Berlin et celui de Cameroun accomplissent des missions identiques. La Belgique et la Hollande ont des institutions similaires.

Outre les cultures du Muséum d'Histoire naturelle, nous possédons aussi, en France, depuis peu d'années, des jardins et des stations d'essais qui commencent à rendre à l'agriculture les plus grands services, notamment le jardin de Nogent-sur-Marne, habilement organisé et conduit par M. Jean Dybowski.

---

(1) Réponse à la 12ᵉ question du programme *Jardins d'études*.

Mais n'y aurait-il point lieu de multiplier encore ces utiles établissements et ne pourrait-on pas, en même temps, diviser et simplifier les recherches, en se bornant à n'étudier, dans chacun, que les espèces végétales indigènes concurremment avec celles, exotiques ou étrangères, qui prospèrent dans des contrées dont le sol et le climat sont analogues à ceux de la station d'essai ?

Ensuite il me paraît utile d'encourager les instituteurs primaires à poursuivre sur une échelle, si modeste fût-elle, des études et des expériences auxquelles ils intéresseraient les jeunes élèves et les adultes.

Il y a longtemps, déjà, qu'un certain nombre de maîtres de l'enseignement primaire, comprenant cette nécessité, n'ont pas reculé devant des sacrifices personnels pour installer des champs d'expériences et de démonstrations. Les services que ces instituteurs rendent, quant à la culture intensive, en contribuant à généraliser l'emploi des engrais chimiques, à vulgariser les meilleures espèces de plantes potagères, fourragères, etc., sont connus, je n'ai donc pas à revenir ici sur ce sujet, car on sait que les éducateurs ruraux sont les dévoués collaborateurs des professeurs départementaux et spéciaux d'agriculture. Seulement il reste à faire encore beaucoup, surtout en ce qui concerne les plantations d'arbres fruitiers et d'essences forestières, l'étude des maladies de ces végétaux et leurs remèdes : Il faudrait que chaque école, ou du moins une par canton, soit dotée d'une pépinière d'études.

Parmi les difficultés qui se présentent, non seulement il faut avoir du terrain disponible, mais il faut encore des semences, des plants, des greffes, etc. Tout cela coûte, il est parfois même très difficile d'en trouver, surtout quand il s'agit d'espèces étrangères à mettre à l'étude.

Quelques sociétés agricoles et horticoles, entre autres la *Société forestière française des Amis des Arbres*, ont aidé généreusement des instituteurs en leur procurant des graines et des plants d'essences fruitières et industrielles, pour la création de pépinières, etc. Mais ces sociétés ne peuvent subvenir à tous les besoins; or, il serait naturel que les grands établissements botaniques viennent, par des dons de semences et de plants, en aide aux hommes de bonne volonté, et que les Ministères de l'Agriculture, du Commerce, et même de l'Instruction publique, favorisent le plus possible la création et l'entretien de ces humbles et cependant très nécessaires jardins d'essais. Il faut faciliter les travaux de recherches et de vulgarisation aux instituteurs qui voudront bien y consacrer un peu des quelques instants de loisirs qui leur restent après l'accomplissement de leurs devoirs professionnels

Je n'ai pas attendu jusqu'à présent pour pratiquer ce que je viens d'exposer. Il y a vingt ans que je m'occupe, dans ma modeste sphère, à des essais concernant les principales branches de l'agriculture, y compris l'acclimatement, la sélection et la vulgarisation des végétaux dont la culture est la plus rémunératrice. C'est toujours gratuitement que j'ai fait profiter le public et de mon enseignement et de mes distributions de plants, boutures, greffes et semences de choix.

J'ai maintes fois publié les résultats de mes expériences, et je vais faire mettre sous presse un ouvrage complet sur le *Châtaignier*, travail assez volumineux, honoré en 1902 de deux médailles d'or (dont celle à l'effigie d'Olivier de Serres de la Société nationale d'Agriculture de France) et en 1903, d'une subvention de cinq cents francs de la Société d'encouragement pour l'industrie nationale, et d'une souscription du Conseil général de la Corrèze.

Si je parle de cet ouvrage, c'est qu'ayant pris l'initiative de créer une pépinière pour l'expérimentation et l'étude comparative des diverses espèces de Châtaigniers, comme producteurs directs, comme porte-greffes et sous le rapport de leur résistance aux maladies, je tiens à affirmer qu'il m'est très difficile de me procurer les semences qui me sont nécessaires. Par exemple, je ne trouve point trace du *Castanea japonica* (Prodr.) dans les établissements de l'État, ni dans ceux du commerce. Nous avons pourtant des stations en terrains non calcaires et sous des climats où la culture de ce végétal devrait réussir.

A côté des Châtaigniers, j'étudierai aussi d'autres arbres, surtout les Noyers, (au sujet desquels je prépare une importante étude). M. Julien Costantin, l'éminent et dévoué professeur du Muséum d'histoire naturelle, a bien voulu m'envoyer, à ces fins, quelques semences des *Juglans regia macrocarpa*, *Juglans regia racemosa*, *Juglans nigra*, et un jeune plant de

Juglans cinerea. D'autre part, je viens de recevoir directement d'Amérique, grâce à la haute courtoisie de Sir G. Brackett, chef de l'Office des plantations industrielles au Ministère de l'agriculture, à Washington, des semences de *Juglans cinerea,* de *Juglans nigra* et de *Castanea Americana.* Sir G. Brackett a, de plus, l'extrême bienveillance de m'annoncer l'envoi de plants de Châtaigniers de différentes variétés, et de sources authentiques.

Pour compléter mes études, il me faudrait encore d'autres graines, parmi lesquelles celles du *Juglans Sieboldina* (Maxim).

Ma pépinière d'essais sera installée dans ma propriété, à Saint-Pardoux-Corbier, près de Lubersac (Corrèze), en terrain granitoïde, sablo-argileux situé à 400 mètres d'altitude.

Mon but principal est de trouver, par la greffe, des arbres (Châtaigniers et Noyers) qui, tout en donnant des fruits abondants et délicieux, seraient plus résistants aux maladies et moins difficiles pour le choix du terrain et du climat que ceux que nous possédons actuellement.

Je désirerais vivement que d'autres pépinières analogues et plus importantes soient créées ailleurs. Il en faudrait au moins deux en Limousin, par exemple, pour étudier l'aptitude des diverses espèces et variétés des genres *Castanea* et *Juglans,* quant au climat, au sol, à l'altitude, etc. Ces jardins devraient être échelonnés à des hauteurs variables, l'un à 200 mètres d'altitude, l'autre entre 500 et 550 mètres.

II. — Chanson.

Rien ne vaut la chanson pour populariser
quelqu'un, ou quelque chose.

Les Châtaignes du Limousin (1).

Paroles et musique de M. EUGÈNE DE PRADEL.

(1) **Bulletin de la Société Archéologique de la Corrèze.** — (Chanson et Bourrées Limousines. *François Celor*). Tome XXII°, page 594), 1900. Brive, imprimerie Roche.

Voir aussi, par *François Celor* (**Pirkin**) : **Chansons populaires et Bourrées,** recueillies en Limousin. Fort vol. in-8°, Brive, imprimerie Roche, 1904.

On en voit sur toutes les tables,
Au Président (1) même on en sert,
Du pauvre, c'est le confortable,
Comme du riche le dessert.
Sœur de notre Pomme de terre,
On te doit bien ce beau refrain :

> *Oui, de tous les fruits, je préfère* } *Bis.*
> *Les Châtaignes du Limousin.*

Aux honneurs, jamais je n'aspire,
La politique me fait peur ;
Ma gaité perdrait son empire
Si je devenais électeur :
Et j'irais, moi qui me régale,
D'un fruit que je trouve divin,

> *Mettre dans l'urne électorale* } *Bis.*
> *La Châtaigne du Limousin.*

Mon voisin, d'humeur différente
Aux emplois brûlant d'être admis,
Nourrit de cuisine excellente
Des flatteurs et de faux amis.
Mais on verrait moins de Tartufes,
A la table de mon voisin,

> *S'il leur servait, au lieu de Truffes,* } *Bis.*
> *Des Châtaignes du Limousin.*

Lorsque le temps impitoyable
Aura vu mes jours se ternir (2),
O Vienne, de ta rive aimable,
Je garderai le souvenir.
Et si jamais une couronne
Devait orner mon front serein,

> *Qu'elle soit de l'arbre qui donne* } *Bis.*
> *Les Châtaignes du Limousin.*

Chez l'Allemand la bière est bonne
Mayence exalte son jambon ;
Le miel est célèbre à Narbonne,
Comme à Lyon le saucisson.
A Périgueux la Truffe est chère (3) ;
On aime les Pruneaux d'Agen.

> *Mais à tout cela je préfère* } *Bis.*
> *Les Châtaignes du Limousin.*

---

(1) On disait jadis : A notre Roi...
(2) Variante : Pour moi, quand le temps implacable
      Aura fait mes jours se ternir.
(3) Oh ! oui, et combien chère ? On peut remplacer ce vers par celui-ci :
« La Truffe en Périgord prospère. »

Elles vont bien à chaque table,
Aux ministres même on en sert ;
Du pauvre c'est le confortable,
Et de l'opulent le dessert.
A Paris, à Londres, à Marseille,
A Tulle, à Brive, à Saint-Sornin.

> *On mange, en vidant la bouteille,* } *Bis.*
> *Les Châtaignes du Limousin.*

O Brive, ta brillante plaine
A dû faire plus d'un jaloux ;
Doucement notre œil s'y promène,
Comme sur le Maine et l'Anjou.
Ta place est marquée dans l'Histoire,
Si tu plantes, sur ton terrain,

> *Le Châtaignier qui fait la gloire* } *Bis.*
> *Du Haut et du Bas-Limousin.*

Tout est triste dans nos chaumières
Et dans la plaine, et sur les monts,
Lorsque, sous les brumes sévères,
Nos Châtaigniers sont inféconds.
C'est que des dons de la nature,
De l'Epinard jusqu'au Raisin,

> *Rien ne peut valoir, je le jure,* } *Bis.*
> *Les Châtaignes du Limousin,*

Et lorsque dans nos montagnes
La disette se fait sentir,
Dans la ville, dans la campagne,
On n'entend que cris et soupirs.
Mais la Providence divine
Bientôt a banni le chagrin,

> *Donnant, pour chasser la famine,* } *Bis.*
> *Des Châtaignes au Limousin.*

Guillot, triste, dit à sa femme :
« Comment payer l'impôt foncier !
De joie notre voisin se pâme
S'il voit, chez nous, entrer l'huissier.
— Quoi tu ne sais comment t'y prendre ?
Répond Jeanne, en battant des mains,

> *Remplis ces sacs et t'en vas vendre* } *Bis.*
> *Nos Châtaignes du Limousin. »*

Nota. — Dans l'intérêt du style et de l'expression, nous avons fait quelques petites corrections qui nous ont été suggérées par notre éminent ami, M. *E. R. Poubelle* (ancien Préfet de la Seine et Ambassadeur).

Cette chanson, qui n'avait autrefois que cinq couplets, nous apprend M. *François Celor*, est une improvisation (air et paroles), du célèbre M. *Eugène de Pradel*. Il l'aurait faite à Limoges, vers la fin de la Restauration. Un jour qu'il demandait à son auditoire : « Quel sujet voulez-vous que je mette en chanson ? » Quelqu'un lui lança les mots : « Les Châtaignes du Limousin ! » et il partit sur la simple indication de ce titre.

Plus tard, sous l'Empire, M. *Gérard Lapart*, curé de Vignols (Corrèze), ajouta les autres couplets, très jolis, il est vrai, mais ils n'ont pas la portée des premiers.

Cette poésie est une intéressante leçon de choses. Outre de gaies et fines ironies, elle constitue un éloquent plaidoyer en faveur de la Châtaigne dont l'utilité est beaucoup trop méconnue, même par les citadins. Et pourtant, pendant les années de disette, les habitants des villes ont dû, à ce fruit, de payer bien meilleur marché le grain dont ils auraient même été privés, si les gens de la campagne eussent été obligés, faute de Châtaignes, de garder pour leur usage le peu de Blé qu'ils avaient récolté. Et qui donc peut nous assurer que les famines qui se sont produites autrefois, chez nous, ne se renouvelleront jamais ? Certainement que nous sommes, aujourd'hui, moins exposés à ce danger, mais rien ne prouve que nous en soyons définitivement indemnes.

Voilà une raison de plus pour préconiser la culture du Châtaignier et pour protéger ce précieux végétal si justement surnommé « *Arbre à pain, Arbre d'or, Arbre de vie* » des Cévennes, de la Corse et du Limousin.

Gondolo, 134.
Gorse (abbé M.), 34.
Gouyon, 257.
Grancher (Dr), 105.
Guerrazi, 101. 112. 113.

Haraucourt (Edmond), 146. 149.
Hartig, 248.
Hautefort (François-Marie d'), 257. 258.
Henry (L.), 61. 245.
Hervy, 257.
Hoziers (d'), 258.
Hugo (Abel), 109.
Hugo (général Louis), 114.

Jaumard, 61.
Jude de Lajudie, 92.
Jussieu (Antoine-Laurent de), 4.

Koch, 134.

Lachaud, 166.
Lagorsse (de), 255.
Lalande (Philibert), 9.
Lamy de Lachapelle (Édouard), 9. 11. 15. 17. 38. 107. 129. 157. 193. 198. 199. 255. 260. 262.
Lapart (Gérard), 277.
Laplanche (C.), 167. 169.
Larousse (Pierre), 69. 127.
Lasteyrie (de), 105.
Layens (de), 4. 174.
Leblanc (René), 268.
Le Gendre (Ch.), 244. 245. 255.
Le Play (Albert), 105. 255.
Levinstein (A.), 139.
Liébault (Jean), 122, 153.
Lieutaud, 111.
Lindley, 4.
Linné, 4.
Louandre (Ch.), 15.

Mangin (Louis), 237. 240. 241. 242. 246. 249. 250. 251. 253. 255.
Marbeau, 105.
Martin (J.-B.), 255.
Mazeaud (Paul), 255.
Mazin (Dr Paul), 163. 164.
Michel, 134. 135.
Monteil (colonel), 105.
Monzauge (H.), 144.
Mottet (S.), 6. 15.
Mouncyrat (Dr A.), 105.
Moyne (le), 265.

Nanot (J.), 255.
Naudin (Ch.), 61. 237. 238. 239.
Néron, 191.
Nicholson, 6.
Nivet (Henri), 154. 156.

Pabst, 102.
Parmentier, 85. 102. 112. 236. 259.
Payen, 47. 48. 102. 127.
Perrier (Edmond), 105, 255.
Perrier (Rémy), 105.
Peter, 102.
Pétri, 102.
Pizetta (J.), 216.
Planchon, 237.
Pline, 9. 16.
Plumier, 6.
Poubelle (E.-R.), 255. 276.
Pradel (Eug. de), 274. 277.
Presles (de), 17.
Prillieux, 225.

Quintinie (la), 47.

Ravier, 112.
Rawton (O. de), 111. 112.
Raynaud (E.), 113.
Richard (A.), 4.
Rigaux (E.), 17. 88. 246.
Roche (Georges), 169. 170.
Roux (Dr), 105.
Rozier, 5. 44. 47. 121.
Ruau (J.), 255. 264.

Salvandy (de), 255.
Sébastiani, 34.
Scilhac (Léon de), 105.
Serres (Olivier de), 9. 62. 128.
Simon, 61.

Teisserenc de Bort (Ed.), 105. 255.
Teilhet de Lamothe (du), 255. 257. 258.
Tibère, 16.
Tournefort, 4.
Turgot, 236. 259.

Varenne de Fenille, 127.
Verlhac (P.), 144.
Vermorel, 89.
Vidalin (Félix), 73. 74. 82. 255.
Viger (Albert), 255.
Vilmorin (H. de), 61.
Vintéjoux (Félix), 38. 105. 255.
Virgile, 15, 105.

TABLE DES MATIÈRES

PREMIÈRE PARTIE

Classification botanique. — Étude scientifique et historique du Châtaignier.

TROISIÈME PARTIE

Exploitation du Châtaignier. — Utilisation de ses produits.

QUATRIÈME PARTIE

Maladies du Châtaignier et leurs remèdes.

TABLE DES GRAVURES

ERRATA

Page 32, ligne 36, *au lieu de :* Marron du Luc,	*lisez :* Marrons du Luc.
— 33, — 11, — Marrons de Bugey,	— Marrons du Bugey.
— 52, — 8, — sur les pays,	— sur les puys.
— 53, — 7, — exposées,	— exposés.
— 56, — 4, — prolifiques,	— prolifiques.
— 76, — 3, — des deux mètres,	— de deux mètres.
— 94, — 34, — total,	— totale.
— 115, — 5, — la préparer,	— les préparer.
— 120, — 22, — Châtaigneraies,	— Châtaigniers.
— 127, — 2, — Châtaigner,	— Châtaignier.
— idem — 15, — de Feuille,	— de Fenille.
— 159, — 19, — aux Châtaignes,	— aux Châtaigniers.
— 164, — 13, — ils ne soient plus qu'à,	— ils soient à.
— 174, — 23, — de Châtaignier,	— du Châtaignier.
— 175, — 4, — augustefolium,	— augustifolium.
— idem — 26, — raphanistum,	— raphanistrum.
— 192, — 22, — *Psyscies,*	— *Physcies.*
— 204, — 18, — *segotum.* Viener,	— *segetum,* Wiener.
— 211, — 21, — *Chysorrhea,*	— *Chrysorrhea.*
— idem — 33, — en dessous,	— en dessus.
— 217, — 25, — ou *rillettes,*	— ou *Vrillettes.*
— 219, — 7, — écorcés,	— écorcé.
— 221, — 27, — *Armilaria,*	— *Armillaria.*
— 266, — 13, — avril 1569,	— août 1669.

Mayenne. Imprimerie Ch. Colin.